炼油装置技术问答丛书

汽油吸附脱硫（S Zorb）装置技术问答

陈尧焕　主编

中国石化出版社

内 容 提 要

本书以知识问答的形式详细介绍了汽油吸附脱硫(S Zorb)装置操作人员应知应会的基本知识、操作技术和分析处理事故的基本方法。主要内容包括：原料及基础知识、反应系统、加热炉、再生系统、吸附剂循环及再生系统、稳定系统、仪表与自控系统、安全与环保、设备与操作、开停工、操作异常处理与事故预案。

本书对 S Zorb 装置的管理人员、技术人员、操作人员有很强的指导意义，也是吸附剂制造人员、科研设计人员很有用的参考资料。

图书在版编目(CIP)数据

汽油吸附脱硫(S Zorb)装置技术问答/陈尧焕主编
—北京：中国石化出版社，2015.1(2024.6 重印)
(炼油装置技术问答丛书)
ISBN 978-7-5114-3077-9

Ⅰ.①汽… Ⅱ.①陈… Ⅲ.① 汽油-脱硫-化工设备-问题解答 Ⅳ.①TE624.1-44

中国版本图书馆 CIP 数据核字(2014)第 244014 号

中国石化出版社出版发行

地址：北京市东城区安定门外大街 58 号
邮编：100011 电话：(010)57512500
发行部电话：(010)57512575
http://www.sinopec-press.com
E-mail:press@sinopec.com
北京捷迅佳彩印刷有限公司印刷
全国各地新华书店经销

*

850×1168 毫米 32 开本 11 印张 254 千字
2015 年 1 月第 1 版 2024 年 6 月第 2 次印刷
定价：36.00 元

前　言

汽油吸附脱硫(S Zorb)技术凭借脱硫率高(一步脱至10μg/g以下满足国V汽油标准要求)、辛烷值损失小、氢耗少、能耗低的优点已经成为中国石化汽油质量升级的主要技术手段，并在国内汽油脱硫生产中得到迅速推广。2007年6月国内首套S Zorb装置在中国石化燕山分公司建成投产，截至2013年，不到6年的时间里国内在建及投用的装置已有25套，2012年中国石化催化汽油有62%由S Zorb装置进行加工处理。

中国石化金陵分公司(金陵分公司)资深首席技师孙同根同志，在金陵1.5Mt/aS Zorb装置生产运行过程中，通过仔细研究反应机理，对关键操作参数不断优化，突破了一些既有的工艺理念，创造性地提出改进措施，使装置运行能耗、物耗远低于设计值，液体收率、RON损失均保持先进水平。经过实际运行考验，证明措施可行，效果良好，金陵分公司1.5Mt/aS Zorb装置2013年获得中国石化同类装置竞赛第一名。为鼓励这种创新精神，中国石化股份公司炼油事业部特将有关操作优化措施编制成操作法，并以孙同根同志名字命名，在系统内的S Zorb装置进行推广。该操作法已附录，便于学习。

S Zorb装置运行6年以来，与原始设计相比，很多操作方法、设计理念发生了变化，为更好地推广应用S Zorb

技术，进一步提高S Zorb装置生产运行水平，中国石化股份公司炼油事业部组织燕山分公司等企业专家编制了S Zorb装置技术问答，对S Zorb装置生产运行过程中遇到的常见问题进行了梳理与解答，填补了国内空白。

参加本书编写工作的人员有中国石化燕山分公司王万新、李辉、杨远行、崔卫星、房立海等五位同志，中国石化股份公司炼油事业部李鹏、中国石化金陵分公司孙同根、中国石化燕山分公司王明哲等三位同志对本书内容进行了审核。诚请广大读者对本书存在的缺点和疏漏批评指正。

2014年6月

目　录

第一章　原料及基础知识

☞ 1. 什么是石油馏分？

石油是一个多组分烃类的复杂混合物，每个组分有其各自不同的沸点。在加工过程中，人们把石油按照不同沸点范围切割成不同的石油馏出部分，一定沸点范围内的石油馏出部分为一种石油馏分，如150~280℃为喷气燃料馏分，200~350℃为柴油馏分等。从原油直接分馏得到的馏分叫做直馏馏分。

☞ 2. 什么是油品的馏程？有什么意义？

对于纯物质，在一定的外压下，当加热到某一温度时，其饱和蒸气压等于外界压力，此时气液界面和液体内部同时出现汽化现象，这一温度称为沸点。对于一种纯的化合物，在一定的压力条件下，都有自己的沸点。油品与纯化合物不同，它是复杂的混合物，因而其沸点表现为一段连续的沸点范围，简称沸程。在规定的条件下蒸馏切割出来的油品，是以初馏点到终馏点（或干点）的温度范围（称为馏程或沸程）来表示其规格的。

我们可以从馏程数据来判断油品轻重及蒸发性能的好坏。发动机燃料的初馏点和10%点馏出温度的高低将影响发动机的启动性能，过高冷车不容易启动，过低易形成“气阻”中断油路，特别是在夏季。50%点馏出温度的高低将影响发动机的加速性能。90%点馏出温度和干点温度表示油品不易挥发和不完全燃烧的重质馏分含量多少。

☞ 3. 石油馏分中烃类组成是怎样表示的？

石油馏分中烃类组成表示法有四种：

(1) 元素组成。即表明馏分中各种元素的含量，如C%、

H%、S%、N%等，此方法比较简单。

（2）单体烃组成。即表明石油馏分中每一种烃（单体化合物）的含量，一般用于阐述石油气及低沸点馏分。

（3）族组成。即以烃的种类含量来表述，如烷烃、环烷烃、芳烃、不饱和烃的含量。对于轻馏分一般采用气相或液相色谱法分析，重馏分采用质谱分析法或硅胶柱色谱分析法。

（4）结构族组成。即把整个石油馏分看作是一个大的“平均分子”，这一“平均分子”是由某些结构单元（例如芳香环、环烷环、烷基侧链等）所组成。一般，可用“平均分子”上的芳香环和环烷环以及总环数，或者某类型的碳（芳香碳、环烷碳、链烷碳）原子在某一结构单元上的百分数来表示。

☞ 4. 什么是不饱和烃？

不饱和烃就是在分子结构中碳原子间有双键或三键的开链烃和脂环烃。与相同碳原子数的饱和烃相比，分子中氢原子要少。烯烃（如乙烯、丙烯）、炔烃（如乙炔）、环烯烃（如环戊烯）都属于不饱和烃。不饱和烃几乎不存在于原油和天然气中，而存在于石油二次加工产品中。

☞ 5. 什么是烷烃？烷烃是如何表示的？

分子中各个碳原子用单键连接成链状，而每个碳原子余下的化合键都与氢原子相连接，这类化合物叫做烷烃。烷烃包括一系列性质相近的化合物，随着烷烃分子中含碳原子数目增加，它们的性质呈规律性变化，相邻的烷烃分子组成上仅差一个（—CH_2—）原子团，因此，这一类烃的通式可以用 C_nH_{2n+2}（$n=1$，2，3，…）来表示。分子结构式中没有支链的习惯上叫做正构烷烃，带有支链的叫做异构烷烃。

☞ 6. 什么是烯烃？烯烃是如何表示的？

分子结构式中含有一个双键的叫做烯烃，分子通式为 C_nH_{2n}（$n=1$，2，3，…）。含有两个双键的叫做二烯烃，分子通式为C_nH_{2n-2}（$n=1, 2, 3, \cdots$）。

☞ 7. 原油中硫以什么形态存在？

硫在原油馏分中的分布一般是随着馏分沸程的升高而增加，大部分集中在重馏分和渣油中，硫在原油中的存在形态已经确定的有：单质硫（S）、硫化氢（H_2S）、硫醇类（RHS）、硫醚类（RSR′）、二硫化物（RSSR′）、杂环化合物（噻吩、苯并噻吩、二苯并噻吩、萘苯并噻吩及其烷基衍生物）。含硫化合物按照性质分，可分为活性硫化物和非活性硫化物。活性硫化物主要包括单质硫、硫化氢、硫醇等，它们的共同特点是对金属设备及管线有较强的腐蚀作用；非活性硫化物主要包括硫醚、二硫化物、噻吩等对金属设备无腐蚀作用的硫化物，一些非活性硫化物受热分解可以转化为活性硫化物。

☞ 8. 含硫化合物在油品中的分布有什么特点？

硫的浓度一般随着馏分沸点的升高而增加。硫醇一般集中在低沸点馏分中，随着沸点的上升，硫醇含量显著下降，>300℃的馏分几乎不含硫醇。硫醚主要分布在中沸点馏分中，300～350℃馏分中的硫醚含量可占到该馏分硫含量50%，重质馏分中硫醚含量一般较少。二硫化物一般分布在110℃以上的馏分中，300℃以上馏分中含量极少。杂环硫化物主要分布在中沸点以上馏分。

☞ 9. 油品的商品牌号是如何划分的？

汽油的牌号按照马达法辛烷值进行划分，如90#、92#、93#、95#、97#等；柴油牌号按照凝点进行划分，如0#、-10#、-20#等；重质燃料油按照黏度进行划分，如60#、100#、200#等；石蜡按照熔点进行划分，如60#、64#、70#等；道路和建筑用沥青则按照针入度进行划分。

☞ 10. 测试油品馏分的方法主要有哪些？

测试油品馏分的方法主要有恩氏蒸馏、实沸点蒸馏和平衡汽化三种方法。

恩氏蒸馏是一种测定油品馏分组成的经验性标准方法，属于简单蒸馏。其规定的标准方法是取100mL油样，在规定的恩氏蒸馏装置中按照规定条件进行蒸馏，以收集到第一滴馏出液时的气相温度作为试样的初馏点，然后按照每馏出10%(体积)记录一次气相温度，直到蒸馏终了时的最高气相温度作为终馏点。恩氏蒸馏由于没有精馏柱，组分分离粗糙，但是设备和操作方法简易，实验重复性好，现在广泛应用。

实沸点蒸馏是一种实验室间歇精馏过程，主要用于评价原油。实沸点蒸馏设备由蒸馏釜和相当于具有一定理论塔板数(一般为30块)的精馏柱构成，是一种规格化蒸馏设备。蒸馏时以较大的回流液来控制馏出速度，使每一馏出温度接近于该馏出物的真实沸点。

平衡汽化曲线又称一次汽化曲线，指在某一压力下，石油馏分在一系列不同温度下进行平衡蒸发所得到汽化率和温度的关系曲线。汽化率以馏出体积分数标识，不同压力可得到不同的平衡汽化曲线。

☞ 11. 什么是油品的凝点？凝点的测定方法是什么？

凝点就是按照GB/T 510规定的测定条件，样品油开始失去流动性的最高温度。凝点是评定油品低温流动性能的指标。凝点的测试方法是将试样装在规定的试管内，并冷却到预期的温度时，将试管倾斜45°时经过1min，观察液面是否移动。如果确定在某温度时能使试样的液面停留不动，而提高2℃又能够使液面移动时，该温度点就可以视为该试样的凝点。

☞ 12. 什么是油品的密度和相对密度？有什么意义？

油品的密度指的是单位体积油品的质量，以符号ρ表示，单位是kg/m^3。液体油品的相对密度为其密度与规定温度下水的密度之比，无因次单位，常以d表示。通常以油品在20℃时的单位体积质量与同体积的水在4℃时的质量之比作为油品的标准相对密度。

☞ 13. 什么是原料油的残炭？残炭是如何生成的？

残炭是实验室破坏蒸馏(油样在不充足的空气中燃烧)后残留的物质，是用来衡量原料的非催化焦生成倾向的一种特性指标，得到非常普遍的使用。残炭一般由多环芳烃缩合而成，渣油中不仅含有大量芳烃，而且含有大量的胶质和沥青质，胶质和沥青质也含有大量多环芳烃和杂环芳烃，实验室中分析出来的残炭，也是一些加工过程中生焦的前身物质。

☞ 14. 什么是油品的黏度？有什么意义？

液体受外力作用时，分子间产生的内摩擦力。分子间的内摩擦阻力越大，则黏度也越大。黏度是评定油品流动性的指标，是油品重要质量指标。对于油品来说黏度合适，则喷射的油滴小而均匀，燃烧完全。黏度的表示方法很多，可归纳分为绝对黏度和条件黏度两类。绝对黏度分动力黏度和运动黏度两种。

☞ 15. 油品黏度与温度、压力有什么关系？什么是油品的黏温性质？

油品在流动和输送过程中，黏度对流量和阻力降有很大的影响。黏度是一种随温度而变化的物理参数，温度升高时油品的黏度减小，温度降低，黏度则增大，油品这种黏度随温度变化的性质称为黏温性质。有的油品的黏度随温度变化小，有的则变化大，随温度变化小的油品黏温性能好。油品的黏温性质常用的有两种表示法：一种是黏度比，即油品在两个不同温度下的运动黏度的比值；另一种是黏度指数。通常压力小于40atm时(1atm=101325Pa)，压力对黏度影响可忽略，但在高压下，黏度随压力升高而急剧增大。特别要说明的是油品混合物的黏度是没有可加性的。

☞ 16. 油品的残炭是如何测定的？

将油品放入残炭测定器中，在不通入空气的条件下加热，油品中的多环芳烃、胶质和沥青质等受热蒸发，分解并缩合，排除燃烧气体后所剩的鳞片状黑色残余物称为残炭，以质量百分数表示，残炭的多少主要决定于油品的化学组成，残炭多还说明油品容易氧化生成胶质或生成积炭。残炭不完全是碳而是一种会进一步热解变化的焦炭。

☞ 17. 什么是油品的闪点？有什么意义？

闪点是在规定试验条件下，加热油品时逸出的蒸气和空气组成的混合物与火焰接触发生瞬间闪火时的最低温度，用℃表示。

根据测定方法和仪器的不同，分开口(杯)和闭口(杯)两种测定方法，前者用以测定重质油品，后者用以测定轻质油品。

闪点常用来划定油品的危险等级，例如闪点在45℃以上称为可燃品，45℃以下称为易燃品。汽油的闪点相当于爆炸上限温度。闪点与油品蒸发性有关，与油品的10%馏出点温度关联极好。

☞ 18. 什么是油品的燃点和自燃点？

燃点是油品在规定条件下加热到能被外部火源引燃并连续燃烧不少于5s时的最低温度。

油品在加热时，不需外部火源引燃，而自身能发生剧烈的氧化产生自行燃烧，能发生自燃的最低油温称为自燃点。

油品越轻，其闪点和燃点越低，而自燃点越高。烷烃比芳香烃易自燃。

☞ 19. 什么是油品的浊点、冰点、倾点和凝点？

浊点是指油品在试验条件下，开始出现烃类的微晶粒或水雾而使油品呈现浑浊时的最高温度。油品到达浊点后继续冷却，直到油中呈现出肉眼能看得见的晶体，此时的温度就是油品的结晶点，俗称冰点。倾点是指石油产品在冷却过程中能从标准形式的容器中流出的最低温度。凝点是指油品在规定的仪器中，按一定的试验条件测得的油品失去流动性(试管倾斜45°，经1min后，肉眼看不到油面有所移动)时的温度。凝点的实质是油品低温下黏度增大，形成无定形的玻璃状物质而失去流动性，或含蜡的油品蜡大量结晶，连接成网状结构，结晶骨架把液态的油包在其中，使其失去流动性。同一油品的浊点要高于冰点，冰点高于凝点。

浊点和结晶点高，说明燃料的低温性较差，在较高温度下就会析出结晶，堵塞过滤塞，阻碍甚至中断供油。因此，航空汽油和喷气燃料对浊点和结晶点均有严格规定。

☞ 20. 什么是油品的酸度？什么是油品的酸值？

酸度是指中和 100mL 试油所需的氢氧化钾毫克数[mg(KOH)/100mL]，该值一般适用于轻质油品；酸值是指中和 1g 试油所需的氢氧化钾毫克数[mg(KOH)/g]，该值一般适用于重质油品。测试方法是沸腾的乙醇抽出试油中的酸性成分，然后再用氢氧化钾乙醇溶液进行滴定。根据氢氧化钾乙醇溶液的消耗量，算出油品的酸度或酸值。

☞ 21. 什么是油品的溴价？有什么意义？

将一定量的油品试样用溴酸钾-溴化钾标准溶液滴定，滴定完成时每 100g 油品所消耗的溴的克数表示溴价。溴价越高，代表油品中不饱和烃含量越高。

☞ 22. 什么是汽油的辛烷值？

汽油的辛烷值是汽油在与空气组成稀混合气情况下抗爆性的表示单位。在数值上等于在规定条件下与试样抗爆性相同时的标准燃料中所含异辛烷的体积百分数。

☞ 23. 什么是马达法辛烷值？什么是研究法辛烷值？

马达法辛烷值是指用马达法测得的辛烷值。代表辛烷值低于或等于 100 的车用汽油在节气门和发动机高速运转时的抗爆性能。测定马达辛烷值时，使用发动机汽缸工作容积为 652mL 或 612mL 的辛烷值试验机，由压缩比可改变的单缸发动机、制动设备（同步电动机）及测爆震仪器（包括爆震发讯器和爆震指示计）所组成。测定条件是在较高的混合气温度（149℃）和较高的发动机转速（900r/min）下进行测定。用马达辛烷值表示的车用汽油抗爆性，适应汽车在高速公路上行驶和高功率重载汽车在超车或爬山时的情况。

研究辛烷值是指用研究法测得的辛烷值。代表辛烷值低于或等于100的车用汽油在发动机由低速至中速运行时燃料的抗爆性能。测定研究法辛烷值所使用的试验机基本上和马达法相同。试验是在较低的混合气温度（不加热）和比马达法低的发动机转速（600r/mim）的条件下进行的。用研究法辛烷值表示的车用汽油抗爆性，适应公共汽车和轻载汽车行驶时速度较慢但常要加速的情况。

马达法和研究法辛烷值都属于实验室辛烷值。实验室辛烷值用于炼油厂测定车用汽油的抗爆性，并调和产品，以决定车用汽油的牌号，它与多缸发动机运转时燃料的实际抗爆性状况有所不同。

☞ 24. 什么是初馏点和终馏点（干点）？

当油品在恩氏蒸馏设备中进行加热蒸馏时，最先汽化蒸馏出来的是一些沸点低的烃类分子，流出第一滴冷凝液时的气相温度称为初馏点。当烃类分子按照其沸点高低的次序逐渐蒸出，气相温度也逐渐升高，蒸馏到最后，达到的最高气相温度称为终馏点（干点）。

☞ 25. 汽油的初馏点和10%馏出温度说明了什么？

汽油的初馏点和10%馏出温度，说明了汽油在发动机中的启动性能。如10%馏出温度过高，在冬季严寒地区使用这种汽油，汽车启动就有困难。

☞ 26. 汽油的50%馏出温度说明了什么？

汽油的50%馏出温度说明了汽油在发动机中的加速性能。

若这一馏出温度过高，当发动机由低速骤然变为高速需要加大油门增加进油量时，燃料就会来不及完全汽化，使燃烧不完全，甚至燃烧不起来，发动机就发不出需要的功率。50%馏出点温度对发动机的启动和预热也有较大影响。

☞ 27. 汽油的90%馏出温度和干点说明了什么？

90%馏出温度和干点说明了汽油在发动机中蒸发完全的程度。这个温度过高，说明重质成分过多，其结果是降低发动机的功率和经济性。

☞ 28. 什么是油品的平均沸点？平均沸点有几种表示方法？

石油及其产品是复杂的混合物，在某一定压力下，其沸点不是一个温度，而是一个温度范围。在加热过程中，低沸点的轻组分首先汽化，随着温度的上升，轻重组分才依次汽化。因此，要用平均沸点的概念说明。

平均沸点有几种不同的表示方法：(1)体积平均沸点，是恩氏蒸馏10%、30%、50%、70%、90%五个馏出温度的算术平均值。用于求定其他物理常数。(2)分子平均沸点(实分子平均沸点)，是各组分的摩尔分数与各自沸点的乘积之和。用于求定平均相对分子质量。(3)质量平均沸点，是各组分的质量分数与各自馏出温度的乘积之和。(4)立方平均沸点，是各组分体积分数与各自沸点立方根乘积之和的立方。用于求定油品的特性因数和运动黏度等。(5)中平均沸点，是分子平均沸点和立方平均沸点的算术平均值。用于求定油的氢含量、燃烧热和平均相对分子质量等。除体积平均沸点可直接用恩氏蒸馏数据求得外，其他平均沸点通常都由体积平均沸点查图求出。

☞ 29. 反映油品热性质的物理量有哪些？

反映油品热性质的物理量主要指焓、比热容、汽化潜热。

油品的焓是指1kg油品在基准状态(1个大气压下的基准温度)下加热到某一温度、某一压力时所需要的热量(其中包括发生相变的热量）。压力变化对液相油品的焓值影响很小，可以忽略；而压力对气相油品的焓值却影响很大，必须考虑压力变化的影响因素，同一温度下、密度小及特性因素大的油品则焓值相对也高。焓值单位以 kJ/kg 表示。

☞ 30. S Zorb 装置与其他装置相比有哪些相似点和特点？

S Zorb 装置与其他装置相比相似点：(1)原料进料、反应流程、循环氢流程、分馏塔系统与普通加氢装置相似；(2)吸附剂再生循环与连续重整装置相似；(3)反应-再生系统的流化操作与催化裂化装置相似。

尽管 S Zorb 装置与其他装置存在相似点，但是也有自己的特点：(1)S Zorb 装置在反应器内的物料流速低于催化装置，但反应压力高于催化装置；(2)S Zorb 装置吸附剂循环及更换率远远小于催化装置。

☞ 31. S Zorb 装置与传统加氢技术相比有哪些特点？

与传统的加氢脱硫相比较，在相同的反应条件下，吸附脱硫反应在氢/油比不变时，产物中硫含量更低，脱硫更彻底。反应过程采用流化床气固反应，其反应速率更高，辛烷值损失低，能耗低，吸附剂连续循环再生。

☞ 32. 原料缓冲罐的作用是什么？

原料缓冲罐的作用主要有四点：(1)让上游不同装置来的汽油原料充分混合均匀；(2)在原料因外系统原因中断的情况下，起到缓冲作用，避免反应进料泵抽空，造成装置进料中断和机泵损坏；(3)可以通过延长外来原料的停留时间，让原料中夹杂的水分充分分层脱除，避免大量明水进入反应系统对吸附剂造成损害；(4)为防止原料中的烯烃接触氧气氧化，对该罐进行燃料气或氮气保护。

☞ 33. 原料缓冲罐的温度、压力控制值是多少？

温度不超过 70℃，压力为 0.4MPa。

34. 原料缓冲罐的压力控制如何实现?

原料缓冲罐(D101)的压力控制靠控制器PIC1101控制调节阀PV1101A、PV1101B来实现。调节阀PV1101A、PV1101B为分程控制。控制器PIC1101输出值的0~50%对应调节阀PV1101A开度的100%~0，PIC1101输出值的50%~100%对应调节阀PV1101B开度的0~100%。当PIC1101输出大于50%时，PV1101A关闭，PV1101B在0~100%之间调整，当PIC1101输出小于50%时，PV1101B关闭，PV1101A在100%~0之间调整。控制器PIC1101的作用方向为：当原料缓冲罐压力偏低，控制器PIC1101输出减小，当原料缓冲罐压力偏高，控制器PIC1101输出增大。

35. 原料缓冲罐的液位如何控制?

原料缓冲罐的液位正常控制在50%±10%，通过使上游装置来量与反应进料平衡保持原料缓冲罐液位的稳定。当上游装置来量降低，可以通过降低反应进料量或产品部分循环回原料罐来保持原料缓冲罐的液位稳定，但此时由于进入装置的总硫减少，需要对再生系统进行相应调整，以保持装置总体进出硫的平衡。当上游装置来量增加，超过装置的加工能力，原料缓冲罐液位就会持续上升，当液位达到75%时，进料管线上远程控制阀UV1001联锁自动打开，一部分原料汽油通过该流程转出装置，避免原料缓冲罐液位过高失控。

36. 原料缓冲罐底部脱液的目的是什么?

原料汽油中水的存在会对吸附剂的活性造成不良影响，降低吸附剂使用寿命。同时水在加热炉炉管中汽化会吸收热量，造成能量的浪费，水汽化后增加装置系统的压力，引起压力波动。

37. 原料油在原料缓冲罐中为什么要采用氮气或瓦斯保护?

原料汽油在原料缓冲罐中，需要隔离氧气环境存在，主要是汽油中的不饱和烃和氧气接触，容易发生化学反应生成胶质，这些胶质在加热过程中，在换热器和加热炉管中沉积和结垢，影响换热效率。另外，氧气的存在也增加了汽油起火和爆炸的危险。在炼油装置中，油品隔离氧气的保护气体一般选择氮气或瓦斯。

☞ 38. 原料油为什么要过滤？

经过二次加工而得到的催化汽油中，含有各种杂质、胶质及系统管线腐蚀的铁锈，进入本装置后会使换热器及其他设备结垢或堵塞，增大设备的压降及降低换热器的换热效果，严重的会大大缩短装置的运行周期，因此，在原料油进入装置时要对其进行过滤。

☞ 39. 原料中硫的形态对脱硫的影响是什么？

S Zorb 装置是脱除汽油中的硫，原料中硫的形态对脱硫率有一定的影响，汽油中的硫醇、硫醚和其他硫化物较易脱除，噻吩类的硫脱除较困难。

☞ 40. 原料油的性质对操作的影响有哪些？

(1)原料中的烯烃含量高，会使反应器内的温升增加，汽油辛烷值损失增大。(2)原料油中含有碱，会在原料换热器处结垢，造成原料换热器压降增加，换热效果降低。(3)原料油中硫形态对脱硫率有一定的影响。

第二章　反应系统

☞ 1. 流化床的特点是什么?

流化床床层高度和空隙率随流速增大而增大，床层压降基本不随流速而变。

☞ 2. 什么叫起始流化速度?

在流化床中，当上升流体流速增加到流体经过床层的压降和床层单位面积的重量相等时，整个床层的固体颗粒就变为被流体所支撑，不再是静止状态，床层开始流化，这时的流体速度，叫做起始流化速度。

☞ 3. 什么叫起始气泡速度?

流化床中，当流体流速增加到床层开始出现气泡，进入鼓泡床流化状态时的流体速度，叫做起始气泡速度。

☞ 4. 什么叫噎塞速度？它与哪些因素有关?

气-固悬浮物在管道中垂直向上流动时，管道中密度太大，气流已不足以支持固体颗粒，因而出现腾涌的最大气体速度叫做噎塞速度。噎塞速度的数值主要决定于催化剂的筛分组成、颗粒密度等物性。此外，管内固体质量速度或管径越大，噎塞速度也越高。

☞ 5. 反应器内的脱硫反应主要有哪些?

吸附剂有镍及氧化锌两种成分在脱硫过程中先后发挥作用，生成硫化镍，然后被氢气还原为金属镍和硫化氢。随后硫化氢与镍先将汽油中的硫原子“吸”出来后，氧化锌发生反应，生成硫化锌。自由的镍原子再从汽油中吸附出其他硫原子。其反应过程如下：

$$R—S+Ni+H_2 \longrightarrow R—2H+NiS(s)$$

$$NiS(s)+ZnO(s)+H_2 \longrightarrow Ni(s)+ZnS(s)+H_2O$$

注：该反应需在气态氢存在的条件下进行。

6. 反应器内的烯烃主要进行哪些反应？

反应器内的烯烃主要进行烯烃加氢饱和以及烯烃异构化反应。烯烃加氢反应会降低汽油产品的辛烷值。因此烯烃加氢反应是我们不希望在反应器内发生的反应。烯烃的异构化反应是我们希望在反应器内发生的反应，它将使汽油产品的辛烷值提高。

7. 还原器内的反应主要有哪些？

还原反应主要发生在还原反应器内，其目的是使氧化了的吸附剂回到还原状态以保持其活性，所谓“还原”就是使金属化合物中的金属回到单质状态，镍的还原反应如下：

$$NiO\ (s)+H_2 \longrightarrow Ni\ (s)+H_2O$$

除了镍的还原反应外，还有锌的硫氧化物(再生器中第二步反应所产生的含锌化合物)在还原器内的转变，生成水、氧化锌和硫化锌。

$$Zn_3O(SO_4)2+8H_2 \longrightarrow 2ZnS(s)+ZnO(s)+8H_2O$$

这些反应都是吸热反应，因此还原反应器内温升很小。

8. 什么是进料氢油比？氢油比对反应有什么影响？

进料氢油比是指通过反应器的循环氢与进料汽油的比值，大多数加氢装置采用体积氢油比来表示，S Zorb 装置采用的是摩尔氢油比。增加氢油比可以抑制反应器内吸附剂上的结焦，提高产品汽油收率，但是会增加烯烃加氢反应，降低产品辛烷值；降低氢油比可以减少辛烷值损失，但会增加吸附剂上的结焦。

9. 提高反应系统氢分压的方法有哪些？

(1)提高反应压力；(2)提高循环氢气纯度；(3)提高反应氢油比；(4)提高新鲜氢气补充量。

☞ **10. 什么是反应空速？有几种表示方法？**

反应空速指的是在单位时间内，通过单位(体积/质量)催化剂上的汽油(体积/质量)数量，一般用体积空速或质量空速来表示。

☞ **11. 影响空速的因素有哪些？**

影响空速的主要因素是进料量和反应器内的吸附剂装填量。进料量增加，空速降低，反之空速增加；吸附剂装填量增加，空速降低，反之增加。

☞ **12. 空速对脱硫反应有什么影响？对产品辛烷值有什么影响？**

一方面降低空速，可以提高脱硫率；另一方面降低空速将使烯烃加氢反应速率增加，导致辛烷值的损失加大。但质量空速对烯烃加氢反应的影响小于对硫的转化的影响。

☞ **13. 反应压力对脱硫反应有什么影响？对产品辛烷值有什么影响？**

提高反应器压力使氢的分压及停留时间延长(H_2/HC 一定)，二者均有利于脱硫率的提高；反之低压力脱硫率降低，同时压力的增加会使烯烃饱和，降低油品的辛烷值。

☞ **14. 反应温度对脱硫反应有什么影响？对产品辛烷值有什么影响？**

提高反应器的温度到427℃时，脱硫反应速率也相应增加；超过427℃后脱硫率将会下降。超出正常温度操作范围399～438℃，辛烷值的损失随温度的增加而减少。

☞ **15. 吸附剂载硫量对脱硫反应有什么影响？对产品辛烷值有什么影响？**

吸附剂上硫的吸附量是由进料中硫的浓度、产品中硫的浓度、汽油的进料速率以及吸附剂的循环速率共同决定的。通常吸附剂上的硫越少，其活性越高，而且能够从汽油中脱除更多的硫；吸附剂上的硫越多，其能脱除的硫就越少，当然在其他操作条件的补偿下，硫的转化仍能保持较高的数值。由于吸附剂对烯烃加氢反应的催化活性与脱硫活性相对应，当吸附剂载硫量增加，吸附剂脱硫活性降低，对烯烃加氢反应的催化活性也相应降低，产品辛烷值损失减少；反之当吸附剂载硫量降低，产品辛烷值损失增加。

☞ 16. 影响反应温度的因素有哪些？

(1)吸附剂活性增加，烯烃加氢反应增强，有利于反应温度升高；(2)反应压力高，循环氢纯度高，有利于提高氢分压，增强烯烃加氢反应，反应温度升高；(3)原料汽油中烯烃含量高，有利于烯烃加氢反应，反应温度升高；(4)加热炉出口温度上升，反应温度相应升高。

☞ 17. 如何控制反应温度？

反应温度通常采用调节加热炉出口温度来控制。反应温度还会因进料里的烯烃含量过高，发生过多的烯烃加氢反应而升高；有的装置闭锁料斗将氢气排至加热炉瓦斯线上，这样反应温度会根据闭锁料斗运行周期呈现出一个有规律的波动，这都需要根据情况调节加热炉出口温度，防止出现超温的现象。

☞ 18. 反应压力是如何控制的？

反应压力的控制是通过控制冷高分 D121 的压力来实现的。D121 的压力控制回路是一个复杂控制回路，涉及回路：PIC1202、FIC1202；涉及调节阀：PV1202、FV1202。控制器 PIC1202 为分程控制器，其输出的 0~50%控制调节阀 PV1202，对应调节阀 PV1202 开度的 0~100%；PIC1202 输出的 50%~100%放大为 0~100%，然后与 FIC1202 的输出值进行高选，二者中较高的输出控制 FV1202 的开度。当控制器 PIC1202 输出在 0~50%时，FIC1202 和 FV1202 组成单回路流量控制，当控制器

PIC1202 输出大于 50%后，调节阀 PV1202 处于全开位置。控制器 PIC1202 的作用方向为：当 D121 压力偏高，PIC1202 的输出值增加，当 D121 压力偏低，PIC1202 的输出值减小；控制器 FIC1202 的作用方向为：当 FI1202 流量偏高，FIC1202 的输出值减小，当 FI1202 流量偏低，FIC1202 的输出值增加。

☞ **19. 反应压力的调整方法及影响因素有哪些？**

反应压力的调整是通过新氢的补充量以及废氢的排放进行调节，反应进料量也对反应压力有一定的影响，闭锁料斗的运行对反应压力有一定的影响。

☞ **20. 还原器内部主要发生哪些化学反应？**

在还原器内主要发生还原反应，其目的是使氧化了的吸附剂回到还原状态以保持其活性，所谓“还原”就是使金属化合物中的金属回到单质状态，镍的还原反应如下：

$$NiO\ (s)+H_2 \longrightarrow Ni\ (s)+H_2O$$

除了镍的还原反应外，还有锌的硫氧化物(再生器中第二步反应所产生的含锌化合物)在还原器内的转变，生成水、氧化锌和硫化锌。

$$Zn_3O(SO_4)2+8H_2 \longrightarrow 2ZnS(s)+ZnO(s)+8H_2O$$

这些反应都是吸热反应，因此还原反应器内温升很小。

☞ **21. 影响还原反应的因素有哪些？**

(1)温度的影响。还原反应是吸热反应，由吸附剂和循环气体的温度为反应提供热量。如果温度太低(低于 371℃)就会发生不完全反应，使进入反应器的吸附剂活性降低，导致反应器内吸附剂的脱硫效率降低。(2)氢气浓度的影响。如果循环氢中氢气的浓度太低，还原反应的速率就会降低，从而影响反应器中吸附剂的活性。(3)停留时间的影响。吸附剂在还原器内的停留时间在反应器设计时就根据还原器的容积予以确定，如果操作过程中吸附剂的循环速率大幅度超出正常的设计范围，会使吸附剂在还原器内的停留时间太短而活性得不到充分的恢复。

☞ 22. 还原器温度太高有什么危害？

还原反应器的温度不能超过454℃，超过这一温度吸附剂里的锌就会气化消失，这将影响吸附剂对硫的吸附能力，大大降低脱硫效果。

☞ 23. 还原器内热氢流化不好又有何不良影响？

(1)由于还原反应需要在富氢环境中进行，还原器内热氢流化不好将严重影响还原反应的正常进行；(2)热氢流化不好，吸附剂流动不畅，还会影响闭锁料斗向还原器进料。

☞ 24. 闭锁料斗向还原器不下料的原因是什么？如何解决？

(1)闭锁料斗向还原器进料的料腿以及还原器内部流化不畅，会造成闭锁料斗向还原器不下料，此时需要加强流化，可以解决不下料的问题；(2)闭锁料斗与还原器压差不足，造成闭锁料斗向还原器下料动力不足，也影响闭锁料斗下料，此时需要检查闭锁料斗阀门是否有关闭不严导致的漏气，解决了两容器的压差问题，也就解决了下料的动力问题。

☞ 25. 反应系统含水对吸附剂有什么影响？

水蒸气会使吸附剂发生不可逆的化学反应而降低其在反应器中捕捉硫的能力，因此吸附剂环境水蒸气分压不得超过6.89kPa。

☞ 26. 吸附剂的物理性质有哪些？

比表面积、粒度、强度、孔体积和密度。

☞ 27. 防止吸附剂活性下降的方法有哪些？

(1)控制原料里的水含量和其他杂质；(2)降低还原器内的温度；(3)再生风采用干燥后的净化风或经过处理的非净化风；(4)操作要平稳，减少温度的波动。

☞ 28. 如何控制反应器藏量？

反应器藏量在正常操作中的调节很少，反应器藏量的增加有利于脱硫，并且可以在事故状态下延长产品质量波动的时间。但是藏量过高会影响到反应过滤器的差压，所以反应器藏量控制在与反应接收器相连的横管附近，一般是通过调整吸附剂循环量等方法来调整料位。

☞ 29. 反应器接收器的作用是什么？

正常生产中，待生吸附剂从反应器进入反应器接收器，再由反应器接收器向闭锁料斗进料，完成吸附剂循环。停工卸剂时，反应系统吸附剂均通过反应器接收器用闭锁料斗输送至再生系统。

☞ 30. 反应器接收器内没有物料的原因是什么？如何解决？

当反应器内吸附剂床层高度不足，达不到反应器接收器横管的位置，就会造成反应器内的吸附剂不能通过横管溢流到反应器接收器内，导致反应器接收器内没有物料。解决的方法：(1)如果反应器藏量偏低，增加反应器内吸附剂藏量，使之达到反应器接收器横管位置；(2)如果反应器藏量正常，床层仍达不到反应器接收器横管位置，可以加大汽油进料量或增加循环氢流量，适当降低反应器压力提高床层线速，使反应器内床层上升，达到反应器接收器横管位置。

☞ 31. 反应器接收器底部热氢气的作用是什么？

(1)使反应器接收器内部的吸附剂充分流化，便于向闭锁料斗下料；(2)通过热氢气气提吸附剂上的油气分子，使进入闭锁料斗的吸附剂上油气分子减少，降低闭锁料斗氮气置换时间。

☞ 32. 反应器接收器向闭锁料斗不下料的原因是什么？如何解决？

反应器接收器向闭锁料斗不下料的原因：(1)反应器内吸附

剂床层高度不够，达不到反应器接收器横管位置，使反应器接收器内没有物料；(2)反应器接收器下料管线流化不好，吸附剂架桥堵塞，造成不下料。解决方法：(1)通过加大反应器内吸附剂藏量或提高进料量(或循环氢流量)的方法，使吸附剂通过横管溢流到反应器接收器内，避免反应器接收器内无料；(2)调整流化氢气，避免管线内吸附剂架桥堵塞。

☞ 33. 反应器接收器顶部平衡管的作用是什么？

如果反应器接收器内部压力过高，吸附剂就不能通过横管从反应器内溢流到反应器接收器内，这时就需要打开反应器接收器顶部平衡管向反应器内泄压，保持反应器和反应器接收器的压力平衡。

☞ 34. 如何判断反应器接收器内是否有吸附剂？

(1) 通过床层压差控制器判断，如果反应器接收器内有吸附剂，床层压差为正值；

(2) 通过床层温度控制器判断，由于温度控制器现场位置与反应器接收器横管基本在同一高度，当吸附剂床层能够达到横管位置时，温度控制器温度应该与其他床层温度保持一致或略高。当吸附剂达不到横管位置时，温度控制器温度会低于正常床层温度。

☞ 35. 原料换热器的主要作用是什么？

原料换热器的主要作用是回收反应产物所携带的热量，为反应进料加热。一方面降低了进料加热炉的负荷，节约了热量；另一方面降低了反应产物降温的空冷器和水冷器负荷，节约了冷量。

☞ 36. 原料换热器六台换热器是如何排布的？与一代 S Zorb 技术相比有何改进？

一代 S Zorb 技术中讲反应器接收器的六台换热器完全串连联接，一旦其中的一台换热器出现故障，需要装置停工才能解决。目前的S Zorb技术对此进行了优化，将ABC三台换热器串连，DEF三台换热器串连，再将两组换热器并联，这样，一旦其中的一台换热器出现故障，只需要将两组中的一组从系统中切出进行处理，另一组换热器可以降量维持生产，不必全装置停工进行处理。

☞ 37. S Zorb装置原料换热器换热效果对操作的影响有哪些？

换热效果会影响到：(1)加热炉的负荷，从而影响到加热炉瓦斯的用量及装置的能耗。(2)由于换热效果不同，冷分罐和热分罐的汽油量不同，从而影响到稳定塔的操作。(3)还会影响到冷分罐对氢气和汽油的分离，从而影响到压缩机的运行。

☞ 38. 原料换热器结垢的主要原因是什么？如何避免？

原料换热器是装置的重要设备，应尽量避免换热面结垢导致换热效率下降。造成结垢的主要原因：(1)原料中夹带碱液，在原料换热器中原料气化后留下碱渣结垢；(2)原料中含有机械杂质，在原料换热器内附着结垢；(3)反应器吸附剂泄漏，随物料进入原料换热器造成换热面结垢；(4)原料品质较差，含有较多胶质或类胶质，在换热器中受热面上结垢。

避免换热面结垢的措施：(1)加强原料罐切液，避免非汽油组分进入系统；(2)在物料进入原料罐前设置原料过滤器，过滤掉机械杂质；(3)加强对反应器过滤器的监控，稳定反应操作，避免反应器过滤器泄漏；(4)加强上游原料的质量管理。

☞ 39. S Zorb装置的氢耗主要包括哪些？

S Zorb装置的氢耗主要包括：化学反应耗氢、冷高分顶部废氢排放、氢气在油品中的溶解损失、闭锁料斗氢气吹扫外排、机械泄漏损失等。

☞ 40. 什么是化学氢耗？

在生产过程中，通过置换脱除油品中的硫、氮、氧等杂质，烯烃饱和、芳烃饱和等反应，生成硫化氢、氨、水等所消耗的氢气叫做化学氢耗。化学氢耗与原料油的性质以及反应条件有关。

☞ 41. 什么是氢气的溶解损失？

溶解损失是指在高压下溶解于生成油中的氢气，在生成油减压时这部分氢气排出时造成的损失。溶解损失与生成油的性质、高压分离器的操作温度和压力有关。

☞ 42. 反应过滤器的作用是什么？

过滤器的作用是脱除反应器出口气体中夹带的吸附剂。气体从流化床层进入反应器扩径段后气速下降，大部分被夹带的吸附剂回落到下部床层中，剩余的吸附剂被反应过滤器过滤下来，油气则经过滤器过滤后离开反应器。

☞ 43. 反应过滤器压差如何控制？

随着运行时间的延长，反应过滤器滤芯表面的滤饼不断加厚，压差逐步增加。为了避免压差过大影响反应负荷，对滤芯造成损害，需要对滤芯进行反吹，降低过滤器压差。

☞ 44. 反吹系统包括什么？

反吹系统包括：反吹气体压缩机、反吹气体换热器、反吹气体聚集器、反吹控制系统。

☞ 45. 反吹气体聚集器的主要作用是什么？其压力如何控制？

反应过滤器工作一个周期后，需要用压力为 6.0MPa 的高压氢气对滤芯进行反吹，以便降低过滤器滤芯两侧的压差，反吹气体聚集器的主要作用就是为反吹过程积蓄 6.0MPa 的高压氢气。反吹气体聚集器的压力控制由反吹氢压缩机补压和压控阀泄压共同实现。

☞ 46. 反应器内吸附剂装填量过高或过低对反应有什么影响？

反应器内应该保持适宜的吸附剂装填量，保证原料汽油脱硫反应的正常进行。如果吸附剂装填量不足，一方面产品汽油的脱硫率得不到保障，有可能出现产品硫含量超标，另一方面因为吸附剂床层偏低，达不到反应器接受器横管位置，造成吸附剂不能正常循环。如果吸附剂装填量过高，虽然短期内对产品汽油的脱硫效果有益，但过多的吸附剂进入反应器顶部的稀相区，加大了反应器过滤器的负担，使反应器过滤器滤芯表面形成滤饼的周期缩短，反吹频次增加，最终缩短装置的运行周期。

☞ 47. 反应器扩径段和顶部伞帽有什么作用？

反应器设置顶部扩径段的目的是降低反应器内上升气体的线速度，减少上升气体中的吸附剂夹带，降低反应器过滤器的过滤负荷。顶部伞帽的设置有同样的目的：当上升气体夹带吸附剂向上运行过程中，伞帽将其中的一部分吸附剂阻拦下来，同样也降低了反应器过滤器的过滤负荷。

☞ 48. 反应器中部和底部分别有一条向反应器接受器转运吸附剂的管线，二者在用途上有什么区别？

当装置停工后，需要将反应器内的吸附剂卸出时，吸附剂通过反应器底部的转剂线，输送到反应器接受器中，再通过闭锁料斗将吸附剂卸出反应器，还原器中的吸附剂也是通过这条管线卸出的。正常生产中，当反应器内吸附剂床层高度偏低，达不到反应器接受器横管位置时，吸附剂就不能实现正常循环，这时可以使用反应器中部的转剂线，将反应器内的吸附剂输送到反应器接受器中，实现吸附剂的正常循环。

☞ 49. 反应系统中与吸附剂系统相连的仪表引压管为什么都要设氢气反吹？

氢气反吹的主要作用是防止吸附剂进入仪表引压管线，造成引压管线的堵塞，进而引起仪表测量失灵。

☞ 50. 装置内的新鲜吸附剂什么时候向系统内补充？

当装置内的系统藏量有所下降时，需要向系统内补充新鲜吸附剂。另外，当系统内的吸附剂活性下降很多时，也需要向系统内补充新鲜吸附剂，同时卸出部分旧吸附剂。

☞ 51. 临氢装置对反应器升温和降温速度有什么要求？升降温速度太快有何不良影响？

临氢装置中要求反应器升温和降温都要≤30℃。由于加氢设备均为厚壁设备，为了避免设备壁内形成较大的温度梯度和应力梯度，缓慢升温和降温可以使热量有充足的时间沿金属壁进行扩散，同时也避免了热胀冷缩引起的设备法兰面的泄漏。另外，对于临氢设备，快速降温容易造成金属的氢脆腐蚀，引起设备寿命的缩短。

☞ 52. 检修时进入反应器的注意事项是什么？

(1)反应器打开后要放置一段时间后方可进入。(2)检测容器内的氧含量。(3)在反应器上部滤芯拆除后进入。(4)进入容器要有人进行监护。(5)进入反应器要戴好防护用具。

☞ 53. 循环氢流量下降的原因有哪些？

(1)控制阀失灵。(2)循环氢压缩机停机。(3)循环氢压力控制阀开度过大。(4)闭锁料斗泄漏造成用氢气量大。(5)循环氢线结盐堵塞。(6)循环氢其他用气量过大。

☞ 54. 如何控制合理的循环氢纯度？

循环氢纯度与催化剂床层的氢分压有直接的关系，保持较高的循环氢纯度，则可保持较高的氢气分压，是提高产品质量关键的一环。同时保持较高的循环氢纯度，还可以减少油料在催化剂表面缩合结焦，起到保护催化剂表面的作用，有利于提高催化剂的活性和稳定性，延长使用周期。但是如果要求过高的循环氢纯度，就得大量地排放部分循环氢，这样氢耗增大，成本提高，一般循环氢纯度控制在80%以上。

☞ 55. 为什么要严格控制反应器入口温度？

反应器入口温度是正常操作中的主要控制参数，反应温度的高低直接影响吸附剂性能的发挥和脱硫反应效果的好坏。反应温度指标的选择视吸附剂的性质和原料油的性质而定。反应温度升高，脱硫率有一定的增加，但油品裂解反应也增多，化学耗氢增多，催化剂积炭速度增快，使反应生成油液体收率下降，反应生成油溴价上升。而反应器入口温度过低，则不能发挥吸附剂的活性，反应转化率低，脱硫率达不到要求，使产品的质量超标。

☞ 56. 为什么要控制反应器床层温度？

因为反应温度对产品质量和收率有较大的影响，需要维持一定的反应温度。但由于反应器内烯烃加氢过程是放热过程，必须及时将反应热从反应器带出，否则热量积累，将导致反应床层温度升高，如果温度骤升，有可能导致反应器床层严重超温，因此必需对床层温度加以控制。

☞ 57. 如何控制反应器“飞温”？

如果在生产过程中出现反应器“飞温”，且当反应器的温度接近最大设计操作温度时，按以下顺序进行调整：

(1) 减少汽油进料量；

(2) 通过减少(或停止)进入装置的补充氢来降低系统的压力，同时确保系统压力不低于循环氢压缩机的最低入口压力；

(3) 如果必要，可以通过减少加热炉加热量来降低其出口温度，同时要确保加热炉不熄灭；

(4) 增大循环气流速，加大从反应器带走热量的速度；

(5) 停止吸附剂循环；

(6) 停止汽油进料；

(7) 如果以上步骤还不能控制温度的波动，开始启动泄压安全系统。

☞ 58. 影响反应器入口温度的主要因素是什么？如何进行处理？

影响反应器入口温度的主要因素：(1)原料油带水；(2)燃料气带油，组分、压力变化；(3)原料油中断或波动；(4)循环氢流量中断或流量减少；(5)反应进料/出料换热器换热效率发生变化；(6)仪表失灵，PID 参数调节不当；空气预热器风机停运，加热炉炉管结焦，炉管传热效率下降；(7)原料油温度和性质的变化，特别是原料性质的变化，导致反应放热量大幅度变化，通过进料/出料换热器，反过来影响加热炉出口温度。

处理方法：(1)加强原料罐的脱水、控制好界位；加强燃料气缓冲罐的脱液，投用蒸汽加热。(2)了解燃料气组分变化的原因，改自动操作为手动操作，精心调节，操作平稳后再改操作为自动操作；(3)了解燃料气压力较大幅度变化的原因，改自动操作为手动操作，根据压力变化的原因，相应采取措施及时调节至平稳；(4)保证原料油流量稳定，若是进料控制阀失灵引起，可用副线操作。若泵有故障，应切换至备用泵运行；(5)如果循环氢流量中断，事故处理程序紧急处理。如果循环氢流量减少，则适当降低进料量，维持操作，再检查流量下降的原因，根据情况决定是否停车处理。(6)如果属于 PID 没调整好，首先要小幅度调整 PID，稳定操作。对仪表故障，联系仪表工处理，根据情况可改副线操作；(7)打开风道快开门，保证加热炉正常燃烧，然后联系钳工维修人员、电气维修人员，了解风机停机的原因，修复后投用；(8)对于炉管和加热炉本身存在的问题，平时要经常观察加热炉的压降和炉膛温度、对流室出口温度、炉管管壁温度、炉管分支出口温度等关键参数的变化。如果加热炉出现超负荷情况，必须经过上级部门的同意后，降低负荷或降低反应温度，情况严重的要停工检修。

☞ **59. 监控反应器床层压降有什么意义？**

由于反应器内吸附剂藏量与床层压降之间存在一定的对应关系，因此在生产过程中，需要严格监控反应器床层压降，目的在于通过对床层压降的监控，实现对反应器内吸附剂藏量的控制。

☞ **60. 氢气电加热器的主要作用是什么？**

氢气电加热器主要用于对热氢气的加热。在装置中存在许多流化用热氢气用户，这部分热氢气首先经过加热炉对流段预热到一定温度，然后再进入氢气电加热器继续加热，达到设定温度后，进入各自的工作点。

☞ **61. 反应器底部进料分布板堵塞有什么危害？**

气体分布板的作用是在气体通过限流孔时产生一定的压降，从而使气体有良好的分布。一旦分布板堵塞，进料阻力将大大增加，同时，进料气体分布变差，物料与吸附剂之间不能形成良好的气固接触，使吸附剂的脱硫效果大大降低，影响总体脱硫效率。

☞ **62. 如何判断反应器内吸附剂藏量是否合适？**

判断反应器内吸附剂藏量是否合适，最直观的办法就是看床层压降是否在正常范围内，如果在正常范围，说明藏量合适。另外可以通过反应器接受器的工作状态来间接判断吸附剂藏量是否合适：如果吸附剂不能通过反应器接受器横管实现自然溢流，而通过中部转剂线可以，则可以判断吸附剂藏量偏低，需要向反应器补充吸附剂。

☞ **63. 合理控制冷高分液位的作用是什么？**

高分油气分离器液位控制对装置安全操作很重要，如果冷高分液位偏高，则减少了高分上部的气液分离空间，导致气液分离不完全，引起冷高分循环氢中带油；液位过低则会导致高压氢气窜至分馏塔，引起高压串低压的事故。在正常生产时控制页面

40%~60%，液面低于控制值时，减少控制阀开度，减少液体流量，使高分液面上升，液面高于控制值时则相反，从而使液面恢复到正常值。

☞ 64. 合理控制冷高分界位的作用是什么？

界位过低会引起含硫污水带油，超过环保指标，界位过高时则生成油中含水量过高，会引起分馏系统操作困难，影响产品质量。界位高低由含硫污水的排量来控制，一般控制界位在10%~30%，界位高于控制值要开大控制阀，增加污水的排量，界面低时则相反。

☞ 65. 热高压分离器液位波动的原因及处理方法是什么？

热高压分离器液位波动的原因：(1)热高压分离器液控失灵。(2)加氢进料中断。(3)高压分离器的液位控制得过高或过低。

处理方法：(1)迅速将控制阀改为副线控制，根据玻璃板液位计指示高低，调节液位，并通知仪表工尽快修复。(2)尽快恢复加氢进料，不然改大循环操作。(3)热高压分离器液位控制在50%±10%。

☞ 66. 冷高压分离器温度过高有什么危害？

因为氢气在油品中的溶解度在一定的范围内是随着温度的上升而增大的，所以高压分离器进料温度过高时，溶解在油品中的氢气增多，造成氢气溶解损失增大。同时油品中的轻组分也因温度过高而挥发在循环氢中，再经冷却，则可能造成循环氢带液，致使循环氢压缩机入口脱液罐液位高报，危及循环氢压缩机平稳运转。

☞ 67. 设立热高压分离器和冷高压分离器两个高压分离罐有什么优点？

通过热高压分离器可以最大限度的回收反应产物携带的热量，将这部分热量带入到分馏塔中，节约分馏塔底加热蒸汽；通过冷高压分离器实现了循环氢和汽油组分的良好分离。设立冷、热两个高压分离器，既满足了循环氢和汽油的气液分离，又大大节约了能量，有效的降低装置综合能耗。

☞ 68. 冷高压分离器出口紧急泄压阀在使用中要注意什么?

紧急泄压阀在事故状态下使用，在使用中应尽量降低对管线、设备(尤其是反应过滤器)的冲击，防止损害设备及管线。在实际应用中，可以选用小口径的限流孔板，降低紧急泄压阀打开时对反应过滤器的冲击。

第三章　加热炉

☞ **1. 什么是加热炉？管式加热炉有什么特点？**

一个具有耐火材料包围的燃烧室，利用燃料燃烧产生的热量将物质(固体或液体)加热的设备就叫加热炉。管式加热炉是石油炼制、石油化工、化纤工业中最常使用的工艺加热炉。其特点：(1)被加热的物质在管内流动，故仅限于加热气体或液体，而且这些气体或液体通常是易燃易爆的烃类，危险性大，操作条件苛刻。(2)加热方式为直接受火式。(3)只烧液体或气体燃料。(4)长周期连续运转，不间断操作。

☞ **2. 管式加热炉的结构是什么样的？各部分的作用是什么？**

管式加热炉一般由辐射室、对流室、余热回收系统、燃烧器以及通风系统等五部分组成。(1)辐射室是通过火焰或高温烟气进行辐射传热的部分，是热交换的主要场所，全炉的热负荷大部分(70%~80%)是由它来负担的，温度也最高。(2)对流室是靠有辐射室出来的烟气进行对流换热的部分，它一般布置在辐射室之上，对流室一般担负全炉热负荷的20%~30%。(3)余热回收系统是从离开对流室的烟气中进一步回收余热的部分。回收方法分两类：一类是空气预热方式；另一类是废热锅炉方式，烟气回收系统有放在对流室上部的，也有单独放在地上的。(4)燃烧器是炉子的重要组成部分，燃料通过燃烧器实现完全燃烧。(5)通风系统是将燃烧用空气导入燃烧器，并将废烟气引出炉子的系统，它分为自然通风式和强制通风式两种。

☞ **3. 管式加热炉有哪些类型？**

管式加热炉的类型很多，主要有下面几种：(1)圆筒炉包括纯辐射性圆筒炉和对流-辐射形圆筒炉，其炉膛是圆筒形。(2)立式炉其炉膛是长方形箱体，炉管可以是水平放置或垂直放置。包括卧管立式炉和立管立式炉。(3)其他形式的加热炉包括箱式炉、斜顶炉和纯对流炉。这几种炉子由于热效率低，新装置已很少采用。

☞ 4. 管式加热炉有哪些主要技术指标？

(1) 加热炉热负荷。即每台加热炉单位时间内向管内介质传递热量的能力，表示加热炉的生产能力大小。

(2) 炉膛温度。俗名火墙温度，指的是烟气离开辐射室进入对流室时的温度。这个温度越高，则辐射炉管传热量越大，进入对流室的热量也越大，但若温度过高，容易烧坏炉管及中间管架。

(3) 炉膛热强度。即单位时间内、单位体积炉膛内燃料燃烧的总发热量 W/m^2。炉膛尺寸一定后，多烧燃料必然提高炉膛热强度，相应地炉膛温度也会提高，炉子内炉管受热量也就增多，一般管式加热炉的炉膛热强度为 $8.14 \sim 11.63W/m^3(7 \sim 10kcal/m^3 \cdot h)$。

(4) 炉管表面热度。炉管单位表面积、单位时间内所传递的热量称为炉管的表面热强度。炉管表面热强度越高，在一定热负荷所需的炉管就越少，炉子可减少，投资降低，但提高有一个限度。

(5) 炉子热效率。加热炉负荷占燃料燃烧时放出总热量的百分比数称为炉子热效率。热效率越高，燃料越节省。它表示了炉子是否先进。

(6) 管内流速。流速越小，传热系数越小，介质在炉内的的停留时间越长，管内介质越易结焦，炉管越容易损坏，但流速过高又增大管内压力降，增加动力消耗，因此管内流速要适宜。

☞ 5. 加热炉的热负荷是怎样分配的？以什么形式传热？

加热炉的热负荷或有效传热量，一般说辐射室占全炉总的热效率的70%～80%，而对流室占20%～30%，辐射室占传热的主要地位。辐射室的传热方式以辐射传热为主，对流室的传热方式以对流为主。

☞ **6. 加热炉为什么要设置防爆门？**

当炉膛内充满易燃气体和没有完全燃烧的气体时，一遇火就会发生体积骤然膨胀、炉内压力突然增大，防爆门能自动顶开，这样不会损坏炉体。为保护设备安全起见，应安装防爆门。

☞ **7. 加热炉的负压是怎样产生的？**

烟囱有一定的高度，烟囱内外的气体温度不同，就会产生由空气与烟气的密度差造成的压力差。由于自炉膛至烟囱的烟气温度远远高过外界的环境温度，烟气的密度也会低于外界空气密度，这就造成炉膛内的压力低于相同水平高度的炉外空气压力。相对于炉外，炉膛内部为负压环境。

☞ **8. 加热炉的负压对操作有什么影响？**

负压大小对操作影响很大，负压过大，入炉空气量多，使烟气氧含量增加，降低了炉子的热效率，且炉管氧化加剧。负压过小，空气入炉量过小，导致燃烧不完全，也降低了炉子的热效率，因此要在适当的负压下操作。

☞ **9. 加热炉烘炉完成后要进行哪些检查和处理？**

（1）烘炉结束后应开炉检查，并做好记录，对脱落部位及可能脱落部位进行修补。

（2）若衬里表面龟裂缝宽度小于3mm，且不贯通耐火层的可不予修补。龟裂缝宽度等于或大于3mm，长度小于1m且无脱落可能时，可由施工单位进行修补。

（3）衬里表面脱落深度超过15mm，或耐火层厚度的1/5者要进行凿洞修补。

（4）陶瓷纤维的检查：外观检查有无破损及松弛部位；检查陶瓷纤维间的结合部分，保温钉的角缝是否符合施工要求。

☞ 10. 加热炉操作的原则和要求是什么?

加热炉操作的原则：(1)采用多火嘴、短火焰、齐火苗、火焰不扑炉管，严防局部过热。(2)严格按照工艺指标控制炉出口温度，在操作上做到勤检查、细分析、稳调节。(3)根据炉子负荷及时调整火嘴数量及阀位开度，使燃料气阀后压力大于0.07MPa，防止回火或自动联锁熄炉。(4)炉膛保持合适的负压，同时清晰明亮，火焰正常。(5)在烧油时冒黑烟、火焰无力，应适当开大雾化蒸汽。火焰忽大忽小，可开大油阀，或减少雾化蒸汽。(6)在烧燃料气时火焰无力摆来摆去，颜色暗红，需增大烟道挡板或风门。若火焰过长，可适当增大风门或关小烟道挡板。(7)检查炉管、弯头箱是否变形，炉墙、管架、管钩的颜色是否基本一致，如有局部发红是局部过热的表现。

☞ 11. 加热炉的"三门一板"是什么?

加热炉的"三门一板"是指油门(包括燃料气)、汽门、风门和烟道挡板。

☞ 12. 加热炉的烟道挡板和风门开度大小对操作有什么影响?

加热炉烟道挡板和风门开度大小影响炉膛内烟气的流量，影响炉内抽力大小。开度大，抽力大，热量带走多，损失大，效率低，同时过剩空气量大，过多的空气进入炉膛，造成炉管氧化剥皮现象，缩短炉管使用寿命；挡板开度太小，燃烧不完全，炉膛内出现烟雾，甚至造成正压回火。风门开得过小，使入炉空气量减少，火焰软而散，燃烧不充分，烟气含一氧化碳多，燃料消耗大，炉子热效率低。因此在实际操作中，加热炉的风门和烟道挡板要密切配合进行调节，保证一定的抽力，控制一定过剩空气系数，提高热效率，延长加热炉管的使用寿命。

☞ 13. 如何调节烟道挡板和风门?

(1) 火焰燃烧不好，炉膛发暗，这样的情况下烟道挡板及风门开大点。

(2) 炉膛特别明亮，发白，烟道气温低，这说明过剩空气系数太大，热量从烟囱跑出，炉管易氧化剥皮，这种情况下烟道挡板及风门要关小些。

(3) 火焰扑炉管、发飘、火焰燃烧不完全，发白、闪火、火焰冒火花，这样的情况适当调节火嘴风门，刮大风时应适当将风门和烟道挡板关小些。

☞ 14. 加热炉长明灯的作用是什么？

加热炉长明灯在加热炉点炉时，起到点燃主火嘴的作用。另外当主火嘴熄灭时，长明灯可以引燃从主火嘴泄漏进加热炉中瓦斯，避免瓦斯在加热炉膛内部集聚，起到安全防护的作用。

☞ 15. 在加热炉前燃料气管线上为什么要设阻火器？阻火器分为哪几类？

燃料气管线如果发生泄漏，则在有热源的情况就会引起着火，并可能蔓延至整个管网，随之而来的是压力升高引起爆炸，在燃料气管网上设置阻火器，就可以阻止火焰蔓延，防止不幸事故的发生。

阻火器按作用原理可分为干式阻火器和安全水封式阻火器两种，管式炉燃料气管线上一般采用多层铜丝网或不锈钢网的干式阻火器。阻火器应尽可能设置在靠近燃烧器的部位。

☞ 16. 燃料气罐为什么要采用蒸汽加热？

因为一般燃料瓦斯温度为40℃左右，当瓦斯温度降低时，会有凝缩油冷凝下来。瓦斯带油会使燃烧恶化，使操作混乱。因此在瓦斯进火嘴前设瓦斯罐并用蒸汽加热，以防瓦斯带油。采用蒸汽加热是因为蒸汽来源方便，安全。

☞ 17. 加热炉回火的原因是什么？

(1) 点火时回火往往因炉膛有易燃气体，燃料气阀关不严或烟道挡板忘了开或开得过小，或因开燃料气阀过猛；

(2) 在点燃料气火及灭燃料气火时，一次风门大易造成回火，燃料气压力高也易产生回火；

(3) 炉子超负荷运行，烟道气排不出去，变为正压操作；

(4) 燃料油大量喷入炉内，或燃料气和液态烃大量带油。

☞ 18. 如何防止加热炉产生回火？

(1) 严禁燃料气大量带油；

(2) 搞清烟道挡板的位置，严防在调节烟道挡板时将烟道挡板关得太小；

(3) 不能超负荷运行，燃烧正常，炉膛明亮，使炉内始终保持负压操作；

(4) 加强设备修理，对于燃料气阀门不严密的要及时更换和修理，回火器也要经常检查，如有失灵要及时修理更换；

(5) 开炉点火前应注意检查，炉膛必须用蒸汽吹扫 10~15min，到烟囱冒汽为止，点火熄灭后一定要先用蒸汽吹扫后再重新点火。

☞ 19. 加热炉为什么会产生正压？

(1) 炉膛里充满油气的情况下，一点火油气积聚膨胀，出现正压并回火；

(2) 一般炉膛是负压(-20~-150Pa)，当燃烧不好、烟气不能及时排除时，则炉膛负压就渐渐地变为正压，使空气无法进入，燃烧无法正常进行；

(3) 炉子超负荷；

(4) 燃料气带油或燃料油突然增大；

(5) 烟道挡板或风门开得太小造成抽力不够。

☞ 20. 正常巡检过程中，需要对加热炉进行哪些检查和维护？

(1) 检查炉子火嘴燃烧情况以及火焰、炉膛、炉管颜色是否正常；

(2) 检查炉子各点温度是否平稳，是否在指标内；

(3) 检查燃料气罐脱油、脱水情况；

(4) 检查燃料气罐压力以及炉用瓦斯阀后压力是否平稳；

(5) 检查仪表指示是否准确，控制阀是否灵活好用；

(6) 检查炉子及各部件、配件是否完好；

(7) 做好炉子、燃料罐、管线阀门等设备的维护、保养工作，搞好平稳操作，及时准确填写操作记录和交接班日志，搞好卫生。

☞ **21. 过剩空气系数对加热炉的操作有什么影响？一般过剩空气系数控制多少？**

加热炉的过剩空气系数，烧燃料气时一般控制在 1.1%～1.25%之间，烧油时过剩空气系数控制在 1.2%～1.5%之间。过剩空气系数太小，燃烧不完全，浪费燃料，过剩空气系数太大，入炉空气太多，炉膛温度下降，传热不好，烟气带走热量多，炉管易氧化剥皮。过剩空气系数过大，可适当关小烟道挡板和风门。过剩空气系数过小，可适当开大烟道挡板和风门。

☞ **22. 如何判断加热炉燃烧情况的好坏？**

燃烧完全，炉膛明亮，烧燃料气时火焰呈蓝白色，烧燃料油时火焰呈黄白色。各火嘴火焰大小一样，互不干扰，做到多火嘴、短火焰、齐火苗。火焰不扑炉管，烟囱冒出的烟无色，从仪表盘上看出口温度记录曲线近似于直线，波动范围±1℃，炉子声音为轰轰的均匀声。以上现象说明炉子是烧得好的。

☞ **23. 提高加热炉热效率的方法有哪些？**

(1) 保持完全燃烧；

(2) 在保证完全燃烧的情况下，降低过剩空气系数，将三门一板调节恰当；

(3) 操作好烟气余热回收设施如空气预热、余热锅炉等；

(4) 加强设备管理，炉体严密，勿使炉壁耐火层有裂缝、塌陷等，经常保持完整。减少下回弯头箱及人孔、看火窗等处漏进空气，减少热损失，露出部分(包括对流转辐射部分和下部回弯头部分)要加强保温，防止热损失过大；

(5) 防止炉管结焦；

(6) 对流室加强吹灰(对烧燃料油的加热炉而言)，辐射室大检修时烧焦和洗盐垢，提高传热效率。

☞ 24. 测量烟道气温度和烟道压力有什么作用？

(1) 能知道烟气带走热量的多少，为节约燃料，减少热损失，防止炉管氧化脱皮提供依据；

(2) 能知道火焰燃烧情况是否有二次燃烧；

(3) 能预知炉管是否结焦和对流室结灰情况。

☞ 25. 加热炉出口温度如何控制？

(1) 保证燃料油、燃料气及蒸汽压力平稳；

(2) 稳定进料和进料温度；

(3) 高压燃料气罐、低压燃料气罐应定期切水；

(4) 调节火焰时要“小调慢调多观察”，避免火焰之间互相干扰，保证火焰正常燃烧，炉内受热均匀；

(5) 控制好仪表的参数，调节要勤，变动时，调节及时准确无误；

(6) 雷雨时要注意操作上各种因素的变化，及时调节。

☞ 26. 影响加热炉温度波动的原因有哪些？

(1) 燃料气(或燃料油与雾化蒸汽)压力波动、组成变化及燃料气带液；

(2) 进料量、温度、燃料性质变化，原料油带水；

(3) 空气及气候变化；

(4) 仪表有误，参数不佳或失灵；

(5) 火嘴结焦造成火熄灭。

☞ **27. 进料温度的变化对加热炉的操作有什么影响？**

正常情况下进料量突然增大，出口温度立即下降；进料量变小，出口温度上升；进料温度上升，出口温度随之上升；进料温度下降，出口温度也随之下降（进料量及进料温度变化直接影响炉子的炉膛温度和出口温度）。

☞ **28. 燃料气切水不彻底会产生什么现象？**

燃料气切水不净会产生缩火、回火、闪火，加热炉各点温度尤其炉膛和出口温度急剧下降，火焰发红，带水过多火焰熄灭。

☞ **29. 燃料气带油有什么危害？如何防止燃料气带油？**

燃料气带油直接影响到炉膛和出口温度，严重时炉子大量冒烟，炉子产生正压回火，炉底漏油着火。燃料气罐做到勤检查液位、定期切水，燃料气罐加热伴管给上蒸汽，防止瓦斯带油。

☞ **30. 加热炉进料中断应如何进行处理？**

（1）立即将燃料阀门关小，控制小火苗；

（2）加强观察炉膛及炉出口温度，防止炉膛温度超温；

（3）尽可能快地恢复进料，条件许可的话，要保持工艺介质的流动；

（4）当进料恢复后，按正常升温速度提至工艺指标。

☞ **31. 加热炉燃料气不足或中断应如何处理？**

（1）联系生产管理部门，尽快恢复系统燃料气管网压力的平稳；

（2）调整自产燃料气量，尽可能多产燃料气，必要的话可调整工艺操作，增加自产燃料气量；

（3）如加热炉已熄火，则关闭各火嘴阀，用蒸汽吹扫炉膛后再点火。

☞ **32. 加热炉负荷变化应如何进行调节？**

在保证炉出口温度平稳的前提下，炉膛内部的温度要随负荷的变化而恢复均匀的变化，严禁急骤变化。炉子降量，根据降量幅度的大小，逐渐关小火嘴，关到极限时为防止缩火，应停掉多余的火嘴，同时对风门和烟道挡板也及时进行调节。炉子提量时要根据提量幅度的大小，逐渐开大火嘴或增点火嘴数量，风门、烟道挡板都应配合调节，以满足提量的要求。

☞ 33. 加热炉炉膛温度为什么不能大于 800℃？

因为炉膛温度>800℃时辐射管传热量大，热强度大，管内油品易结焦，另外炉管材质受到限制不能大于 800℃，否则炉管容易烧坏。

☞ 34. 加热炉炉膛负压过大或出现正压应如何进行处理？

炉膛负压过大是由于烟道挡板开度太大，使炉膛负压过大，造成空气大量漏入炉内，热效率低，又易使炉管氧化剥皮，从而减少炉管寿命，应及时关小烟道挡板，使炉膛负压值维持在 -150～-20Pa 为好。

出现正压是由于烟道挡板开度小，或炉子超负荷运转，使炉膛出现正压，炉子燃烧易产生不安全现象，应及时开大烟道挡板，使负压值达到标准。有时由于对流室长期不清灰，积灰结垢严重，也易使炉膛出现正压，这就应采取吹灰措施，减少对流室阻力。

☞ 35. 烟气中一氧化碳含量高如何处理？

对于燃烧完全的炉子，烟气中不应有一氧化碳存在。若在烟气分析中出现了一氧化碳，说明燃烧不完全，存在化学不完全燃烧损失，这主要是由于火嘴雾化不好、供风量不足所造成的。若炉膛发暗、火焰发红或者烟囱冒黑烟时，烟气中必有一氧化碳存在，必须调节“三门一板”，改善雾化条件，使火嘴达到完全燃烧。

当存在化学不完全燃烧时，烟气中就产生可燃气体，这些可燃气体大部分是 CO 和 H_2，还可能有少量的 CH_4。在未完全燃烧的烟气中 CO 与 H_2 有一定的结构关系，不可能只有其中一种可燃气体单独出现。若烟气中有 CO 存在就必定有 H_2 存在。所以，CO 和 H_2 都是影响热效率提高的不利因素。

☞ 36. 烟气中一氧化碳含量与氧含量均偏高应如何处理？

这种现象出现是由于火嘴处供风不足、雾化不好、燃烧不完全而产生一氧化碳。而烟气中氧含量高是由于炉体的上部堵漏不好，使空气漏入炉内造成的。必须首先解决燃烧问题，适当加大供风量，使火嘴得到完全燃烧。再就是要加强堵漏，减少不必要的空气漏入炉内。

☞ 37. 加热炉外壁温度偏高应如何处理？

由于烟道挡板开度太小，炉膛负压值偏低，造成壁温超高，就必须调节“三门一板”，维持炉膛负压在-150～-20Pa。

由于炉体保温不好引起壁温超出，在检修时应对炉体重新保温，或在砖缝、膨胀处塞耐火陶纤，使炉壁温降到 40℃ 以下为宜。

☞ 38. 加热炉冒黑烟的原因是什么？如何处理？

原因：(1)加热炉炉管烧穿；(2)加热炉进料量突然增加；(3)加热炉抽力小，过剩空气不足；(4)燃料油压力突然上升，油气比例失调，燃烧不完全；(5)燃料油性质发生变化，如黏度增高，雾化不好；(6)雾化蒸汽压力下降或中断。

处理：(1)炉管烧穿，按炉管破裂处理；(2)进料量突然增加，联系操作员调整操作，使流量稳定；(3)过剩空气系数不足，开大风门或烟道挡板，增加过剩空气系数；(4)燃料油压力上升，如果是仪表问题，则将仪表由自动改为手动控制；(5)燃料油性质变化，则适当调整油气比例，使雾化正常，并提高燃料油温度；(6)雾化蒸汽压力下降或中断，加热炉改烧外来燃料气或拔头油、戊烷油、液化气。

☞ 39. 加热炉火嘴火焰发飘、软而无力是什么原因？

原因是空气量不足，应开大一、二次风门。

☞ 40. 引起加热炉炉管结焦的原因是什么？

(1) 炉管受热不均匀，火焰扑炉管，炉管局部受热；

(2) 进料量过小，在炉管内停留时间太长；

(3) 炉膛温度过高，引起油品结焦；

(4) 炉管内有残焦起诱导作用，促使新焦生成。

☞ 41. 什么是局部过热？局部过热有什么危害？

当炉管出现剥皮、白点、斑点等现象时，属于局部过热。局部过热容易发生炉管破裂，油气大量外流，使炉管发生爆炸。

☞ 42. 加热炉炉管破裂如何处理？

(1)加热炉立即熄火，关闭燃料阀，开大烟道挡板，关闭风门；(2)停止进料，尽可能将炉管内介质外排；(3)系统降压；(4)情况严重时报火警。

☞ 43. 加热炉点火时，火嘴点不着的原因是什么？如何处理？

原因：(1)抽力太大；(2)燃料气含氮气太多。

处理：(1)关小烟道挡板及风门；(2)置换燃料气，提高瓦斯浓度。

☞ 44. 刮大风及雷雨天气，加热炉操作应注意什么？

如风小，对加热炉操作影响不大，但风大时必须适当关小烟道挡板和风门，以免因风大形成抽力过大，使加热炉熄火，影响操作。

雷雨天刮风下雨打雷时，易发生停电事故，对操作有很大影响，操作时应特别注意，做好事故预想，准备应急措施。

☞ 45. 回收加热炉烟气余热的方法有哪些？

加热炉烟气余热的回收是利用低温热介质吸收烟气的热量，

可以大幅度地提高加热炉的热效率，具有显著的节能效果。具体有以下三种方法：(1)充分利用对流室加热工艺介质；(2)通过空气预热器预热炉用燃烧空气；(3)采用余热锅炉发生蒸汽。

☞ 46. 空气预热器的作用是什么？

空气预热器的主要作用是回收利用烟气余热，减少排烟带出的热损失，减少加热炉燃料消耗，同时采用空气预热器还有助于实行风量自动控制，使加热炉在合适的过剩空气系数范围内运行，减少排烟量，相应地减少排烟热损失和对大气的污染。由于采用空气预热器，需强制供风，整个燃烧器封闭在风壳之内，因而噪声也较小，同时也有利于高效新型火嘴的采用，使炉内传热更趋均匀，并提高了燃烧空气的温度，使热效率大大提高。

☞ 47. 加热炉低温露点腐蚀是如何发生的？有什么危害？

加热炉所用的燃料油或燃料气中均含有少量的硫，这些硫在加热炉中燃烧后生成SO_2。由于加热炉设计和操作中有一定的过剩空气系数，使得燃烧室中有过量的氧气存在，在通常的过剩空气系数条件下，燃烧生成的全部SO_2中约有1%~3%的SO_2进一步与这些过剩氧化合形成SO_3。在烟气温度高时，SO_3气体不腐蚀金属，但当烟气温度降至400℃以下，SO_3将与水蒸气化合生成硫酸蒸气。

当加热炉排烟温度低时，使得生成的硫酸蒸气凝结到炉子尾部受热面上，继后便发生低温硫酸腐蚀。而SO_2与水蒸气化合生成的亚硫酸气其露点温度低，一般不可能在炉内凝结，对炉子无害。

SO_3需在400℃以下才与水蒸气发生反应生成H_2SO_4蒸气，由于在加热炉节能工作的不断向前发展，要求加热炉排烟温度越来越低，给硫酸蒸气的产生和凝结提供了条件。往往在空气预热器、余热锅炉等余热回收设备的换热管面上产生强烈的低温露点腐蚀，甚至在不到一年的运转时间内，换热管束就严重腐蚀穿孔，使加热炉不能正常运行。由此可见低温露点腐蚀已成为降低加热炉排烟温度、提高热效率的主要障碍。

☞ 48. 影响露点腐蚀的因素有哪些？

影响低温露点腐蚀因素有以下几点：(1)影响烟气中 SO_3 的过剩空气系数和燃料中的硫含量。过剩空气系数越大，燃料中的硫含量越高，则 SO_3 流量越大，烟气的露点温度越高；(2)烟气中水蒸气的含量。水蒸气含量越高，则烟气露点温度越高，越容易产生低温露点腐蚀；(3)露点温度还跟受热温度有关。

☞ 49. 如何防止和降低加热炉露点腐蚀？

由于低温露点腐蚀已成为进一步降低加热炉排烟温度和提高热效率的主要障碍，所以防止和减轻低温露点腐蚀已成为普遍关心的问题。目前通常有以下几种措施：(1)提高空气预热器入口的空气温度，或在设计中控制换热面的壁温；(2)采用耐腐蚀的材料；(3)采用低氧燃烧，控制燃烧过剩空气量，减少 SO_3 的生成量；(4)使用低硫燃料，降低烟气露点温度，减少低温腐蚀。

☞ 50. 如何判断加热炉管是否结焦？结焦的原因是什么？

炉管结焦可以从下面几个方面去判断：(1)在进料不变的情况下，炉管进出口压差是否增大，若有变化应及时分析原因。(2)炉出口温度下降，增大燃料量也很难提上来。(3)炉管表面有无发红现象，由于管内结焦，热阻增大，热量传不出去，于是管壁局部温度升高，使管壁发红。

造成炉管结焦的原因：(1)火嘴燃烧不良，火焰直扑炉管，造成炉管局部过热。(2)炉管内油流速过小，介质停留时间过长或进料中断造成干烧。(3)仪表失灵不能及时准确反映各点温度，造成管壁超温。

☞ 51. 如何防止加热炉管发生结焦？

(1) 保护炉膛温度均匀，防止炉管局部过热，应采用多火嘴、齐火苗、短火焰，炉膛明亮的燃烧方法。

（2）操作中对炉子进料量、压力及炉膛温度等参数加强观察、分析和调节。

（3）严防物料偏流。

☞ **52. 加热炉系统有哪些安全防爆措施？**

为确保加热炉安全运转，主要安全、防爆措施：(1)炉膛设有蒸汽吹扫线，供点火前吹扫炉膛内可燃物；(2)在对流室管箱里设有消防灭火蒸汽线，一旦弯头漏油或起火时起掩护或灭火之用；(3)在炉用燃料气线上设阻火器以防止回火爆炸；(4)在燃气的炉膛内设长明灯，以防因仪表等故障断气后再进气时引起爆炸；(5)在炉体上根据炉膛容积大小，设数量不等的防爆门，供炉膛突然升压时泄压用，以免炉体爆坏。

☞ **53. 空气预热器有哪几种形式？**

空气预热器有多种形式：(1)按传热方式分：有间壁换热式和蓄热换热式两种。管壳式和板式预热器属间壁换热式，它们是通过两个固定的隔离壁进行热量传递的；回转式空气预热器属蓄热换热式，它是通过由转子带动旋转的蓄热面不断经过烟气侧和空气侧，利用蓄热面的吸热和放热将烟气热量传递给空气。(2)按结构形式分：有管壳式和板式两种结构。管壳式又分钢管、玻璃管、热管、铸铁翅管等几种。

☞ **54. 加热炉火焰的调节原则是什么？**

加热炉火焰调节原则：(1)操作正常时，炉膛各部温度均在指标范围内，以多火嘴、短火焰、齐火苗为原则。(2)燃烧正常时，炉膛明亮，火焰呈淡蓝色、清晰明亮、不歪不散为佳。(3)严禁火焰调节过长，直扑炉管或炉墙。

☞ **55. 加热炉燃料气烧嘴的调节方法有哪些？**

加热炉燃料气烧嘴调节方法：(1)稳定明亮的火焰：良好燃烧。(2)拉长的绿色火焰：不正常。一般是空气过量，应减少。

(3)光亮发飘的火焰：不正常。一般是空气量不足，应增加。(4)熄灭：抽力过大，应重新调整负压；火嘴喷头堵塞，应卸下清洗。(5)回火：抽力不够，应重新调整负压；空气量不足，应增加；火嘴喷头已烧坏，重新更换；燃料气压力大幅波动。(6)火焰长、软，呈红色，炉膛不明，冒黑烟，炉膛温度上升。原因是燃料气严重带油，应加强燃料气罐脱油，启用蒸汽加热器。(7)火焰冒火星、缩火。原因是燃料气带水严重，应加强燃料气罐脱水。

☞ 56. 如何做好加热炉火嘴的燃烧控制？

加热炉的大多数故障是因燃烧控制而引起的，必须加强控制、维护和管理，具体要求如下：(1)火焰形状应稳定、多火嘴、短火焰、齐火苗。(2)火焰不应触及管壁和炉墙。(3)火嘴的燃料气压力和温度应适当。(4)火嘴口不得积焦和堵塞，如有积焦和堵塞则要清理干净。(5)应通过风门和挡板调节适当的氧含量，以保证最佳燃烧。如果氧含量过大，即空气量过大，热效率就会降低，炉内压力增高就会导致加热炉回火。如果空气量太小，则燃烧不完全，一氧化碳和未燃烧的燃料气就会在炉膛内和烟道内产生二次燃烧。(6)若燃料气带凝缩油，则要加强燃料气分液罐的排凝和加热炉的平稳操作。

☞ 57. 加热炉烟道挡板的调节原则是什么？

加热炉烟道挡板的调节原则：(1)根据炉膛内负压值大小，调节挡板开度，使炉膛的负压在-150～-20Pa之间。(2)根据火焰燃烧情况、排烟温度、过剩空气系数来调节挡板开度。

☞ 58. 加热炉烟道挡板的调节方法是什么？

加热炉烟道挡板的调节方法：(1)炉膛负压值太大，关小烟道挡板。(2)火焰燃烧不好，排烟温度过低，过剩空气系数太小，开大烟道挡板。(3)开关烟道挡板时，动作要慢以免炉膛负压急剧波动。

☞ 59. 如何控制加热炉管表面温度？

炉管壁温是衡量炉管表面受热强度的重要参数，对于炉管来说，壁温超高，炉管的使用寿命将缩短。在操作过程中，特别是在炉子升温和降量的过程中，应密切注视壁温和目测炉管的颜色，避免超温操作。

☞ 60. 加热炉出口温度波动的原因是什么？如何处理？

加热炉出口温度必须按工艺要求严格控制，炉出口温度的平稳程度直接体现炉子操作水平的高低。温度是通过炉出口的热电偶来监测控制的。原因：(1)燃料气压力波动。(2)燃料气组分变化。(3)炉膛负压变化。(4)燃料燃烧不充分。(5)喷嘴堵塞。(6)燃料气带油。(7)仪表失灵。(8)进料量波动。(9)进料温度变化。(10)进料组分变化。

处理方法：(1)加强与生产管理部门的联系，保证燃料气压力的平稳，同时加强炉子燃料气压力的调节。(2)根据炉膛温度的变化增加或减少燃料气量。(3)调节供风和挡板，控稳负压。(4)增大供风量。(5)拆下，清洗火嘴。(6)加强燃料气罐的脱液、排凝，严重时可降量处理。(7)联系仪表工处理。(8)查明流量不稳原因，调整稳定出口流量，同时调节燃料气量。(9)稳定进料温度，同时调节燃料气量。(10)依据进料组分的轻重，调节燃料气量。

☞ 61. 加热炉炉膛温度的控制指标如何确定？

炉膛温度是加热炉的最高温度点，也是变化最灵敏的温度，在操作中可参考炉膛的温度变化来稳定炉出口温度，同时还要控制炉膛温度<750℃，奥氏体不锈钢炉管炉膛温度不大于800℃，防止烧坏炉子。

☞ 62. 加热炉空气预热器的操作应注意什么？

(1)调整鼓风机的入口风道挡板，开度为5%，然后盘车，并打开各火嘴风门。(2)启动鼓风机运转，待运转正常后逐步打开风道挡板(此时快开风门自然关闭)，投入运转。(3)空气预热系统应在加热炉全部停运后才能停下来。在停鼓风机时，由于连锁，快开风门会自动打开，使炉子处于自然通风状态下。

☞ 63. 加热炉紧急停炉的步骤是什么？

加热炉紧急停炉的步骤：(1)立即熄灭所有火嘴(包括长明灯)，打开烟道挡板，停空气预热器，炉膛内吹入蒸汽降温。(2)若炉管及高温部位破裂，则按紧急泄压按钮，停原料泵、反应进料加热炉、新氢压缩机，如需要还要停循环压缩机。系统泄压，压力较低时，充氮置换，保持临氢系统微正压，炉膛内通入灭火蒸汽。(3)其他按正常停炉处理。

☞ 64. 加热炉熄火的原因有哪些？如何进行处理？

原因：(1)加热炉负荷过小，负压值较大抽灭。(2)入炉燃料气流量忽大忽小，大幅度波动。(3)阻火器堵塞。

处理方法：(1)适当降低炉膛负压。(2)稳定燃料气压力，稳定入炉燃料气量，仪表改手动操作。(3)切断阻火器操作，堵塞的阻火器拆下来清扫。

☞ 65. 加热炉顶部热氢气的温度是如何控制的？

氢气进入加热炉对流室加热，如果出炉温度偏低，旁路调节阀 TV1607 全部关闭，氢气全部进入加热炉，最大限度吸收热量，然后进入氢气电加热器继续加热；如果氢气出炉温度偏高，旁路调节阀 TV1607 打开，部分氢气不进入加热炉受热，使氢气温度降低。

第四章　再生系统

☞ 1. 吸附剂再生有哪些反应?

吸附剂在再生器内发生氧化反应，氧化反应可以脱除吸附剂上的硫，同时使吸附剂上的镍和锌转变成氧化物的形式。氧化反应也可以称为燃烧，这类似于 FCC 再生器内所发生的过程。吸附剂的氧化过程中共有以下六种反应，第一种和第二种中涉及了硫和锌的氧化反应，第三种~第五种涉及了碳和氢的氧化反应，第六种涉及了镍的氧化反应。以下六种反应均为放热反应：

$$ZnS(s)+1.5O_2 \longrightarrow ZnO(s)+SO_2$$

$$3ZnS(s)+5.5O_2 \longrightarrow Zn_3O(SO_4)_2(s)+SO_2$$

$$C+O_2 \longrightarrow CO_2$$

$$C+0.5O_2 \longrightarrow CO$$

$$2H_2+0.5O_2 \longrightarrow H_2O$$

$$Ni(s)+0.5O_2 \longrightarrow NiO(s)$$

再生烟气中主要是 SO_2 和 CO_2 以及少量的水蒸气，另外还有少许 CO。待生吸附剂上碳在 232℃开始燃烧，硫在 454℃开始燃烧。

待生吸附剂上碳在 232℃开始燃烧，硫在 454℃开始燃烧。

☞ 2. 贫氧再生与富氧再生有何区别?

贫氧再生和富氧再生最主要的区别在于再生器主风量的多少，当主风量超过需求量时为富氧再生，主风量低于需求量时为贫氧再生。

在再生器内部硫的燃烧主要为以下两个反应：

$$ZnS(s)+1.5O_2 \longrightarrow ZnO(s)+SO_2$$

$$3ZnS(s)+5.5O_2 \longrightarrow Zn_3O(SO_4)_2(s)+SO_2$$

为了使反应器内反应平稳可控，我们不希望吸附剂的再生反应进行得太彻底，经过再生后的吸附剂含硫量应保持在 3%～4%，因此我们要控制再生器内为贫氧环境。

富氧再生会使生成 $Zn_3O(SO_4)_2$ 反应量增大，可能使再生器吸附剂结块。

☞ 3. 如何计算吸附剂循环量？

吸附剂循环量计算公式如下：

$$G=\frac{(0.25\cdot\pi\cdot D^2)\cdot(1000\cdot\Delta P/g)}{\Delta T/60}$$

式中 G——吸附剂循环量，kg/h；

D——直径，m；

ΔP——高差压值与低差压值之差，kPa；

g——重力加速大，N/kg；

ΔT——高差压与低差压出现时间差，min。

☞ 4. 如何控制再生器的压力？

根据再生器负荷控制适宜的床层线速，再生压力控制在 0.095～0.18MPa，一般控制为 0.12MPa。再生器压力通过 PIC-1006 阀来控制。

☞ 5. 如何控制再生的温度？

再生器设计温度为 524℃，再生温度应不大于 520℃。再生温度一般控制在 500～520℃之间。

原设计中再生温度是通过 TIC-1006 复杂控制来控制的。PIC-1006 分程控制变送器 TX1006A 和 TX1006B。当 PIC-1006 输出为 0%～50%时，变送器 TX1006A 起作用，从而使阀 TV1006A 逐渐全关，同时阀 TV1006B 逐渐全开；当 PIC-1006 输出为 50%～100%时，变送器 TX1006B 起作用，这里 TX1006B 与 TIC1007 构成一组选择控制，选择较小信号控制电加热器 EH-102 的加热功率。但实际操作中，发现 PIC-1006 太过复杂，从而使阀动作频率和幅度较大，再生温度控制不够平稳。

现在将 TIC－1006 投手动模式，阀 TV1006A 全关，阀 TV1006B 全开，空气电加热器 EH102 关闭（为维持再生器热平衡，可考虑开空气电加热器 EH102），通过控制再生器内吸附剂料位来控制取热盘管埋入吸附剂的深度，从而控制取热盘管的取热量，最终控制再生器的再生温度。

平稳操作情况下，若再生器温度过高，可通过增加再生器藏量来降低再生器的温度，反之亦然。

再生器内藏量多少可通过再生器压差 PDI－1022 反映，可根据经验确定 PDI－1022 在何值时再生器能够达到热平衡，当然此数值是会随取热泵 P－105 上水量、待生剂与再生剂的硫差、吸附剂循环速率、环境温度等因素的变化而变化的，这种变化可以靠经验获得，也可通过再生器的热平衡计算得到一个计算值，然后与经验值比对，从而得到一个较准确的数值。例如，燕山 S Zorb 冬季 PDI－1022 数值在 42kPa，夏季 PDI－1022 数值在 46kPa 时，再生器可基本热平衡。

想提高再生器藏量，有以下几种常用方法：一是适当提高 D107 至 R102 吸附剂的输送压差 PDIC－1016，从而提高 D107 至 R102 的压料速率，这也是最常用方法；二是适当提高闭锁料斗 1.2 步 D105 至 D106 的装料时间；三是适当降低闭锁料斗 6.2 步 D110 至 D106 的装料时间；四是将再生器和接收器之间的 1034 阀打到 HIC－1034 一边并置为零。同样降低再生器藏量，有以下几种方法：一是适当降低 D107 至 R102 吸附剂的输送压差PDIC－1016，从而降低 D107 至 R102 的压料速率；二是适当降低闭锁料斗 1.2 步 D105 至 D106 的装料时间；三是适当提高闭锁料斗 6.2 步 D110 至 D106 的装料时间。如此做时，请注意维持好闭锁料斗正常的循环，因为第 4.2 步 D107 至 R102 的装料只有在 D107 料位低低报 LALL－1004 触发时才会开始，而第 6.2 步 D110 至 D106 的装料只有在 D110 料位高报 LAH－1007 触发时才会开始。

当再生器突升到较高温度时，可以通过降低主风同时加入冷氮保持吸附剂流化状态的方法降低再生器温度；当再生器突降到较低温度时，可以通过关闭 P-105 从而停止再生器内的取热来提高再生温度。

☞ 6. 如何控制再生器至再生接收器的吸附剂量？

当 D110 料位高高报 LAHH-1006 未被激活时，再生器和接收器之间的 1034 阀打到 ZI-1034 一边并自动置为全开；当 D110 料位高高报 LAHH-1006 被激活时，再生器和接收器之间的 1034 阀打到 HIC-1034 一边并自动置为全关。LAHH-1006 未被激活时，ZI-1034 模式和 HIC-1034 模式可互相切换，HIC-1034 模式下可输入任意开度。

☞ 7. 如何控制再生烟气中氧含量？

通过控制主风量来控制再生烟气中的氧含量。一般控制再生烟气中的氧含量在 0.2%以下，当该值大于 0.2%时，应适当降低主风量。

☞ 8. 再生风中水含量对吸附剂有何影响？

再生风中的水会促进硅酸锌的生成，使吸附剂结块并失活。再生器底部聚集大量的吸附剂块，会影响再生器向接收器的吸附剂输送。

☞ 9. 再生器内旋风分离器的作用是什么？

再生器内旋风分离器的作用是回收烟气中的吸附剂细粉。气体离开密相床进入稀相段时必然携带出部分吸附剂，因为气体线速大于某些细粉的终端速度，且由密相床层中上升的气泡在界面处破裂时将一些较大的吸附剂颗粒带入稀相段。虽然一部分携带出床层的吸附剂会在气流上升过程中沉降下来，但是还有相当数量的吸附剂沉降不下来，稀相中吸附剂含量约 5~15kg/m^3。

☞ 10. 翼阀的作用是什么？

由于旋风分离器有一定的压降，特别是二级出口采用缩径结构后压降增大，因此二级旋风分离器料腿内的压力低于床层压力，二级旋风分离器料腿顶部压力和再生器内稀相段压力差，接近于一、二旋风分离器的总压力降。翼阀的作用就是避免由于这一压差的存在而使吸附剂由料腿倒窜。正常的情况下，翼阀的阀板和阀座处于良好密阀状态。当料腿内的吸附剂量蓄积到料腿内的静压超过旋风器的压降，以及翼阀床层静压及打开翼阀所需压力这三者之和时，翼阀及时自行打开，料腿内的吸附剂流入床层。若料腿内的静压低于上述三者压力之和时，翼阀自行关闭，防止吸附剂倒窜。

翼阀的作用是为了保证料腿内有一定的料柱高度，其密封作用是依靠翼板本身的重量，料腿中能维持的料位高度与旋分器的压降及翼板与垂直线的夹角有关。

☞ 11. 料腿的作用是什么?

料腿的作用是输送旋风分离器分离下来的吸附剂粉尘，并且起密封作用。采用分布板时，一级料腿延伸至分布板附近，料腿底部不设置翼阀或防倒锥之类的设备。在一级料腿的投影区 ϕ800mm 的范围不开孔，以使料腿底部保持比较平稳的状况。这样吸附剂能够顺利地从料腿流出，不受上升气流和床层的干扰。一级料腿至分布板距离在 300~820mm 之间，约为料腿直径加上膨胀长度。采用分布管时，一级料腿应采用翼阀或防倒锥作为防护措施。燃料油、各种蒸汽及松动风的喷嘴较远地离开一级料腿。二级料腿伸至密相床面或插入密相床内 1~2m，具体插入多少应根据计算数据确定。

☞ 12. 旋风分离器的工作原理是什么?

含固体微粒的气流以切线方向进入，在升气管与壳体之间形成旋转的外涡流，由上而下直达锥体底部。悬浮在气流中的固体微粒在离心力的作用下，一面被甩向器壁，一面随气流旋转至下方，最后落入灰斗内。净化的气体向上形成内涡流，通过升气管排出，如图 4-1 所示。

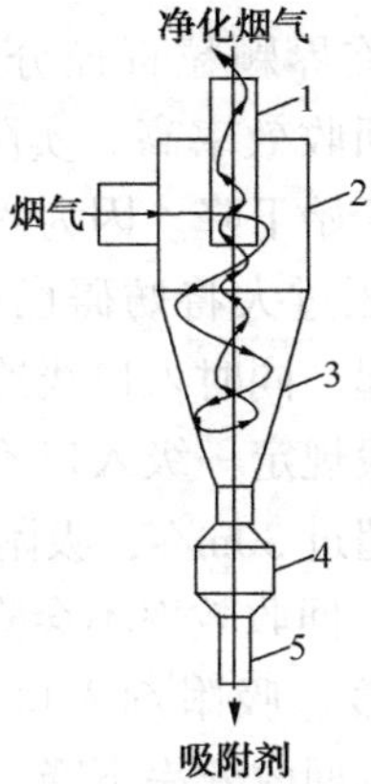

图 4-1　旋风分离器示意图

1—升气管；2—筒体；3—锥体；4—灰斗；5—料腿

☞ 13. 如何评价旋风分离器的效率？

评价旋风分离器的效率的指标：

（1）总效率或质量效率。经旋风分离器回收的颗粒质量与进入系统的颗粒总质量之比称为总效率或质量效率。

$$\eta = \frac{\text{回收颗粒质量}}{\text{进入系统颗粒总质量}} \times 100\%$$

$$= \left(1 - \frac{\text{旋风分离器出口颗粒质量}}{\text{进入系统的颗粒总质量}}\right) \times 100\%$$

（2）分级效率或组成效率。颗粒回收系统最好以颗粒尺寸和回收效率的变化关系来表示（称为分级效率曲线）。分级效率曲线的横坐标为颗粒尺寸，纵坐标为每一窄筛分的回收效率。将旋风分离器入口颗粒进行筛分分析，然后再将回收的颗粒进行筛分分析。由此数值就可求得每一窄筛分的效率：

$$\eta = \frac{\text{回收得到的 } i \text{ 筛分}}{\text{进入回收系统的 } i \text{ 筛分}} \times 100\%$$

☞ 14. 影响旋风分离器效率的因素有哪些？

（1）入口线速。由临界颗粒直径分式可以看出，入口线速高，临界颗粒直径小，回收效率高。实际上入口线速有一上限，超过此上限，回收效率开始下降。因为入口线速高，压降大，使灰斗负压增加，灰斗负压过大将妨碍已回收下来的颗粒进入灰斗，并引起颗粒的再带起。同时入口线速大说明稀、密相线速亦高，入口浓度提高。一般规定一级入口不大于25m/s，再生器一级旋风分离器入口线速超过30m/s，吸附剂单耗将明显增加。入口线速不低于15m/s时，回收效率不会降低。

（2）吸附剂入口浓度。吸附剂入口浓度提高，回收效率较高，但高至某一数值后，回收效率下降。入口浓度高和入口浓度低相比，在旋风分离器回收效率相同时，入口浓度高的吸附剂单耗大。因此，一般要求吸附剂入口浓度低。

（3）吸附剂入口颗粒密度。颗粒密度大，回收效率高。当颗粒密度由1000kg/m^3增至1300 kg/m^3时，可分离的最小颗粒直径由20μm降至16.8μm。

（4）吸附剂的颗粒分布。吸附剂颗粒越大，回收效率越高，但流化有困难。

（5）气体黏度。气体黏度大，回收效率下降。

☞ 15. 操作变化对吸附剂损耗有什么影响？

再生器应在贫氧的情况下再生，再生器的再生烟气中氧含量应控制在0.2%以下。富氧再生会促使$ZnSO_4$和$Zn_3O(SO_4)_2$的生成，导致吸附剂结块，从而增加吸附剂的损耗。因为如果只是单纯的生成$ZnSO_4$或者$Zn_3O(SO_4)_2$，它们在还原状态下是可逆的，是可以恢复成ZnO的。

☞ 16. 要减少吸附剂损耗，在装置开停工时，装卸吸附剂应注意些什么？

再生器开工装吸附剂时，在一级料腿被吸附剂封住以前，加入的吸附剂大多数是由一级料腿倒窜跑损掉。此时加料速度要尽量地快，降低稀相线速，降低旋风分离器入口浓度，主风量适度降低，缩短加吸附剂以及封住料腿的时间。

停工卸吸附剂时，压力、温度按规定控制好，风量要降低，按顺序转剂卸料。在保证不超温的前提下加快卸料速度。

☞ 17. 再生器取热效果与哪些因素有关？

再生器取热效果和取热盘管埋入吸附剂的深度、取热盘管结垢情况、取热盘管内除氧水及蒸汽的温度压力等情况有关。除此之外，经验证明当再生器内吸附剂平均粒径较小也会严重影响再生器的取热效果。

停工卸剂时，压力、温度按规定控制好，风量要降低，按顺序转剂卸料。在保证不超温的前提下，加快卸料速度。

☞ 18. 吸附剂砷和氯中毒对吸附剂都会造成什么影响？

微量的氯在吸附剂上的累计不会对吸附剂的活性造成影响，但是如果氯的累计量过高或者短时间内吸附了大量氯，吸附剂的活性会大幅降低，吸附剂的强度也会受到影响。砷主要是与吸附剂中的 Ni 活性中心结合，形成 Ni-As 合金类物质，使活性中心减少。较大量的氯或者砷造成的吸附剂中毒是不可逆的，只能通过吸附剂的置换恢复反应活性。

虽然个别装置增加了循环氢脱氯措施，但是对于原料油中氯不能起到作用。初步研究还表明，原油中氯和砷还能造成原料换热器结铵盐，影响换热器换热效果。

☞ 19. 吸附剂上硅酸锌是怎样形成的？

无水情况下，当温度高达 870~1040℃时，氧化锌和二氧化硅才能直接发生固态化反应生成硅酸锌。但当有水存在时，水和二氧化硅先生成硅酸，然后硅酸与氧化锌生成硅酸锌，该反应在 500℃的较低温度下就可以进行。所以水能促进硅酸锌的生成，并且这个过程是不可逆的，这样就造成了吸附剂的永久失活。

☞ **20. 再生风中补充部分氮气的作用是什么?**

当再生烟气中氧含量过高或者再生器温度突升时，需要降低主风量。主风量的降低会影响再生器内吸附剂的正常流化，这时往再生风中补充部分氮气是为了保持吸附剂的正常流化。

☞ **21. 再生烟气的特点是什么?处理方法有哪些?都有什么优缺点?**

S Zorb 装置再生烟气中含有大量的二氧化硫，直接排放会造成严重的环境污染，只有处理好再生烟气，才能体现出 S Zorb 装置的建设意义。

S Zorb 装置再生烟气的特点：烟气流量波动大（100～1500Nm^3/h）、SO_2 含量不稳定（0.1%～5.0%）、氧含量较高（0.0%～3.0%）。

S Zorb 装置再生烟气气量和组成频繁大幅波动，对后续处理造成不良影响。一般情况下再生烟气有以下三种处理方法：碱洗处理、与催化烟气混合后脱硫碱洗、进硫黄装置处理。目前系统内已建成和在建 19 套 S Zorb 装置中采用碱洗方法的有 2 套；与 FCC 烟气混合处理的有 1 套；进硫黄装置的有 16 套，其中进制硫炉的有 3 套，进加氢反应器的有 13 套。

（1）碱洗处理。每年消耗 30%碱液 4000t，每小时产生含碱废水 6t，硫损失 500t/a，增加投资、操作成本，并且碱渣会造成二次环境污染。

（2）与催化烟气混合后脱硫碱洗。同样会使碱液的消耗量大幅增加。催化烟气 SO_2 含量只有几百个 ppm，而 S Zorb 再生烟气 SO_2 含量平均在 2%。这会使 FCC 烟气处理量降低。

（3）进硫黄装置。通常包括引入制硫炉、催化转化反应器、尾气加氢反应器三种方式。

① 引入制硫炉。S Zorb 再生烟气的主要成分为 N_2，比热容大，如与酸性气混合后，在制硫燃烧炉内需要加热到 1200℃ 以

上。由于S Zorb再生烟气中含有3%左右的二氧化硫，降低了制硫燃烧炉硫化氢燃烧转化为二氧化硫的总量，将会导致装置运行能耗大幅增加。现有工业装置标定结果表明：制硫炉炉膛温度降低15~20℃，再生酸性气回流量增加100kg/h，外供氢增加，能耗高。

② 引入催化转化反应器。制硫反应原理是克劳斯反应，即硫化氢、二氧化硫和氧气反应最终生成单质硫和水。克劳斯反应需要的温度为240~260℃，而进制硫装置的再生烟气温度低，在110~140℃，这就需要增设电加热器将再生烟气加热到反应温度。另外工业装置标定结果表明：由于再生烟气气量和组成频繁大幅波动，导致H_2S、SO_2比例失调，酸气燃烧炉配风难以调整，克劳斯反应无法正常进行，从而导致装置处理量降低，装置总硫转化率降低，尾气排放不合格。

③ 引入尾气加氢反应器。普通Claus尾气加氢吸附剂使用温度为280~300℃，而烟气温度低，进制硫装置110~140℃，需增设烟气加热装置将再生烟气加热到反应温度。

中国石化齐鲁分公司研究院成功开发出LSH-02低温加氢吸附剂，其有以下特点：加氢反应器入口所需温度降低至220℃；耐硫酸盐化能力强；活性高；具有良好的脱氧活性。

工业装置标定结果表明：S Zorb再生烟气总量600~1000Nm^3/h(90×10^{4}t/aS Zorb汽油吸附脱硫装置)，再生烟气和Claus尾气混合后二氧化硫可控制在0.5%~5.0%，氧控制小于5%；S Zorb再生烟气不需要加热直接引入加氢反应器；加氢反应器入口温度230~240℃，床层温升50℃/h(正常20~30℃)，未出现床层超温或床层温度急剧变化的现象；焚烧炉温度稳定，没有出现大幅波动现象；净化尾气二氧化硫排放浓度低于500mg/m^3，符合国家和中国石化尾气排放标准；S Zorb再生烟气实现了“零排放”。

☞ 22. 再生接受器的作用是什么？

再生接受器接收来自于再生器的再生吸附剂，为进入闭锁料斗的再生吸附剂提供了一个缓冲空间。从再生器出来的再生吸附剂在接受器内冷却到低于427℃，并先冲入氮气使吸附剂内富含二氧化硫再生烟气脱除。再生器内再生完成的吸附剂由再生滑阀调节流量，然后用氮气提升至再生器接受器。再生器接受器内的吸附剂用冷氮气进行流化，流化及提升氮气通过接受器顶部出口返回到再生器的扩径段。

来自冷凝水罐的低压蒸汽经过再生器接受器内的冷却盘管取走吸附剂的热量，使其温度降到427℃以下，蒸汽在盘管内变成过热蒸汽。通过每个冷却盘管的管线上都安装限流孔板以保证流体能够分配到每根盘管。蒸汽流速由温度阀控制，以此来保持再生器接受器的床层温度，接受器产生的过热蒸汽排入大气。

☞ 23. 再生器底部不下料原因有哪些？处理措施是什么？

再生器底部不下料的原因是吸附剂块堵塞吸附剂输送管线。处理方法是拆开再生器底部吸附剂输送管线上的短节，将堵塞管线的吸附剂块进行清理。在再生器底部增加跨线，再生器底部滑阀下料不畅时，可让吸附剂走跨线，减少拆卸短节的次数，保证装置平稳生产。

☞ 24. 造成再生器超压与哪些因素有关？

再生器超压与以下因素有关：(1)PIC-1019仪表引压线冰冻或其他故障致使PIC-1019阀长时间关闭，会导致再生器超压。(2)再生过滤器堵塞或者通气性降低，过滤器差压升高，会导致再生器超压。(3)再生过滤器和D109之间管线堵塞，致使再生过滤器内部压力升高，将导致再生器超压。(4)再生烟气取热器E105管程堵塞、再生烟气出E105至制硫装置的管线或阀门堵塞、制硫装置憋压都会引起再生器超压。

☞ 25. 怎样计算理论再生风用量?

再生风用量估算方法如下：

(1) 计算原料和产品中的硫差。以下列工况为例：二催化汽油 40t/h，含硫 350μg/g，三催化汽油 90t/h，含硫量 200μg/g，产品 130t/h，含硫量 30μg/g。

每小时进入装置的硫：40×350/1000000+90×200/1000000 = 0. 032(t)

每小时产品中带走的硫：130×30/1000000=0. 0039(t)

那么每小时留在吸附剂上被吸附的硫(也就是需要在再生器中被烧掉的硫)为：0. 032-0. 0039=0. 0281(t)= 28. 1kg

每千克硫燃烧耗主风约 5. 25Nm^3，那么 28. 1kg 硫燃烧将消耗空气约 150Nm^3，在加上 C、Ni 等的燃烧耗氧，初步估算约为 200Nm^3/h，不足部分由 N_2 补充。

以上计算为示意性计算，实际生产中的数据来自检验中心(如硫含量)和生产计量(物料流量)。该计算方案的前提是闭锁料斗运行稳定，再生剂和待生剂的硫、碳含量经过一段时间运行后基本稳定。

(2) 计算待生剂和再生剂的硫差。以下列数据为例：再生剂含硫 4%，待生剂含硫 9%，取吸附剂循环量约为 1000kg/h，燃烧掉的硫为：1000×(0. 09-0. 04)= 50(kg)

每千克硫燃烧耗主风约 5. 25Nm^3，50kg 硫需消耗主风 262. 5Nm^3，再加上 C、Ni 等的燃烧耗氧，初步估算约为 300Nm^3/h，不足部分由 N_2 补充。

根据以上两种方法进行计算，可以取一个折中数据，然后再根据上一点或下一点的待生剂和再生剂分析数据进行调整，相应增加或减少再生风量。不可完全照搬上述计算数据，因为再精确的数据与实际也会有点偏差，要根据检验中心的分析数据多进行调整。

☞ 26. 取热盘管泄漏有何现象？

如果取热盘管微漏，会导致吸附剂大量结块，使再生器底部堵塞从而下料不畅，同时再生器局部温度降低。当取热盘管漏量较大时，会导致再生器温度突降，压力突增，再生器底部堵塞，ME103差压快速上升，其后各引压点堵塞等。

☞ 27. 如何调整再生进料罐至再生器的进料速度？

再生进料罐至再生器管线上的HIC-1033经常堵塞，影响吸附剂的正常输送，经研究将HIC-1033阀芯拆除，保持HIC-1033阀为全开状态，防止吸附剂的堵塞。

再生进料罐至再生器的进料速度是靠PDIC-1016吸附剂输送压差来控制的，增大压差吸附剂输送速度快，减小压差吸附剂输送速度慢。PDIC-1016可控制A、B两个阀。当PDIC-1016输出为0%~50%时，A阀开度为100%~0%，B阀开度为0%，来自D116的氮气给再生进料罐充压，吸附剂输送压差PDIC-1016增大；当PDIC-1016输出为50%~100%时，A阀开度为0%，B阀开度为0%~100%，再生进料罐向再生器泄压，吸附剂输送压差PDIC-1016减小。

实操经验证明，在将HIC-1033阀芯拆除后，如果A阀开放，将会导致吸附剂输送速度太快，不利于再生器料位的控制，在A阀不开的情况下，通过FIC-1003吸附剂输送氮气的输送作用，也能保证吸附剂的正常输送。可考虑将PDIC-1016输出限位在55%以上，这样会利于再生器料位的控制，且可以节省氮气。

☞ 28. 短时间吸附剂循环中断时再生器该怎样调整？

闭锁料斗程控阀损坏和再生器底部下料不畅等问题会导致吸附剂短时间内中断。当吸附剂短时间中断时，最重要的是保证再生烟气氧含量在规定水平(0.2%)以下，防止再生器内吸附剂的硫烧脱，过剩氧将促使大量的$ZnSO_4$和$Zn_3O(SO_4)_2$的生成。调整方法是适当降低再生空气量，降低再生空气量的同时向再生风中补充适量的氮气，以保持吸附剂的正常流化。若吸附剂中断时间较长，为维持再生器热平衡，可考虑关闭再生取热循环泵P105。

☞ 29. 点火后发现再生器床层温度出现“飞温”，应立即采取哪些措施？

待生吸附剂上的碳在232℃先开始燃烧，而硫在454℃时才开始燃烧。在装置开工过程中，当再生器升温至454℃时，产生热量的突然释放(叠加效应)，造成“飞温”。装置在低负荷操作时，待生吸附剂上硫含量低，燃烧产生的热量无法维持再生温度，而美方的操作手册中未提供有效的操作方法。

上述两个问题的主要原因可以归结为如何控制待生吸附剂上硫的燃烧问题。通过总结摸索出的王明哲“贫氧再生操作法”可有效解决上述问题。其原理就是通过控制再生器内氧气的量来控制硫的燃烧，进而控制再生温度。

虽然采用“贫氧再生操作法”合理地控制了硫的燃烧，但在操作中由于采用贫氧操作时氧气的用量很小，导致再生床层流化态发生变化，使取热量减少，操作波动。随后又增上了补氮流程，使流化问题得以顺利解决。至此再生器”飞温”及再生系统低负荷难操作的问题得以顺利解决。

☞ 30. 再生剂上硫和碳的含量对装置有何影响？

再生剂上的硫和碳的含量反映了吸附剂的活性。吸附剂活性太高，会促使烯烃加氢反应大量发生，烯烃损失增大，辛烷值损失增大；吸附剂活性太低，不利于脱硫反应的进行，使产品硫含量超标。为控制好吸附剂的活性，需要控制好待生剂和再生剂上硫和碳的含量。一般情况下再生剂上硫控制在4%~6%；再生剂上碳控制在2%~3%；待生剂上硫控制在6%~8%；待生剂上碳控制在1%~2%。根据吸附剂品质、原料汽油硫含量、产品汽油硫含量等情况，吸附剂上硫、碳含量可在此基础上稍作调整。

☞ **31. 为什么要设取热器？**

再生器内发生氧化反应，产生大量的热，热量堆积会产生超温现象。这将引起再生器内温度升高，设备器壁超温。同时会使吸附剂反应生成硅酸锌，从而使吸附剂活性下降。其后果是再生器内产生大量结块，使吸附剂输送不畅，这些现象都是不允许的。设置取热器的目的就在于将这些多余的热量取出来，维持好再生系统的热平衡。

☞ **32. 内取热的优缺点是什么？**

内取热器设置在再生器密相床层内，沿再生器周边布置，不用增设输送吸附剂的斜管和单动滑阀，节省设备投资，结构紧凑，布置合理。另外取热盘管浸没在床层内，取热的面积是由埋入吸附剂的取热盘管的深度决定的，因此再生器内的取热量是可以灵活调节的。此外，因设置在再生器床层内部，温度较高，开工初期或再生器温度较低时，干烧现象较难避免。因此，通常选用低合金耐热钢作为取热盘管材料。

☞ **33. 影响内取热传热系数的因素有哪些？**

影响传热系数的因素很多，例如，床层温度、床层气体线速、吸附剂料面高度，即取热管埋入深度、床层吸附剂密度、内取热器管内汽化率等。在原料性质和处理量固定后，主要影响因素就是床层料面、床层吸附剂密度和取热器管内的汽化率。

☞ **34. 如何防止内取热管破坏？**

(1) 合理选用材质。推荐采用具有较高抗高温氧化能力和抗应力腐蚀能力的 Cr5Mo 管子。

(2) 合理选取工艺参数。一是提高水汽比，加大管内介质的质量流速。水平式盘管水汽比大于等于 10，垂直管取 8~10。二是减小取热盘管直径。减小直径有利于消除汽水分层流动，提高管内介质流速，延长使用寿命。水平管采用 *DN*80mm 管子，垂

直管采用 $DN(80\sim100)$ mm 管子。

(3) 三是严格控制水质。提高制造、安装质量，降低应力水平。在结构设计上，要很好地解决取热盘管本身的热补偿问题。

(4) 提高焊接质量。对 Cr5Mo 管必须用氩弧焊打底，采用热 507 焊条，并严格遵循现行的 Cr5Mo 加热炉管道的焊接规程。焊缝进行 100%射线探伤检查，焊后进行热处理，以消除焊接残余应力。

(5) 加强操作管理。一是每组盘管入口均设流量计；二是加强管理，建立检修和运行档案；三是投运时要慢，避免波动，最好和再生器一起升温；四是要避免干烧。

☞ 35. 取热器漏水的原因是什么？

(1) 取热管被干烧过。

(2) 取热管母材有缺陷。

(3) 取热管超过使用寿命(使用寿命一般为 8 年)，管壁磨损减薄、破裂。

☞ 36. 取热器漏水如何处理？

先将取热系统全部切出，关闭出入口阀门。降低再生器风量，从而降低再生器负荷和再生器温度。系统切出后，利用取热器筒体上的温度测点，分析、确定漏管的方位。利用探针听诊，有异常声音的取热管发生漏水的可能性极大。利用每组取热管出入口阀门的关闭，巡查漏水管，并切除漏水管。漏水管切除后，反应部分视情况调整。

☞ 37. 取热器爆破的现象和处理方法是什么？

现象：再生器压力急剧上升，温度急剧下降。

处理方法：再生系统停车，停闭锁料斗，及时检查确认并切出损坏取热管，恢复再生操作。反应系统视反应器温升情况及产品硫含量变化可适当降量，必要时改大循环操作，停止产品出装置。

☞ 38. 内取热管子受到破坏的主要原因是什么?

(1) 应力腐蚀破坏。在高温水中存在微量氯离子和溶解氧的条件下，在盘管内表面的腐蚀坑周围，发现有高达几十 μg/g，乃至数千的氯离子局部浓缩，这大大超过了一般奥氏体不锈钢出现点蚀的临界氯离子浓度。同时由于盘管内部出现汽水分层现象，使管子内外表面的温差加大，产生热应力。所以当盘管选用奥氏体不锈钢时，是完全存在引起腐蚀破裂的介质和应力变形条件的。

(2) 应力疲劳破坏。在水平式盘管的入口段，由于流速较低，容易产生汽水分层。加热中产生的蒸汽积聚在管子上部，汽泡增大后又被水带走，管壁出现干湿交替，引起管壁温度呈周期性的变化。随着流速的提高，形成的汽泡变小，停留时间变短，使该处管子又产生温度交变，引起交变应力疲劳破坏。

☞ 39. 内取热管子破坏特点是什么?

(1) 不管是水平式盘管还是垂直式盘管，其破坏点均在进水管端。水平式盘管距入口约 5~8m。垂直式盘管在水入口的水平段，靠近弯头焊缝处。两者大部分发生在管子上部表面。

(2) 管子的破裂，往往先从管子内表面发生裂纹开始。裂纹沿晶界逐渐向外扩展，有些裂纹穿透管壁，并在管内高压蒸汽作用下，使裂纹逐渐形成穿孔。

(3) 母材和焊缝均有破坏，而以在母材上的点数为多。

(4) 盘管破坏均发生在饱和蒸汽管上，过热蒸汽盘管没有发生破坏。

☞ 40. 再生器超温对吸附剂有何影响?

研究表明再生温度越高，硅酸锌和氯酸锌生成的速率越快，这会导致吸附剂的永久性失活，并有可能导致吸附剂破碎。

☞ 41. 怎样调节再生器取热量?

再生器取热量是靠再生器内吸附剂料位控制的。再生器内吸附剂的料位高，埋入吸附剂的取热盘管面积大，取热面积大，取热量大，反之取热量小。再生器温度降低到一定程度使再生器有熄火的危险时，可考虑降低再生取热循环水量，或直接关闭循环泵。

☞ 42. 再生器内通过哪些操作条件控制吸附剂中硅酸锌含量？

研究表明：在无水情况下，吸附剂中硅酸锌的生成温度高达800℃；水蒸气的存在能够明显促进硅酸锌的生成，在水蒸气分压为10kPa的情况下，在温度低于500℃下就有硅酸锌生成，并且吸附剂中硅酸锌的生成速率随系统内水蒸气分压或温度的升高而加快；在水蒸气分压及温度一定的情况下，随着系统压力的增加，吸附剂中硅酸锌的生成速率略有增加；吸附剂中硅酸锌的生成速率与所处的气氛没有明显的关系。

目前，装置控制吸附剂中硅酸锌含量的主要措施：控制再生空气的水含量；降低还原器还原温度、尽量使待生吸附剂持硫（8%~10%）、降低反应器顶部温度；及时用新剂置换系统内的废剂。

某装置最初开工时再生空气为非净化风，再生风微量水含量一般为240mg/m^3左右。意识到水会促进吸附剂中硅酸锌的生成速率后，将非净化风更换为净化风，同时加强再生器底部锥段的保温，并提出提供再生风干燥措施的建议。提供再生风干燥的装置，再生空气控制在-50℃以下。再生器取热盘管泄漏会使再生器内水蒸气短时间内大量增多，监护好再生器取热盘管，防止取热盘管泄漏也是非常重要的。

还原器内发生的还原反应会有水生成，而还原器较小，还原器内水蒸气分压升高到较大值。降低还原器内温度到260℃以下，使还原器内的还原反应到反应器内发生。反应器体积较大，在大量反应油气存在的情况下，还原反应产生的少量水对反应器内水蒸气分压贡献是有限的。增加待生吸附剂持硫（8%~10%），可降低吸附剂中氧化锌的含量，从而抑制硅酸锌的生成。降低反应器顶部温度，也可抑制硅酸锌的生成。

硅酸锌生成后是不能被再生的，只能通过加新剂置换系统内的废剂的方式降低硅酸锌的含量。同时装置可做适当的调整：增加氢气分压，降低硫差(增加吸附剂的循环量)，将待生吸附剂再生到低硫，增加反应器中吸附剂藏量。

☞ 43. 再生器锥部跨线有何作用?

由于再生器中硅酸锌和铝酸锌的生成，导致再生器底部结块，将再生器底部堵塞，影响再生器的循环。再生器锥部跨线相当于再生器底部吸附剂输送管线的旁路，可在再生器底部堵塞时打开，输送吸附剂。

☞ 44. 再生器过滤器反吹介质为什么用热氮气?

再生烟气为高温含氧气体，所以必须采用惰性气体作为再生器过滤器的反吹介质。如果使用冷氮气，有可能使再生烟气中部分气体液化，掺和吸附剂后将再生器过滤器堵塞，影响再生器过滤器的通气性，故采用热氮气作为再生器过滤器的反吹介质。

☞ 45. 如何测量再生器密度?

测量两器密度的方法如图 4-2 所示。

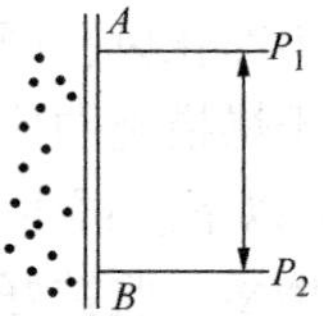

图 4-2　测量密度示意图

(1) 分别测量出 P_1 和 P_2。

(2) 测量出两侧压点间距 H 。

(3) 计算：

$$\gamma = \frac{P_2 - P_1}{H \cdot g}$$

式中　P_1——A 点处压力，N/m^2；

P_2——B 点处压力，N/m^2；

g——重力加速度 $9.81m/s^2$；

H——A、B 两点间距离，m；

γ——A、B 两点间平均密度，kg/m^3。

☞ 46. 如何测量再生器藏量？

藏量等于床层体积(V)乘以床层平均密度(γ)，而床层体积(V)可以根据两器不同位置的形状及尺寸求得。因不同的位置有不同的γ，算出不同位置的体积(V)，然后求出两器总藏量($W_{总}$)。

$$W_{总} = \sum V_i\gamma_i$$

如果有一流化床，其床身无变径，则

$$W = V \cdot \gamma = F \cdot H \cdot \frac{\Delta P_{总}}{H \cdot g} = F \cdot \Delta P_{总}$$

式中　$\Delta P_{总}$——床层总压降，N/m^2；

g——重力加速度 $9.81m/s^2$；

H——两侧压点间距，m；

F——床层有效截面积，m^2；

W——床增总藏量，N；

V——床层体积，m^3；

γ——床层密度，kg/m^3。

☞ 47. 再生系统吸附剂跑损增加的原因是什么？

再生空气中水含量较高、取热盘管泄露等因素导致再生器内水蒸气分压增大，造成吸附剂生成硅酸锌和铝酸锌结块，会使吸附剂跑损增加。

硅酸锌和铝酸锌的生成会导致吸附剂硬度降低，导致吸附剂平均粒度降低；再生器内线速太高，造成吸附剂磨损程度增大，会使吸附剂粒度降低；不合格新剂也有可能平均粒度太低；由于吸附剂喷雾干燥成型时圆度较差，在显微放大镜下观察时，呈棱角较多，或大颗粒外粘有小颗粒较多，这样磨损指数较大，粒度降低。吸附剂粒度越小，越易流化，表面积越大，但气体夹带损耗量也加大。新鲜吸附剂中小于 40μm 的细粉含量在 15%~20% 时，流化和再生性能好，气体夹带损失也不大。细粉过多会增大吸附剂损失。粗粒过多，流化性能差，且易破碎并对设备磨损大。

再生器内吸附剂料位太低，导致旋风分离器底部料腿和翼阀没有埋入吸附剂中，会使吸附剂通过旋风分离器大量跑损。

旋风分离器损坏、再生烟气过滤器损坏等机械设备损坏，也有可能会使吸附剂跑损。

第五章　吸附剂循环及辅助系统

☞ 1. 吸附剂循环工艺流程是怎样的？

吸附剂循环部分的目的是将已吸附了硫的吸附剂自反应部分输送到再生部分，同时将再生后的吸附剂自再生部分送回到反应系统，并可以控制吸附剂的循环速率；以上过程通过闭锁料斗（D-106）的步序自动控制实现。

失活的吸附剂自反应器（R-101）上部的反应器接收器（D-105）压送到闭锁料斗（D-106），然后降压并通过氮气置换其中的氢气，置换合格后通过压差和重力送到再生器进料罐（D-107）；此时闭锁料斗处于等待时间，然后再生器进料罐（D-107）的吸附剂则通过氮气提升到再生器（R-102）内进行再生反应；再生器进料罐（D-107）的吸附剂输送线上装有滑阀，用于控制吸附剂循环速率；再生器（R-102）内已完成再生的吸附剂也通过滑阀和氮气提升到再生器接收器（D-110），通过压差和重力送到闭锁料斗（D-106），先用氮气置换闭锁料斗（D-106）中的氧气，置换合格后用氢气升压，最后通过压差和重力送到还原器（D-102），还原后并返回到反应系统中。再生与待生的吸附剂通过闭锁料斗（D-106）实现反应系统和再生系统的相互输送和氢氧环境的隔离，步序和操作由闭锁料斗控制系统完成，按设计的再生规模，每小时完成三次循环。

☞ 2. 补充吸附剂有哪些方式？有何区别？

补充吸附剂有从吸附剂罐补充至再生器或再生器接受器两种方式。开工时应选择向再生器添加吸附剂，以便吸附剂快速堵塞旋风分离器底部料腿，以防吸附剂跑损。装置正常运行时，一般选择向再生器接受器添加吸附剂，防止冷吸附剂进入再生器后造成再生器温度下降，不利于再生器内反应的进行。向再生器接受器添加吸附剂的缺点是易将细粉带入反应器，影响 ME101 使用周期。

☞ 3. 对新鲜剂罐检尺应注意哪些事项?

新鲜罐检尺时，应首先关闭新鲜罐底部的流化氮气，然后打开新鲜剂罐顶部的排空阀，慢慢将新鲜剂罐泄至常压。打开新鲜剂罐顶部盖子，将尺子慢慢放入罐内，确定尺子到达吸附剂料位时，准确读数并记录。

☞ 4. 吸附剂在循环过程中出现输送不畅都有哪些因素所致?

吸附剂在循环过程中出现输送不畅的因素有很多，下面一一介绍。

(1) 反应器至反应器接受器吸附剂输送不畅。

① 反应器内吸附剂料位太低，低于反应器至反应器接受器吸附剂输送横管。

② 反应器接受器内流化氢气或反应器至反应器接受器吸附剂输送横管硫化氢气气量太大。

③ 反应器至反应器接受器吸附剂输送横管堵塞。

④ 反应器至反应器接受器吸附剂输送压差为负。

(2) 1.2 步 D106 吸附剂不装料。

① XV1001 或 XV1002 或 XV1003 阀堵塞。

② D105 至 D106 吸附剂输送管线堵塞。

③ D106 第 1.1 步调压不正常，使第 1.2 步时 D106 压力高于 D105 压力。

④ D105 中无吸附剂。

(3) 4.2 步 D106 不下料。

① XV1005 或 XV1006 阀堵塞。

② D106 至 D107 吸附剂输送管线堵塞。

③ D106 第 4.1 步调压不正常，使第 4.2 步时 D106 压力低于 D105 压力。

(4) D107 至 R102 吸附剂输送不畅。

① HIC-1033 阀堵塞。

② D107 至 R102 吸附剂输送管线堵塞。

③ R102 憋压等因素导致 D107 至 R102 吸附剂输送压差 PDIC-1016 太小或为负。

(5) R102 至 D110 吸附剂输送不畅。

① HIC-1034 阀堵塞。

② R102 至 D110 吸附剂输送管线堵塞。

③ R102 底部吸附剂结块堵塞吸附剂输送管线。

④ D110 憋压等因素导致 D107 至 R102 吸附剂输送压差 PDIC-1100 太小或为负。

(6) 6.2 步 D106 不装料。

① XV1008 或 XV1009 或 XV1010 阀堵塞。

② D110 至 D106 吸附剂输送管线堵塞。

③ D106 第 6.1 步调压不正常等因素导致 D106 第 6.2 步压力高于 D110。

(7) 9.0 步 D106 不下料。

① XV1013 或 XV1014 阀堵塞。

② D106 至 D102 吸附剂输送管线堵塞。

③ D106 底部管线流化气体气量过大，导致吸附剂被吹脱，或气量太小，导致吸附剂堆积堵塞。

④ XV1022 阀内漏导致 ME-115 流化气体气量不足，同时 D106 顶部气体反吹导致 D106 内吸附剂堆积堵塞吸附剂输送管线。

☞ 5. 闭锁料斗水平管、竖管、通气盘的流化介质作用有何不同？

水平管：在 3.0 步、4.1 步、4.2 步、6.1 步、6.2 步、7.0

步流化介质均为氮气，在1.1、1.2、2.1、2.2、7.0、8.0、9.0步流化介质为氢气，主要起到吹扫、松动的作用。

竖管：流化介质均为氢气，在第8步起到反吹XV1013阀前部管线内吸附剂，防止吸附剂堆积堵塞。

通气盘：在3.0、4.1、4.2、6.1、6.2、7.0步流化介质均为氮气，在1.1、1.2、2.1、2.2、7.0、8.0、9.0步流化介质为氢气，主要起到吹扫、松动、流化的作用。

☞ 6. 闭锁料斗运行时，吹烃时间长或吹烃不合格常见原因有哪些？

（1）AI-1001损坏。

（2）AI-1001取样管线积液。

（3）D105至D106下料时D105内缺料，大量油气进入D106。

（4）氮气或氢气含烃。

（5）XV1022阀内漏。

☞ 7. 反应器接收器至闭锁料斗不下料常见原因和相应处理措施是什么？

（1）XV1001或XV1002或XV1003阀堵塞或不能正常开关。停闭锁料斗程序，用常规方法检测是哪个阀堵塞，现场观察三阀的开关情况，联系仪表工进行相应处理。

（2）D105至D106吸附剂输送管线堵塞。停闭锁料斗程序，用常规方法检测是哪个部位堵塞，联系仪表工进行相应处理。

（3）D106第1.1步调压不正常，使第1.2步时D106压力高于D105压力。停闭锁料斗程序，检查PLC关键参数是否设置错误或程序紊乱，联系仪表工进行相应处理；检查是否是因为PI-1001A或XV-1019阀堵塞引起，现场检查两阀开关情况，联系仪表工进行相应处理。

（4）D105中无吸附剂。观察D105中料位情况，确认是否反应器至反应器接受器吸附剂输送中断。反应器至反应器接受器不下料的原因：反应器内吸附剂料位低；溢流横管堵塞；反应器接受器及溢流横管的反吹松动氢气量过大；转剂线堵塞等。可根据相应情况进行相应处理。

(5) D106 中料位大于 10%。联系仪表工校表。若仪表没问题，检测是否应 9.0 步闭锁料斗至反应器进料罐未下料造成，未下料原因可参考第 5 题，并进行相应处理。

☞ 8. 闭锁料斗的作用是什么？

闭锁料斗的作用是将吸附剂从高压的反应系统输送至低压的再生系统(包括将氢/烃环境与氮/氧环境隔绝)。闭锁料斗内有过滤器以防止吸附剂被排出的气体携带出去。闭锁料斗以下述方式交替移动待生和再生吸附剂。

待生剂依靠重力由反应器接受器间歇式进入闭锁料斗，降低闭锁料斗压力并且用氮气吹扫置换，置换过的待生吸附剂依靠重力进入再生器进料罐，然后再生吸附剂同样依靠重力由再生接受器间歇式进入闭锁料斗。闭锁料斗用氮气吹扫置换并用氢气增压，再生剂由闭锁料斗进入反应还原器。在反应接受器的物料再次进入闭锁料斗前须先对闭锁料斗的压力进行调整。操作人员可对吸附剂移动的数量和速度进行控制。

采用双隔离及放空系统将氢/烃环境和氮/氧环境分开，以确保从隔离阀中露出的物料能够进入低压的闭锁料斗缓冲罐。再生器接受器与闭锁料斗的链接管线同样采用双隔离及氮气吹扫，从而保证无含硫气体进入闭锁料斗。

☞ 9. 闭锁料斗过滤器差压上升的原因和处理方法是什么？

原因：闭锁料斗装料过多导致闭锁料斗过滤器堵塞；过滤器本身损坏；过滤器被细粉堵塞。

判断：看过滤器压差表正或负压差值增大。

处理方法：6.1 步停闭锁料斗，手动拉阀进行手动反吹，将过滤器吹通。如果不能吹通，更换新过滤器。

☞ **10. 汽油吸附脱硫装置程控阀有哪些常见故障？**

程控阀故障汽油吸附脱硫装置共有程控阀53个，其中涉及闭锁料斗的有38个，涉及反吹的有14个。程控阀运行工况的特点：程控阀开关频次高；输送介质特殊；工作温度、压力变化大等，这将会导致程控阀故障率变高。

☞ **11. 汽油吸附剂脱硫装置程控阀运行工况有何特点？**

反吹阀主要故障是盘根泄漏。闭锁料斗程控阀常见故障依次有阀内漏、动作故障、回讯故障、气缸故障等。闭锁料斗程控阀故障率较高的阀有XV1010、XV1001、XV1013、XV1008、XV1009、XV1025等。

☞ **12. 闭锁料斗短时间停运应注意哪些事项？**

闭锁料斗短时间停运时，为维持产品硫含量在合格水平，可在闭锁料斗短时间停运前一段时间内适量增大闭锁料斗循环量，或者向系统内增加新鲜吸附剂，从而降低反应器内吸附剂的硫含量。

闭锁料斗最好在6.1步停运，此时闭锁料斗内压力低(0.16MPa左右)，闭锁料斗内无吸附剂。

闭锁料斗短时间停运后，为安全起见，应关闭闭锁料斗和还原器、反应器接受器、再生器进料罐、再生器接受器之间的器闭阀，闭锁料斗开放空阀放空，如需修理和闭锁料斗直接相连的程控阀时，须对闭锁料斗进行氮气吹扫。

故障处理完成后，闭锁料斗最好在6.1步启用。启用闭锁料斗前须将闭锁料斗和还原器、反应器接受器、再生器进料罐、再生器接受器之间的器闭阀开启，将放空阀、氮气吹扫阀门关闭。检查工艺流程畅通后，可重启闭锁料斗。

☞ **13. 吸附剂在各容器内循环输送时，通过哪些推动力实现吸附剂输送？**

吸附剂循环输送的主要推动力有吸附剂本身的重力、压力差、氮气吹扫等。

☞ 14. 可以通过哪些方法来控制吸附剂循环速率？

制约吸附剂循环速率的最主要因素是闭锁料斗(D106)容积的大小，当闭锁料斗容积不能满足吸附剂循环速率的要求时，可考虑在检修时更换大容积闭锁料斗。

在闭锁料斗容积一定的情况下，控制吸附剂循环速率的主要方法：改变第1.2步闭锁料斗吸附剂装填时间；改变第6.2步闭锁料斗吸附剂装填时间。正常循时，闭锁料斗卸料时间一般不做限制，直至吸附剂卸料至闭锁料斗料位低低报时结束吸附剂卸料。

增加闭锁料斗装填时间可增大闭锁料斗循环量，反之降低闭锁料斗装填时间可降低闭锁料斗循环量。

在更改闭锁料斗循环量时，须注意以下几点：①防止因再生器吸附剂料位改变而造成的再生器温度变化；②防止因脱硫量改变而造成的再生烟气氧含量过低；③防止因吸附剂循环量改变造成的吸附剂循环不畅。

☞ 15. 闭锁料斗程序都有哪些步骤？有何作用？

闭锁料斗程序的步骤和作用见表5-1。

表5-1 闭锁料斗程序步骤

主要步骤	次要步骤	名称	过程描述	程控阀门(见说明)
准备	准备	准备	将闭锁料斗隔离并置安全状态	所有切断阀的放空阀均开
预吹扫	预吹扫	预吹扫	用N_2吹扫闭锁料斗，将其中的O_2由放空管放大气	18-[26]-24·25-FV32·PV01A-[24]·[25]·[18]-FV32·PV01A-26·[4]·[15]-[23]-20·21-19·PV01B

续表

主要步骤	次要步骤	名称	过程描述	程控阀门(见说明)
1	1.1	压力调整	用循环氢调整闭锁料斗的压力使之低于反应接收器40kPa	
	1.2	由反应接收器向闭锁料斗充料	由反应接收器向闭锁料斗填充吸附剂，使闭锁料斗内的吸附剂流化并保持反应接收器和闭锁料斗的压差	3-2-1-[1]-[2]-[3]
2	2.1	第一次泄压	将闭锁料斗内的气体泄至燃料气管网，压力至0.7MPa	[20]·[21]-23-[19]
	2.2	第二次泄压	将闭锁料斗的气体泄至火炬，压力至0.14MPa	18·4·15
3	3.0	N_2吹扫	用热N_2将闭锁料斗内的烃吹扫至火炬	[26]-25·24
4	4.1	压力调整	用N_2调整闭锁料斗的压力高于再生器进料罐40kPa	
	4.2	排料	将闭锁料斗内的吸附剂排至再生器进料罐，使闭锁料斗内吸附剂流化并保持闭锁料斗和再生器进料罐的压差	[7]-6-5-[5]-[6]-7
5	5.0	保持	保持该状态，直到人为的重新开始或设定循环时间完成	

续表

主要步骤	次要步骤	名称	过程描述	程控阀门(见说明)
6	6.1	压力调整	将闭锁料斗泄压至低于再生接收器35kPa	[18]·16·17
	6.2	由再生接收器向闭锁料斗充料	由再生接收器向闭锁料斗填充吸附剂。使闭锁料斗内吸附剂流化并保持二者压差	[12]·[11]-10-9-8-[8]-[9]-[10]-12·11
7	7.0	N_2吹扫	用N_2将闭锁料斗内的O_2吹扫至放空管排大气	[24]·[25]-[16]·[17]·26
8	8.0	循环气(RG)充压	启动循环氢反吹，再将闭锁料斗充压至高于还原器70kPa	[23]·[4]·[15]·[39]-22·20·19·37·38-21-[22]
9	9.0	排空	将吸附剂填充至还原器，使闭锁料斗内的吸附剂流化并保持二者压差	21-[22]-14-13·[37]·[38]-39-[13]-[14]

☞ 16. 吸附剂的休止角大小对吸附剂输送有何影响？

粉体的流动性无法用单一的特性值来表达，常用休止角(angle of repose)表示。休止角(θ)，是指在重力场中，颗粒堆积体的自由表面处于平衡的极限状态时，自由表面与水平面之间的角度。休止角越小，表示颗粒的流动性越好。一般认为$\theta \leq 30°$时流动性好，$\theta \leq 40°$时可以满足生产过程中的流动性需求。

☞ 17. 吸附剂采用反应器底部转剂线和用正常途径往闭锁料斗输送，对装置有何影响？

反应器至闭锁料斗吸附剂输送中间要通过反应器接受器(D105)，反应器至反应器接受吸附剂输送的正常途径是通过反应器和反应器接受器之间的溢流横管。由于反应器设计时采用的原料油硫含量设计值(一般为600~800μg/g)较实际处理原料油硫含量(200~600μg/g，不同炼厂有所区别)高，反应器内吸附剂储量较低，反应器内吸附剂料位低于溢流横管高度，同时反应器接受器和溢流横管上的反吹松动氢气通过再生横管逆流至反应器，产生气阻，这就导致通过溢流横管向反应器接受器输送吸附剂受到抑制。

从反应器底部接转剂线，用氢气吹扫吸附剂至反应器接受器，这样就解决了吸附剂循环问题。但是因为转剂线是接在反应器的底部，这样会导致刚从还原器进入反应器底部的吸附剂直接被输送出去，而反应器顶部的旧吸附剂又得不到置换，从而使反应器顶部吸附剂平均粒径变小，载硫量增大。反应器顶部吸附剂平均粒径变小会使反应器顶部过滤器滤芯被逐渐堵塞，过滤器压差增加速度加快，而载硫量的增大会使脱硫率降低。

新设计的S Zorb装置已将反应器接受器溢流横管降低，同时增设反应器接受器顶部至反应器的压力平衡管，这样情况将会得到改善。

☞ 18. 引起闭锁料斗停运的因素有哪些?

闭锁料斗停运有两种原因，一是闭锁料斗自身原因停运，二是闭锁料斗联锁停运。闭锁料斗停运的自身原因包括：相关程控阀门开关不及时或不到位；闭锁料斗规定时间内吹烃或者吹氧不合格；闭锁料斗规定时间内调压不到位；闭锁料斗过滤器滤芯压差高。闭锁料斗联锁停运情况有：再生器接收器(D-110)压力高联锁；循环氢至进料换热器流量低低联锁；紧急泄压开关开；反应器过滤器(ME-101)差压高高联锁等。

☞ 19. 判断闭锁料斗下料是否干净的方法是什么?

闭锁料斗可下料至还原器和再生器进料罐。闭锁料斗下料至还原器下料干净时：闭锁料斗料位计显示为零，料位低低开关开；闭锁料斗和还原器压力相近；还原器温度下降至最低点。闭锁料斗下料至再生器进料罐下料干净时：再生器进料罐温度上升至最高点；闭锁料斗和还原器压力相近。

☞ 20. 闭锁料斗程控阀的高压端为什么设置在闭锁料斗侧？

闭锁料斗密封性能要求高，并且闭锁料斗内压力高于管线侧，将高压端设置在闭锁料斗侧可有效防止闭锁料斗程控阀的内漏，保证闭锁料斗正常运行。

☞ 21. 吸附剂流化输送过程中为什么采用热介质？

吸附剂携带少量的气态烃，如果在吸附剂流化输送过程当中使用冷介质，有可能使气态烃液化，从而使吸附剂结块，堵塞输送管道。

☞ 22. 闭锁料斗料位开关的作用是什么？

闭锁料斗(D106)至还原器(D102)或反应器接受器(D105)下料时，如果闭锁料斗内吸附剂料斗为零，闭锁料斗料位开关LALL-1002开，闭锁料斗下料停止并进入下一步续。

☞ 23. 反应器跳过填充闭锁料斗和再生器跳过填充闭锁料斗的作用分别是什么？

反应器接收器活再生器接收器开始向闭锁料斗下料时，如果此时闭锁料斗料位大于50%(此数值可在闭锁料斗程序内设置)，将跳过闭锁料斗闭锁料斗填充阶段，避免闭锁料斗内吸附剂料位过高或程控发瞬时开关。

☞ 24. 闭锁料斗手动保持的作用是什么？

按下手动保持后，闭锁料斗程序运行到第五步时会停止在第五步，不再继续运行。

☞ 25. 废剂罐卸剂时应注意哪些事项？

当废剂罐(D109)内吸附剂料位过高时，须将废剂从废剂罐内卸出。卸剂最好在晴天无风的环境下进行，装剂职工须穿戴好劳保用品，必须戴防尘口罩。

卸剂前先关闭再生烟气过滤器(ME103)和废剂罐之间的阀门，然后将模式阀门开至卸剂方位。准备好足量的废剂桶和两辆运桶车。将两只空废剂桶分别放置在运桶车上，一辆车推至废剂罐底部卸剂出口处正下方，另一辆备用。打开废剂桶桶盖，将废剂罐废剂出口处袋子口正对废剂桶口。

卸剂时将废剂罐废剂出口阀门慢慢打开，注意：开阀时须用铁棍敲击出口管，防止废剂堆积，等阀门开大时突然流出，使卸剂变成不可控状态。装满一桶后，先关闭阀门，换桶后继续卸剂，直至废剂罐内废剂卸完。

卸剂结束后，将废剂罐底部吸附剂出口阀门关闭，打开再生烟气过滤器(ME103)和废剂罐之间的阀门，然后将模式阀门开至正常方位。

☞ 26. 新鲜剂罐装剂时应注意哪些事项？

新鲜剂罐(D113)装剂靠的是新鲜剂罐顶部的大漏斗，装剂最好在晴天无风的环境下进行，装剂职工须穿戴好劳保设备，注意：必须戴防尘口罩。

装剂前先关闭新鲜剂罐的反吹松动氮气，打开罐顶的放空阀放空至常压。然后打开罐顶和大漏斗之间的阀门，注意：如果漏斗潮湿或者有杂物，开阀之前必须将阀门清理干净，保持漏斗的干燥。打开阀门后，检尺、记录、然后将漏斗下方的袋子塞入新鲜剂罐顶部阀门开口处，并将袋子固定在阀门开口处。

加剂时，用吊车将装吸附剂的袋子升至大漏斗正上方1m左右处，然后将吸附剂袋子底部用刀子捅破，使吸附剂慢慢流入漏斗内，然后留至新鲜剂罐。

装剂结束后，将大漏斗底部袋子从阀门开口处拿出，检尺、记录、关闭进料阀门，然后关闭新鲜吸附剂罐放空阀，打开新鲜剂罐底部的松动反吹氮气阀，调整新鲜剂罐压力至正常状态。

第六章 稳定系统

☞ 1. 分馏塔的作用是什么？

将产品汽油中的轻组分分离出来，确保产品汽油蒸气压合格。

☞ 2. 汽油饱和蒸气压的控制指标是多少？

夏季≤65kPa，冬季≤80kPa。

☞ 3. 分馏的基本原理是什么？

分馏的基本原理是利用气液相中各组分相对挥发度的不同进行分离。在分馏塔中，蒸气从塔底向塔顶上升，液体则从塔顶向塔底下降。在每层塔板上气液两相进行接触时，气体产生部分冷凝，液体产生部分汽化。由于液体的部分汽化，液体中的轻组分向气体中扩散，使蒸气中轻组分增多；而蒸气的部分冷凝，使蒸气中重组分向液相中扩散，液相中重组分增多，最终轻组分逐层上升，重组分逐层下降，实现轻重组分分离。

☞ 4. 如何判断分馏塔的分馏效果？

分馏塔的分馏效果用分馏精确度(分离精确度)来表示。对二元体系来说，指的是轻重两组分是否达到有效的分离。对多元体系，指的是轻重关键组分之间的分离精度。对复杂体系来说，两个相邻组分之间的分馏精确度，通常用这两个馏分的馏分组成或蒸馏曲线的相互关系来表示。如果重馏分的初馏点高于轻馏分的终馏点，则称这两个馏分之间有一定的间隙，反之称为重叠。重叠意味着一部分轻馏分进入到重馏分里去了，或者一部分重馏分进入到轻馏分里去了。显然重叠是由于分离精度差造成的，而间隙则意味着较高的分离精度。间隙越大，说明分馏精确度越高。

☞ 5. 如何衡量石油产品分馏的难易程度？

不同石油产品分馏的难易程度可以用各组分恩氏蒸馏50%点之差来衡量。恩氏蒸馏50%点差别越大，相当于这些馏分之间的相对挥发度越大，越容易分离。

☞ 6. 精馏过程的基本条件是什么？

(1) 必须有能够使气液相充分接触，进行气液相间传热和传质的场所，即塔盘(填料)；

(2) 每层塔盘上必须同时存在组成不平衡的气液两相。为了保证精馏塔每层塔盘上都有上升油气，需要提供热源；为了保证塔盘上有下降的液体回流，塔顶及各抽出口下方均需要有回流；

(3) 为了达到精馏的目的，不仅要有塔盘，而且要有一定的塔盘数；不仅要有回流，而且要有合适的回流量。

☞ 7. 影响塔分离效率的因素有哪些？

(1) 混合进料的物理性质，包括黏度、相对挥发度、扩散系数、表面张力等；

(2) 精馏塔的结构，包括溢流堰高度、液体在板上的流程长度、板间距、降液管大小及结构，浮阀(或筛孔)的结构、排列、开孔率，填料塔的填料结构和高度等；

(3) 操作变量，包括上升气速、回流比、温度、压力等。

☞ 8. 什么叫冷回流？其作用是什么？

冷回流指的是回流温度低于打入塔盘的平衡温度的回流，例如，塔顶回流和循环回流。但是习惯上说的冷回流都是指塔顶过冷的回流。冷回流的作用一是成为最上一层塔盘的回流，使以下各层塔盘都有内回流；二是担负冷却取热，维持全塔热平衡的功能，控制塔顶温度，保证产品合格。

☞ 9. 分馏塔顶控制压力如何确定？

分馏塔的主要作用是将汽油中的轻组分从塔底蒸出，避免塔底产品汽油蒸气压超标。为了便于轻组分的挥发，同时节约塔底加热蒸汽，分馏塔顶压力要尽量降低。但是分馏塔顶压力也不能无限地降低，必须在保证轻组分蒸出的同时，确保塔顶有足够的压力，实现塔顶瓦斯和塔底汽油的外排。

☞ 10. 如何合理控制塔顶回流罐的操作?

(1)控制好回流罐压力，严禁压力波动引起冲塔或后路不畅。(2)当塔回流罐采取全回流操作，要注意防止满罐。(3)控制好油水界面，防止界面过低引起含硫污水带油，过高引起回流带水，回流带水将导致分馏塔操作波动。

☞ 11. 分馏塔顶温度波动的原因是什么？如何进行调整?

分馏塔顶温度波动的原因：(1)回流温度的变化。(2)回流量的变化。(3)回流带水。(4)进料温度变化。(5)塔底加热量变化。(6)塔顶气相组分出现大幅度变化。(7)塔顶压力变化。(8)仪表故障。

处理方法：(1)根据回流温度的变化，检查塔顶风冷器及水冷器，调节使之正常。(2)稳定回流量。(3)加强回流罐的脱水。(4)检查进料温控是否异常，调整进料温度平稳。(5)平稳控制塔底加热量。(6)向生产管理部门、质量检查部门了解组分变化情况，根据组成变化，调整调节参数。(7)消除影响塔顶压力变化的因素，保证塔顶压力平衡。(8)联系仪表工处理。

☞ 12. 分馏塔顶压力波动的原因是什么？如何进行调整?

分馏塔顶压力波动的原因：(1)原料进料量的变化，进塔负荷，特别是轻组分增加，塔压将上升，反之则下降。(2)塔顶温度变化。(3)分馏塔塔顶回流罐顶燃料气的排放气管线憋压。(4)进料温度变化。(5)仪表失灵。

处理方法：(1)稳定进料量或者视进料量的变化，调整塔顶热负荷分配及增减排放气量，必要时可用控制阀副线操作。(2)调节回流量，稳定塔顶温度。(3)检查排放气管线是否堵塞，如管线堵无法处理，则将排放气改出火炬线。(4)稳定塔底加热的操作。(5)联系仪表工处理。

☞ 13. 分馏塔顶回流罐液位突然上涨的原因有哪些？

(1)塔压力大幅度波动；(2)出现冲塔；(3)塔顶温度过高；(4)塔顶回流控制阀关闭或顶回流泵突停。

☞ 14. 塔顶气的组成对产品质量有什么影响？

如果塔顶气体组成过轻，则说明塔底产品中有一部分轻组分没有完全蒸出，会造成产品汽油蒸气压超标；如果塔顶气体组成过重，说明产品汽油中的一部分组分被蒸到塔顶，这不但会造成汽油产品收率降低，还会造成辛烷值的损失。

☞ 15. 汽油蒸气压对汽油辛烷值有什么影响？

汽油中的丁烷对蒸气压有很大的影响，而丁烷还具有很高的辛烷值，所以蒸气压升高，辛烷值也增加。

☞ 16. 影响汽油蒸气压的组成是什么？

影响汽油蒸气压的主要成分是碳四，所以控制汽油的蒸气压就是控制汽油里的碳四含量。

☞ 17. 产品汽油蒸气压的调节方法有哪些？

(1)调节稳定塔塔底温度；(2)调节稳定塔塔顶压力；(3)调节稳定塔塔顶温度；(4)监控好原料的蒸气压。

☞ 18. 分馏塔进料温度是如何控制的？

分流塔的进料有两股，分别来自于热高分罐和冷高分罐。热高分进料的温度通过热高分罐进行控制，正常不做调整，但是当热高分物料温度过低时，影响分馏塔热平衡时，可以少量打开E101的复线，提高热高分物料的温度。冷高分进料在进塔前，先与塔底加热蒸汽冷凝水换热，充分回收低温热水中的热量，对物料进行加热。

☞ 19. 分馏塔进料温度波动的原因是什么？如何进行处理？

分馏塔进料温度波动的原因：(1)热高分温度控制不稳。(2)原料油组分变化。(3)冷高分进料加热量波动。(4)反应器进料流量不稳。

处理方法：(1)控制好热高分温度。(2)原料油组分变化，影响冷低分中液体量，从而使分馏塔进料温度波动，根据原料油组分，调整分馏塔的操作。(3)稳定冷高分加热热水流量。(4)稳定反应器进料流量。

☞ 20. 分馏塔底控制温度如何确定？

分馏塔底加热的主要作用就是将汽油中的轻组分从塔底产品中蒸出，保证产品蒸气压合格，因此塔底温度的控制对产品质量意义重大。在实际生产中，为了降低装置能耗，在保证产品蒸气压合格的前提下，尽量减少塔底加热，降低塔底温度。

☞ 21. 分馏塔底温度如何进行控制？

分馏塔底温度控制是一组串级控制，包括控制器 TIC5005、FIC5001 和调节阀 FV5001，其中 TIC5005 为主控制器，FIC5001 为副控制器，主控制器 TIC5005 的输出为副控制器 FIC5001 的设定值，副控制器 FIC5001 的输出控制阀门 FV5001。当不投串级时，副控制器 FIC5001 和调节阀 FV5001 组成单回路流量控制。控制器 TIC5005 的作用方向为：当第三层塔板温度 TI5005 偏高，TIC5005 的输出减小，当第三层塔板温度 TI5005 偏低，TIC5005 的输出增加；控制器 FIC5001 的作用方向为：当流量 FI5001 偏低，FIC5001 的输出增大，当流量 FI5001 偏高，FIC5001 的输出减小。

☞ 22. 分馏塔底液位波动对塔的操作有什么不良影响？

严格控制好塔底液面，液面太高淹没了再沸炉返回入口，甚至淹没塔底塔板，使塔底气相组分升不上去，塔内传热传质效果差，液面太低，则易使分馏塔底空塔，影响塔底再沸器的正常工作。正常生产时塔底液面控制在50%~60%，塔底液面高时增加产品出装置调节阀开度，液面低时相反。

☞ 23. 分馏塔底液位波动的原因有哪些？

(1)塔底液位控制阀失灵；(2)塔压力波动；(3)塔进料量波动；(4)仪表显示失灵。

第七章 仪表与自控系统

☞ 1. 节流式流量计的原理是什么?

节流式流量计是由节流装置(孔板、喷嘴、文氏管)、引压导管和差压计三部分所组成。流体通过孔板或其他节流装置时,流通面积缩小,流速增加。依据能量守恒定律,当流体不可压缩时:

$$P_1/\rho + v_1^2/2g + Z_1 = (P_2/\rho + v_2^2/2g + Z_2)6h_f$$

式中 P/ρ——压头,m;

$v^2/2g$——速度头,m;

Z——位头,m;

h_f——阻力损耗,m。

因此,静压必然减少,依据节流装置两侧的压差,可以测出流速,并可折算为流量。节流装置的流量方程式是:

$$Q = 0.01252a\varepsilon d^2(\Delta P/\rho)^{1/2}$$

$$Q = 0.01252a\varepsilon d^2(\Delta P\rho)^{1/2}$$

式中 a——工作状态下的流量系数,取决于节流装置的几何形状,孔径与管径比值等因素,当 Re 数很小时,还与 Re 有关,a 数值可杳阅有关手册;

ε——膨胀校正系数,如将流体作为不可压缩来看待,则 $\varepsilon=1$。换句话说,对于液体或者 $\Delta P/\rho$ 很小的气体和蒸汽可以不作修正;

d——工作温度下的节流件开孔直径,mm;

ΔP——差压上限,kgf/m^2,$1kgf/m^2=9.806Pa$;

Q——工作状态下的体积流量,m^3/h;

G——工作状态下的质量流量,kg/h。

由于流量 Q 与压力差 ΔP 成平方根的关系，所以用这种流量计测流量时，流量标尺为不均匀刻度。

目前在许多工业生产部门中，这种节流式流量计应用比较广泛。这种方式的特点是适用对大流量的测量，成本较低，在流量变动不大的情况下，可以获得相当高的测量精度。但是它测量小流量比较困难，尤其很难用于测量高黏度、含有大量固体微粒的流体。

☞ 2. 转子流量计测流量的原理是什么？

转子流量计是由一根上粗下细的锥形管和一个能上下浮动的转子所组成。流体从转子和锥形管内壁之间的环隙中通过，由于转子在不同的高度时环隙面积不同，所以它是一个截面积可变的节流元件。由于流体通过环隙时突然收缩，所以在转子的上下两侧产生了压差，当压差所形成的力恰好与转子在流体中的重量相等时，转子就不再上下浮动，达到平衡，稳定在某一高度上。转子的重量是恒定的，因此在平衡时的压差也是恒定的。换句话说，它是一个定压降式流量计，根据转子的高度来测出流量。

转于流量计是一种非标准化仪表，制造厂生产的转子流量计都是个别进行流量标定的。液体用的 20℃ 的水标定，气体用 20℃、常压的空气标定。

一般的转子流量计采用玻璃锥形管，结构简单，价格低廉，广泛用于小流量测量。但是玻璃管不耐高压，工作压力只能在 0.3MPa 以下，而且只能就地指示，不适于远传、记录和调节。近年来已有带电远传和气远传装置的转子流量计，可与单元组合式仪表配套应用。

☞ 3. 热电偶测温度的原理是什么？

用热电偶测量温度的基本原理是基于两种不同成分的导体连接处所产生的热电现象。

取两根不同材料的金属导线 A 和 B，将其两端焊在一起，这样就组成一个闭合回路。如将其一端加热，也就是说，使其一个接点处的温度 t 高于另一个接点处的温度 t_0。那么在此闭合回路中就有热电势产生。

当 A、B 材料固定后，热电势是温度 t 和 t_0 的函数之差。如果一端温度 t 保持不变，则热电势就成为温度 t 的单值函数，与热电偶的长短及直径无关。这样只要测出热电势的大小，就能判断测温点温度的高低，这就是利用热电现象来测量温度的原理。

☞ 4. 热电阻测温度的原理是什么？

热电阻温度计是利用金属导体的电阻值随温度的变化而改变的特性来测量温度的。

热电阻的电阻值与温度的关系，一般可用下式表示：

$$R = R_0[1 + \alpha(t - t_0)] \text{ 或 } \Delta R = \alpha R_0 \Delta t$$

式中 R_0——温度为 t_0 时的电阻值，Ω；

α——电阻温度系数；

Δt——温度的变化，K；

ΔR——电阻值的变化，Ω。

可见，由于温度的变化，导致了金属导体电阻的变化。实验表明，大多数金属在温度上升 1℃ 时，电阻值增加 0.46% ~ 0.6%。设法测出电阻值的变化，就可达到温度测量的目的。

☞ 5. 什么叫阀门定位器？它在什么场合使用？

阀门定位器是气动执行器的辅助装置，它与气动执行机构配套使用。它可以使阀门位置按调节器送来的信号正确定位，使阀杆位移与送来的信号压力保持线性关系。使用场合大体如下：

（1）阀门的两端压降大于 1.0MPa 或大口径 *DN*100mm 以上的调节阀。

（2）为了防止泄漏，使阀杆的填料压得很紧，摩擦力增大的场合。例如，高压、高温、低温、有毒、易燃易爆的介质。

（3）含悬浮颗粒物、高黏度或呈胶状的流体，使阀杆移动产生阻力的场合。

(4) 滞后大的调节系统，如温度和 pH 值调节系统或气动调节器与调节阀之间距离大于 100m 以上。

(5) 隔膜阀、蝶阀、三通阀、口径(*DN*50mm 以上)的单座阀等不平衡力大的场合。

(6) 一个调节器可控制两个定位器而实现分程控制。控制两个调节阀，分别在 20~59kPa 及 59~99kPa 的信号范围内作全行程移动。

(7) 阀门定位器可实现正反作用，即定位器输入信号为 20~99kPa 时，输出可为 20~99kPa(正作用)或 99~20kPa(反作用)。这样正作用的调节阀就可不必改变阀芯、阀座的位置，通过配用定位器就可实现反作用了。

(8) 定位器可用来改变调节阀的流量特性。这是通过定位器反馈凸轮来实观的，例如线性阀可通过定位器凸轮改为等百分比特性。

☞ 6. 调节阀的“风开”和“风关”是怎么回事？如何选择？

有信号压力时阀关，无信号时阀开的为风关阀。反之为风开阀。风关、风开的选择主要从生产安全角度来考虑，当信号中断时应避免损坏设备和伤害操作人员，如此时阀门处于打开位置的危险性小，便选用风关式气动执行器，反之则选用风开式。例如，调节进入加热炉内的燃料油流量时，应选择风开阀。这样当调节器发生故障或仪表供气中断时，便停止了燃料油进入炉内，以免炉温继续升高而烧坏炉子。

☞ 7. 调节阀的“正”、“反”作用是什么意思？调节器的“正”、“反”作用是什么意思？

调节阀的“正”、“反”作用是指：当阀体直立、阀芯正装时，阀芯向下位移而阀芯与阀座间的流通截面减少的，称为正作用式，反之称为反作用式。

调节器的“正”、“反”作用是指：正作用时，正偏差越大则调节器的输出越大；反作用时，负偏差越大则调节器输出越大。

☞ 8. 比例度越大调节作用越大吗？

比例控制是一种最简单的控制方式，其控制器的输出与输入误差信号成比例关系。当仅有比例控制时系统输出存在稳态误差。比例控制作用大，可以加快调节，减少误差，但是过大的比例控制，使系统的稳定性下降，甚至造成系统的不稳定，就需要I(积分)和D(微分)参加调节。

比例调节的特性式为：

$$P = K_c e = (1/\delta) e$$

式中 e——输入偏差；

P——相应于 e 的调节器输出变化；

K_c——调节器的放大倍数；

δ——比例度，%。

由上式可见，比例度越大，则调节作用越小。

☞ 9. 积分时间越长调节作用越大吗？

在积分控制中，控制器的输出与输入误差信号的积分成正比关系。对一个自动控制系统，如果在进入稳态后存在稳态误差，则称这个控制系统是有稳态误差的或简称有差系统。为了消除稳态误差，在控制器中必须引入积分项。积分项误差取决于时间的积分，随着时间的增加，积分项会增大。这样即便误差很小，积分项也会随着时间的增加而加大，它推动控制器的输出增大使稳态误差进一步减小，直到等于零。因此，比例+积分(PI)控制器，可以使系统在进入稳态后无稳态误差。

当调节器的输入偏差 e 是一个常数 A 时，积分调节作用的输出信号和输入信号的关系如下式所示：

$$P = K_I At(1/T_i)At$$

式中 K_I——积分比例系数；

t——积分时间，min；

P——输出信号变化；

T_i——积分时间，min；

A——偏差常数。

由上式可见，积分时间越长，则积分调节作用越小。

☞ 10. 什么叫积分饱和？它有什么坏处？

积分饱和现象是指具有积分作用的调节器在开环状态下，当测量值与给定值之间存在偏差时，使调节器的输出达到最大或最小极限值的现象。

积分饱和现象是有害无益的，使过程超调量加大，过渡时间加长，使调节质量降低。在紧急情况下，调节系统不能立即工作，起不到安全保护作用，甚至会造成安全事故。

☞ 11. 微分时间越长，微分作用越大吗？

在微分控制中，控制器的输出与输入误差信号的微分(即误差的变化率)成正比关系。自动控制系统在克服误差的调节过程中可能会出现振荡甚至失稳。其原因是由于存在有较大惯性组件(环节)或有滞后(delay)组件，具有抑制误差的作用，其变化总是落后于误差的变化。解决的办法是使抑制误差的作用的变化“超前”，即在误差接近零时，抑制误差的作用就应该是零。这就是说，在控制器中仅引入比例项往往是不够的，比例项的作用仅是放大误差的幅值，而目前需要增加的是微分项，它能预测误差变化的趋势，这样，具有比例+微分的控制器，就能够提前使抑制误差的控制作用等于零，甚至为负值，从而避免了被控量的严重超调。所以对有较大惯性或滞后的被控对象，比例+微分(PD)控制器能改善系统在调节过程中的动态特性。

微分调节器的输入和输出的关系如下式所示：

$$P = T_D(de/dt)$$

式中　P——微分调节器的输出，min；

T_D——微分时间，min；

de/dt——偏差 e 的变化速度。

由此式可见，当偏差 e 的变化速度不变时，微分时间 T_D 越长，则微分调节作用越大。

☞ 12. 什么叫串级调节系统？

凡用两个调节器串接工作，主调节器的输出作为副调节器的给定值的系统，称为串级调节系统。

主参数是工艺控制指标，在串级调节系统中起主导作用的被调参数。

副参数是为了稳定主参数，或因某种需要而引入的辅助参数。

主对象是由主参数表征其主要特性的生产设备。

副对象是由辅助参数表征其特性的生产设备。

主调节器按主参数与工艺规定的给定值的偏差工作，其输出作为副调节器的给定值，在系统中起主导作用。

副调节器按副参数与主调节器来的给定值的偏差工作，其输出直接操纵调节阀动作。

主回路是由主测量变送器、主副调节器、执行器和主副对象构成的外回路，亦称外环。

副回路是由副测量变送器、副调节器、执行器和副对象所构成的内回路，亦称内环。

☞ 13. 串级调节系统的特点是什么？

串级调节系统的特点有三个：

(1) 在系统结构上组成两个闭合回路。主副调节器串联，主调节器的输出作为副调节器的给定值。系统通过副调节器控制调节阀动作，达到控制被调参数在给定值上的目的。

(2) 在系统特性上，由于副回路的作用，有效地克服了滞后，可大大地提高调节质量。

（3）主副回路协同工作，克服干扰能力强，可用于不同负荷和操作条件变化的场合。

14. 串级控制的方块图是怎样的？

串级控制的方块图如图 7-1 所示。

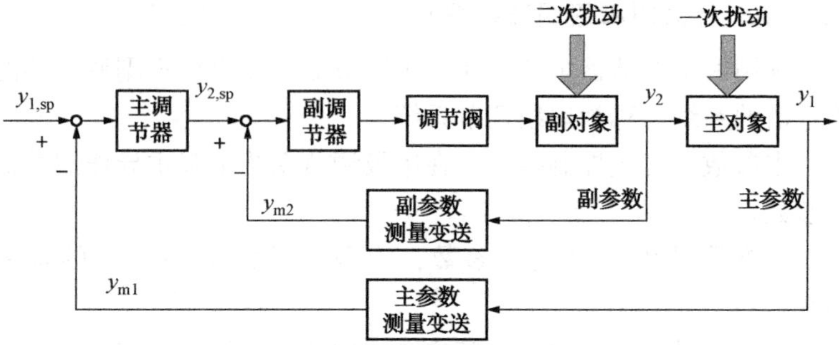

图 7-1　串级控制的方块图

15. 液位－流量的串接均匀控制系统和串级控制系统的参数整定有何不同？

液位-流量串接控制系统的目的一般是为了快速克服干扰，严格控制液位，确保其无误差。流量是为液位而设置的，允许它在一定范围内波动。主调节器一般选用 PI 调节规律，副调节器也选用 PI 作用。

液位-流量串接均匀控制系统的目的是为了使液位和流量都在一定范围内均匀缓慢变化。主调节器一般选用比例作用，必要时才引入积分作用，防止偏差过大超出允许范围，副调节器一般用比例作用。

16. 分程控制的特点是什么？

反馈调节是按照被调参数与给定值的偏差进行调节的，因有反馈回路而构成了闭环调节系统。调节器接受到偏差信号后进行校正，使调节阀动作，改变调节参数，克服干扰，消除偏差。如果干扰已经发生，而被调参数尚未变化，调节器是不会发生作用的。

☞ **17. 前馈调节是按照什么进行控制的？**

前馈调节是按照干扰变量进行调节的。由于被调参数不反馈到比较环节，因而是开环调节系统。当干扰一出现，虽然尚未影响到被调参数变化，而干扰测量信号已传送到前馈调节器，前馈调节器就进行校正，克服干扰对被调参数的影响。

☞ **18. 什么是选择性控制？**

选择性控制是将工艺过程的操作条件所构成的选择性逻辑规律叠加到自动控制系统中去。它的工作过程是这样的，当过程趋近于危险极限区，且还未到达危险区(称为安全软限)时，用一个取代调节器(又称为超弛调节器)自动取代正常情况下工作的调节器(称为正常调节器)，通过取代调节器的调节作用，使过程脱离危险区而回到安全区，这时取代调节器主动退出而变为备用等待状态，正常调节器又重新恢复工作。所以选择性控制系统也称取代控制，有人也称它为超弛控制系统。

这种系统在结构上的特点是使用选择器，它可以接在两个或更多个调节器的输出端，或接在几个变送器的输出端，对信号进行选择，以适应不同情况需要。

☞ **19. 反应－再生系统一般采用什么型式的热电偶？**

(1) 为了保证热电偶保护管就是被磨穿孔也能继续使用，反应-再生系统的温度测量一般都应采用耐磨热电偶。

(2) 其保护管端部长度为200mm，采用1Cr18Ni9TI棒料制成，外表面加工至8级光洁度以上，光洁度愈高，耐磨性能愈好。在反应器等高速稀相气流中段耐磨热电偶保护套管表面还应喷焊NI+WC35硬质合金。

(3) 外部配有强力切断旋钮阀，当生产中热电偶保护管端部磨穿时，用以剪断热点偶芯，停用该热电偶。

☞ 20. 磁氧分析仪的作用原理是什么？

氧气有一个特性，即它在磁场中容易被磁化，也就是说它的磁化率比其他气体要大得多，而且磁化率随温度的升高而下降得很快。磁氧分析仪就是根据这个特点工作的。它的发送器是一个有中间通道的环形气室，如图 7-2 所示。在中间通道外面均匀地绕以热敏电阻(如铂丝)加热丝，它在发送器中既起电阻加热丝的作用，又起温度变化的感温元件作用。将它分为两部分 R_1 和 R_2，分别作为测量桥路的两个桥臂，以测量中间通道两端的温度差。当中间通道中无气体流时，两端温度相同，测量桥路无输出信号，当通以被测气体时，中间通道中的气体因被加热，温度就比环室的高，故中间通道的气体磁化率就要比其左边环室的小，受外磁场的吸引力也就小，于是较冷的左环室气体就对中间通道的热气体产生排挤力，把它推向通道右侧，经右环室排出，从而形成磁风。磁风的大小与气体中的氧含量有关，氧含量高，磁风就大。由于气体在中间通道中从左向右流通，使电阻 R_1 被气体带走的热量比 R_2 多(因冷气体先经过 R_1)，故电阻值随之发生变化，破坏了电桥的平衡，产生输出信号，这信号就反映了气体中氧含量的多少。

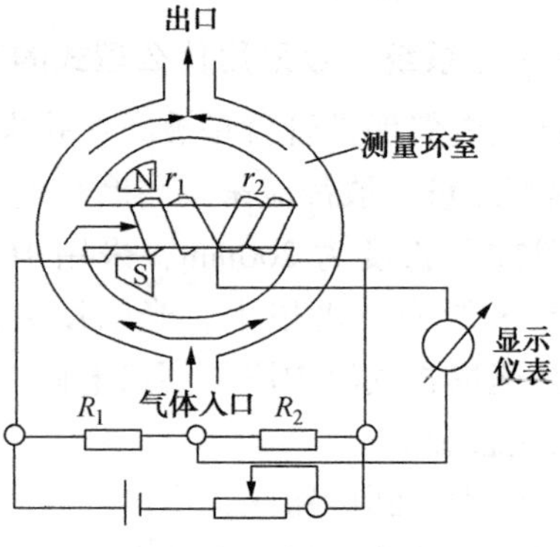

图 7-2　磁氧分析仪

磁氧分析仪是一种连续分析的仪器。不过它只能用来分析氧的含量。

☞ 21. 氧化锆测量氧含量的原理是什么？

氧化锆是一种新型的测氧元件，但是在高温下（如高于1150℃）会产生相变。为此掺入一定数量的氧化钇和氧化钙经高温烧结，可以得到一种稳定的结晶体。锆是四价的，被二价的钙或三价的钇置换以后会产生氧的空穴，在高温下成为氧离子的良好导体。氧化锆的工作原理如图 7-3 所示。

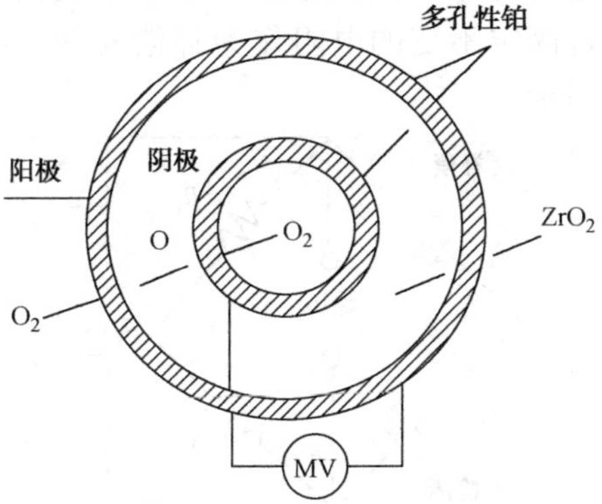

图 7-3　氧化锆测量氧含量工作原理图

阴极在一定温度下，氧分子受热变成氧原子，并从铂片夺取自由电子形成氧离子，即：

$$O_2+4e \longrightarrow 2O^{2-}$$

这时铂片带正电。若两个铂片处于不同的氧浓度中，则 O^{2-} 可以通过氧化锆中的氧离子空穴到达阳极，并释放出自由电子，还原为氧分子，即：

$$2O^{2-}-4e \longrightarrow O_2$$

这时阳极与阴极之间产生一个电位差，这就是所谓浓差电。如果将氧化锆的结构做成内外管壁的形式，内管通以纯净的空气，外管为测量气体介质，则可以用来测量介质的氧含量。

☞ 22. 再生烟气中氧含量采用什么型式的分析仪?

由于再生烟气中存在还原性气体(一氧化碳和二氧化硫),因此应采用热磁式或磁力机械式氧气分析仪,不能采用氧化锆式氧气分析仪。

☞ 23. 瓦斯报警仪的工作原理是什么?

国产瓦斯报警仪一般都用接触燃烧法和感气半导体法来测量瓦斯泄漏量,其原理如下:

(1) 接触燃烧法的原理。此法是用气敏元件作为检测元件,把精确地相等且固定不变的电阻作为补偿元件,组成惠斯登电桥,见图 7-4 所示。

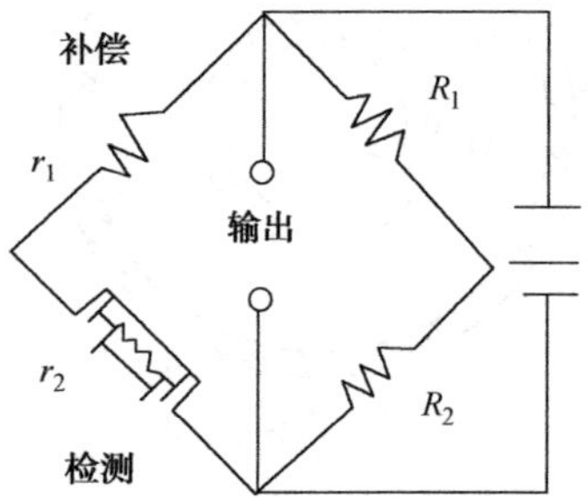

图 7-4　接触燃烧法原理图

检测元件和空气接触,当空气中无可燃气体时 $r_1=r_2$、$R_1=R_2$,检测器输出为零;当空气中含有可燃性气体时,由于催化作用而产生无焰燃烧,元件铂丝温度升高,阻值增大,因此电桥有偏差信号输出。在一定范围内,此偏差信号的幅值与被测气体的浓度成正比。根据不同的设定值,发出相应的报警信号或开关信号。

(2) 感气半导体法的原理。在一定的温度下,检测(气敏)元件在清洁空气中的电阻值一定,而当被测气体接触气敏元件时,会在元件表面产生吸附,使元件的电阻随气体的浓度发生变化。利用这种吸附或解吸附气、蒸汽(还原性、氧化性)的不同能力，我们把检测元件信号引入惠斯登电桥，测出元件的电阻变化，用电流表显示出来，再通过放大电路即可发出声光信号或开关信号，这就组成了一种可燃气体报警器，见图 7–5 所示。

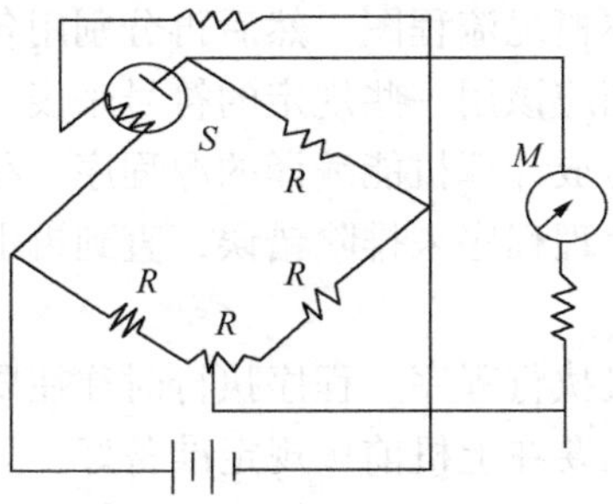

图 7–5　感气半导法原理图

这类可燃气体报警仪的关键部位采用了半导体气敏元件作为气–电转换器件，根据不同厂家不同型号的器件，制成测量各种不同气体、蒸气的仪表。

☞ 24. 如何用计算机解决工艺控制过程问题？

应用计算机解决工艺控制过程实际问题，一般需经过这么几个阶段。

(1) 提出和分析问题。因为任何实际问题都是由一定的规律和变量支配的过程，量和量之间有一定的数量关系。所以应用计算机前，处理问题目的要明确，能给出什么样的数据，要求结果是什么都要心中有数。

(2) 决定处理问题的方式。这一阶段包括建立数学模型、选择计算方法、决定数据输入输出方式。建立数学模型就是将一个实际问题转化成一个可以用数学公式来表达的模式，它要求尽可能真实地反映出量与量之间的数值关系。数学模型建立后，需要选择适用于计算机直接求解的计算方法，这些方法就是一般计算方法书中讨论的内容。它要求在计算精度和时间上满足过程要求。数据输入方式决定于数据种类、性质及所能使用的输入设备类型。数据输出方式根据对输出结果的利用方法和所能使用的输出装置类型来决定。

(3) 编写和调试程序。首先要将处理问题的顺序用流程图来表述。先设计整体概况流程图，然后再分别用各部分详细流程图表示清楚。流程图应该用一些规定的符号来表示，然后再用程序设计语言把它改写成计算机能编译的源程序。程序编好以后一般依靠计算机语言处理程序来排除错误，直到再也没有错误以后才能让计算机执行。

(4) 用计算机执行程序。程序执行时往往要有原始数据的输入，这些原始数据要在上机前按规定准备好，只能在程序调试通过后才能上机正式作业。一些在操作系统管理下的计算机在执行程序时，还要准备好作业控制命令。

(5) 评价计算机处理结果。计算机得出的结果是否符合要求要进行分析。它与下列因素有关，即数学模型是否正确？计算方法是否精确？程降设计是否正确？

使用计算机处理问题的全过程经常是上述各个阶段的循环反复，渐趋正确的过程。

☞ 25. 工业控制计算机的特点是什么？

工业控制计算机在结构性能上与通用机有共性，但由于它专供自动控制用，故在应用上又有其特殊性。它的特点：

(1) 可靠性高。因为工业过程往往是昼夜运行的，一般的生产装置往往几个月甚至几年才修一次，这就要求控制生产的计算机的可靠性尽可能地高，而故障率要低，平均故障时间要短。

(2) 相对而言，对计算机的精度、运算速度要求较低。工业控制机多为定点机，一般字长较短(16~24 位，多为 16 位)，速度较低(每秒几万次至 100 万次)，内存容量较小。当然随着工业自动化的发展，对工业控制计算机的规模、速度、精度的要求也在不断提高。

(3) 实时响应性好。为及时处理被控对象随时发生的变化并保持诸多数据的同时性，要求计算机在某一限定时间内必须完成处理的工作，即实时响应要好。

（4）要求有比较完善的中断系统。工业控制计算机要控制生产过程，就必须能自动快速地响应生产过程和计算机内部发出的各种中断请求，这就要求控制机有比较完善的中断系统。

（5）有比较丰富的指令系统。为适应生产过程自动控制的需要，计算机必须具备较丰富的指令系统，尤其是逻辑判断指令和外围设备控制指令。

（6）要求有较完善的外部设备，特别是过程输入输出设备和各种工业自动化仪表要配套。

（7）有比较完善的软件，包括具有比较完整的操作系统配备，有过程控制所需要的应用软件，使机器的使用更加合理，控制质量更高。

☞ 26. 什么叫集散控制系统？

集散控制系统又称分散型控制系统，简称 DCS。它以分散的控制适应分散的过程对象，同时又以集中的监视、操作和管理达到控制全局的目的，既发挥了计算机高智能、速度快的特点，又大大提高了整个系统的安全可靠性。集散系统可在分散控制的基础上将大量信息通过数据通讯电缆传送到中央控制室，控制室用以微处理机为基础的屏幕显示操作站，将送来的信息集中显示和记录，同时可与上位监控计算机配合，对生产过程实行集中控制监视和管理，构成分级控制系统。

炼油工业应用集散系统始于 20 世纪 70 年代末、80 年代初。

集散系统不仅可完成任一物理量的检测，进行自动和手动调节控制，而且可向用户提供多种应用软件，如工艺流程显示、各种报表的制作，还提供过程控制语言，可完成顺序程序控制、数据处理、自适应控制、优化控制等程序编制，系统可采用积木组件式结构，根据用户规模任意组合，从只控制一个回路到控制几百个回路。采用集散控制系统不仅使生产过程实现安全、稳定、长周期运行，而且可实现优化控制和管理。

☞ **27. 汽油吸附脱硫装置常见的优化目标有哪些？**

汽油吸附脱硫装置常见的优化目标：降低产品汽油硫含量，降低产品辛烷值损失，降低装置能耗，降低吸附剂用量，降低公用工程用量等。

☞ **28. 什么是先进控制系统？其核心是什么？**

先进控制系统以模型为基础，通过调节多个互相耦合的控制回路(操作变量)，实现多个目标的控制。其核心是多变量模型预估控制器。

☞ **29. 先进控制系统通常由哪几部分组成？**

先进控制系统通常由三部分组成：多变量模型预估器、中间调节回路和工艺计算。多变量模型预估器是多变量输入与多变量输出、基于模型的预估控制器；中间调节回路以常规 PID 控制为基础实现复杂控制或高级控制(如比值控制等)，介于常规 PID 控制与多变量模型预估控制器之间；工艺计算部分用于计算生产工艺过程中不可测或难以测量的量，不同工艺过程有不同的工艺计算模型。

☞ **30. 什么是软仪表？**

所谓软仪表是指不使用在线检测的方法，而是用经验公式、工艺机理和数学模型等方法来预测工艺参数或产品质量，并且实时显示、记录或打印。目前，国内已有再生器线速、再生器料位、再生器密度、再生气藏量、反应器线速、反应器料位、反应器空速、反应器藏量、床层密度、氢烃摩尔比等汽油吸附脱硫软仪表。

☞ **31. 核料位计的工作原理？**

核料位计的工作原理是在料库的一侧设置同位素源，在另一侧设置探测器，同位素源向探测器定向发射 γ 射线，若库内料面低于它，探测器检测得出料空信号；若库内料面高于它，则物料遮挡、吸收γ射线，探测器检测得出料满信号。

☞ 32. 影响核料位计测量有哪些因素？

影响核料位计测量的因素：放射源强度、放射源自身的衰变、设备材质壁厚、保温层材质与壁厚、放射源与探测器安装方位、探测器灵敏度等。

☞ 33. 核料位计与一般液位计应用有何区别？

核料位计一般用来测量吸附剂、吸附剂等固体粉尘的料位，由于放射源自然随机衰变，射线仪表是一种基于统计概率的测量仪表。工艺要求的精度越高，时间响应越小；仪表或探测器就需要测得越多的有效计数率。液位计一般用来测量液体的液位，技术性没有核料位计高，但精确性高于一般核料位剂。

☞ 34. 汽油吸附脱硫装置在哪些部位安装了核料位计？

汽油吸附脱硫装置共安装四个料位计，分别为：D-106 吸附剂料位计 LE/LT-1001；R-102 吸附剂料位计 LE/LT-1005；R-101吸附剂料位计 LE/LT-1009；D-109 吸附剂料位计 LE/LT-1017。

☞ 35. 核料位计停用和投用过程中维修要求是什么？

(1) 作业前作业人员要对作业部位(放射源仪表表面 5cm 处)进行放射剂量检测，不超出正常范围即 25μsv/h 时才可以进行相关作业。

(2) 作业人员要作好防护措施，调整、维修放射源时作业现场要设置警戒线。作业人员要佩戴计量笔和射线报警器，并严格按照操作规程进行。

(3) 放射源关闭后要仔细检查放射源是否回到防护容器中，钥匙关闭是否到位，确认接收器是否无信号，确认安全以便进行其他作业。

(4) 作业后要在现场设置禁动标志，钥匙交专人保管，防止丢失。

（5）发生特殊情况导致辐射剂量超出正常范围时，要立即停止作业，疏散人员，设置好警戒线并向有关部门报告。

☞ 36. 汽油吸附脱硫装置如何对核料位进行管理？

汽油吸附脱硫装置车间一般应该配备放射线检测设备，建立核料位计巡检检测档案，确保核料位计处于安全状态。

第八章　安全与环保

☞ 1. 汽油吸附脱硫装置的污染物产生有哪些特点？

汽油吸附脱硫是在吸附剂的作用，并在一定温度、压力下，将原料汽油中的硫吸附到吸附剂上，得到低硫汽油的生产过程。汽油吸附脱硫装置的原料是高硫汽油，其中含有的硫在生产过程中将转移到再生烟气和吸附剂中，造成污染。大功率运转机械会造成噪声污染。另外汽油吸附脱硫装置有监测吸附剂料的核料位计，故会有一定的核辐射污染。

其特点如下：

(1) 吸附剂粉尘。

产生过程：吸附剂储存灌装剂及废吸附剂罐卸剂；吸附剂输送及循环过程可能存在泄漏。

存在区域：全装置，重点为反应-再生平台区域。

(2) 放射线。

产生过程：与吸附剂相关的放射源料位计。

存在区域：反应-再生平台区域。

(3) 可燃气。

产生过程：来源于装置临氢系统、瓦斯系统和分馏稳定系统的物料可能的泄漏。

存在区域：全装置。

(4) 高温。

产生过程：运行过程中的加热炉、反应器、再生器、稳定塔、各种加热器释放出的热量。

存在区域：加热炉区、反应-再生区域、分馏稳定区域。

(5) 有毒物。

产生过程：开工期间注入 DMDS 属有毒物品。

存在区域：注硫系统。

（6）水的污染物。

产生过程：开停工期间产生的污水、D121 底部含油污水、水包排水、D125 排水、伴热管线冷凝水、生活用水等。

存在区域：D125、罐的水包等处。

（7）噪声的污染。

产生过程：大功率的氢压机、空冷风机、电机和气体放空等噪声源。

存在区域：压缩机区、泵区等。

☞ 2. 汽油吸附脱硫装置污水的主要污染物及来源包括哪些？

汽油吸附脱硫装置污水的主要来源是含油污水，主要包括机泵冷却水、地面冲洗水、稳定塔顶油气分离器切水、进料缓冲罐切水、冷高分切水、再生烟气冲洗水等。

☞ 3. 汽油吸附脱硫装置含油污水如何处理？

汽油吸附脱硫含油污水一般都送到全厂污水处理厂与其他装置的污水一起处理，处理过程大多采用隔油、浮选、生化曝气、砂滤的二级处理工艺。为了提高净化效果，有的采用活性炭吸附（或臭氧氧化）等三级深度处理工艺。

各处理工序分述如下：

（1）前处理设施。

格栅：用以截流污水中大的杂质、悬浮物体。

调节池或均质池：用以调节水质和水量，确保后处理工序的正常运行。

（2）隔油处理。

平流隔油池利用密度差分离油和水，固体杂质沉于池底而得到去除。此法只能除去水中的浮油和大部分分散油。

斜板隔油池是一种较高效率的油水分离设施，具有表面负荷小、湿周大、配水均匀等优点，较好地克服了水流的不稳定性。因而除油率高，出口油含量可达40mg/L左右。

(3) 浮选处理。

含油污水经隔油后尚残留部分粒径小的油，需要进一步处理。溶气浮洗就是将该水进行溶气并加入适量的浮选剂(碱式氯化铝等)，然后释气、分离，以去除污水中的油、悬浮固体和胶体状物质，从而使水质得到净化。

(4) 生物氧化处理。

生物氧化处理是在保持一定的供氧条件下，利用微生物来降解水中的有害物质，使水得到净化。目前采用的方法主要有生物滴滤法、活性污泥传统曝气法和加速曝气法等。

(5) 砂滤。

砂滤是为了去除污水中残余油和悬浮固体，而提高出水水质。

(6) 活性炭吸附处理。

主要是去除污水经二级处理后的残余油、酚、氰等有害物质。

☞ 4. 汽油吸附脱硫装置废气的主要污染物及来源包括哪些？

催化裂化装置废气的主要污染物及来源包括：

(1) SO_x、NO_x、CO和吸附剂粉尘。主要来源于再生器烧焦产生的烟气和加热炉燃烧产生的烟气。

(2) H_2S。主要来源于稳定塔顶气、瓦斯气。

(3) 烃类。主要来源于机泵泄漏、阀门和法兰泄漏、采样和设备检修排放、中间储存泄漏等。

☞ 5. 再生烟气中的粉尘如何控制？

再生器内部装有二级旋风分离器(ME-115)，再生生成的烟气经旋风分离器(ME-115)与吸附剂分离后自再生器(R-102)顶部排出。再生烟气主要成分为氮气、二氧化碳、二氧化硫和少量吸附剂粉尘。再经再生烟气过滤器(ME-103)除去烟气中挟带的吸附剂粉尘后送到Claus装置进行后处理。

☞ 6. 汽油吸附脱硫装置烃类损失如何防治?

汽油吸附脱硫装置的加工损失一般在0.5%左右。加强生产管理，消灭跑、冒、滴、漏，杜绝不合理的排放等措施是防止烃类损失的主要途径。

☞ 7. 汽油吸附脱硫装置废吸附剂如何处理?

在汽油吸附脱硫装置发展早期，废吸附剂均采用填埋处理。现在随着旋风分离、磁分离等技术的成熟，吸附剂的循环使用逐步成为现实。

☞ 8. 汽油吸附脱硫装置噪声如何防治?

噪声源有各自的声学特征，了解和掌握它们的特征，就能采取有效的控制和防治措施。其防治步骤是先从噪声源的控制着手，再控制噪声的传播途径，最后是给噪声接受者做个人防护。针对各种噪声源的防治方法如下：

(1) 加热炉。噪声主要由燃料与空气混合高速喷射噪声和燃烧噪声组成。降低加热炉噪声的措施：①采用低噪声喷嘴；②采用消声罩；③隔声围墙。

(2) 氢气压缩机。噪声主要是由叶片转动所产生的旋转分割声和涡流声组成。降低噪声的措施：①在压缩机进出口安装消声器；②隔声；③隔振；④阻尼；⑤吸声。

(3) 电机。噪声由空气动力噪声、机械噪声和电磁噪声三部分组成，其中以旋转风扇引起的空气动力噪声为主。降低电机噪声的措施：①安装隔声罩；②采用低噪声电机。

(4) 空气冷却器。噪声主要是风扇造成的空气紊流和涡流噪声；空气通过翅片管的气流声以及传动系统引起的机械振动噪声。降低空气冷却器噪声的措施：①设置隔声墙、吸声屏或隔声罩；②采用新型低噪声风机。

(5) 调节阀与管道。降低管路系统噪声的措施：①管线的合理设计；②改进阀门结构；③阀后设置节流孔板；④适当分配压力降和调节辅助阀门；⑤在阀门下游设置消声器；⑥放空口；⑦在接受噪声源(点)时的防护。

☞ 9. 环境保护的定义是什么？

环境保护是运用现代环境科学，在更好地利用自然资源的同时，认识掌握污染源及其对环境的危害，有计划地控制污染，保护环境，预防环境质量的恶化，促进生产与环境的协调发展，提高人类的环境质量，造福于人类和子孙后代。

☞ 10. 什么是传统的环境保护模式？

传统的环境保护模式即以“先污染、后治理”为基本特征的“末端治理”模式。“末端治理”模式在解决我国环境污染问题方面取得了一定成效，例如，增大环保投资，建设污染控制和处理设施，制定污染物排放标准，实行环境立法等，以控制和改善环境污染问题，取得了一定的成绩。但是通过多年的实践发现：这种仅着眼于控制排污口(末端)，使排放的污染物通过治理达标排放的办法，虽在一定时期内或在局部地区起到一定的作用，但并未从根本上解决工业污染问题。随着时间推移，特别是工业化进程加快和可持续发展战略的实施，末端治理的局限性就显现出不能适应新的环保的要求。

☞ 11. 末端治理的弊端主要表现在哪些方面？

一是污染处理设施投资大，运行费用高，末端治理一般均是生产过程中的一种额外负担，增加生产成本，企业没有积极性；二是末端治理有时不是彻底的处理，而且往往是污染物转移，造成二次污染，所以不能根治污染；三是末端治理是事后处理，没有顾及资源的有效利用，不能解决资源浪费大，消耗高的问题，只治标不治本；四是污染治理技术难度大和处置过程风险高；五是注重末端治理，忽视全过程控制，把控制污染和生产管理分裂开来，因而难以改变工业生产管理中的环境与生产两张皮状况。

☞ 12. 清洁生产的定义是什么？

一些国家在提出转变传统的生产发展模式和污染控制战略时，曾采用了不同的提法。例如，废物最少量化、无废少废工艺、清洁工艺、污染预防等。但是这些概念不能包容上述多重含义，尤其不能确切表达当代环境污染防治与生产可持续发展的新战略。

联合国环境规划署与环境规划中心(UNEPIE/PAC)，采用了“清洁生产”这一术语，来表征从原料、生产工艺到产品使用全过程的广义的污染防治途径，给出了以下定义：“清洁生产是指将综合预防的环境策略持续地应用于生产过程和产品中，以便减少对人类和环境的风险性生产过程，清洁生产包括节约原材料和能源，淘汰有毒原材料，并在全部排放物和废物离开生产过程以前减少它的数量和毒性。对产品而言，清洁生产策略旨在减少产品在整个生产周期过程(包括从原料提炼到产品的最终处置)中对人类和环境的影响。清洁生产不包括末端治理技术，如空气污染控制、废水处理、固体废弃物焚烧或填埋，清洁生产通过应用专门技术，改进工艺技术和改变管理态度来实现。”

清洁生产是对传统发展模式的根本变革，是对末端治理的污染防治模式的根本否定，是实现可持续发展的必由之路。清洁生产是指不断采取改进设计、使用清洁的能源和原料、采用先进的工艺技术与设备、改善管理、综合利用等措施，从源头削减污染，提高资源利用效率，减少或者避免生产、服务和产品使用过程中污染物的产生和排放，以减轻或者消除对人类健康和环境的危害。清洁生产既包括生产过程少污染无污染，也包括产品本身的“绿色”，还包括这种产品报废之后的可回收和处理过程的无污染。

应当承认，在目前科技水准和管理水平下，清洁生产还是个相对的概念，所谓清洁生产技术、清洁产品、清洁能源和清洁原料都相对于传统的和常规的技术、产品、能源和原料而言。

☞ 13. 与传统的末端治理污染相比，清洁生产有哪些特点？

(1) 清洁生产体现了预防为主的思想。传统的末端治理与生产过程相脱节，即“先污染，后治理”，重在“治”。清洁生产则要求从产品设计开始，到选择原料、工艺路线和设备，废物利用，运行管理等各个环节，通过不断加强管理和技术进步，提高资源利用率，减少乃至消除污染物的产生，重在“防”。

(2) 清洁生产体现的是集约型的增长方式。传统的末端治理以牺牲环境为代价，建立在以大量消耗资源能源、粗放型的增长方式的基础上，清洁生产则是走内涵发展道路，最大限度地提高资源利用率，促进资源的循环利用，实现节能、降耗、减污、增效。

(3) 清洁生产体现了环境效益与经济效益的统一。传统的末端治理不仅治理难度大，而且投入多，运行成本高。只有环境效益，没有经济效益。清洁生产则从源头抓起，实行生产全过程控制，使污染物最大限度消除在生产过程之中，能源、原材料消耗和生产成本降低，企业竞争力提高，从而实现经济与环境的“双赢”。

☞ 14. 在炼油厂推行清洁生产有些什么意义？

推行清洁生产就是要在生产过程中通过持续不断的努力以减少乃至消除污染物的产生。它提倡“预防为主”的原则，利用调整生产工艺，改造高耗低效设备，推行无费少费技术，提高管理水平和资源利用率，达到减少环境污染降低生产成本，提高效益和产品竞争力的目的。

就炼油厂来说推行清洁生产的目的：(1)可降低水耗、物耗、能耗，提高原料转化率，减少污染、降低加工成本；(2)可以树立良好的企业形象；(3)使产品能够通过1S09000质量认证，从而参与国际竞争；(4)国家对环境保护的法律法规越来越完善和严格，不在环境保护上加大力度，将失去有利的优惠政策，包括金融、资源配置、税收等。总之实现清洁生产是提高环境效益和经济效益的客观要求，也是炼油厂在市场经济压力下的自觉行为和必由之路。

☞ 15. 清洁生产包括哪些基本内容？

（1）清洁的能源。采用各种方法对常规的能源如燃油采取清洁利用的方法，如加热炉燃烧重油改为烧脱硫后的燃气等；新能源的开发以及各种节能技术的开发利用。

（2）清洁的生产过程。尽量少用和不用有毒有害的原料；采用无毒、无害的中间产品；选用少废、无废工艺和高效设备；尽量减少生产过程中的各种危险性因素，如高温、高压、低温、低压、易燃、易爆、强噪声、强振动等；采用可靠和简单的生产操作和控制方法；对物料进行内部循环利用；完善生产管理，不断提高科学管理水平。

（3）清洁的产品。产品设计应考虑节约原材料和能源，少用昂贵和稀缺的原料；产品在使用过程中以及使用后不含危害人体健康和破坏生态环境的因素；产品的包装合理；产品使用后易于回收、重复使用和再生；使用寿命和使用功能合理。

☞ 16. 清洁生产工作的实施包括哪些内容？

清洁生产工作程序包括：准备、审计、方案制定、方案实施四个主要阶段。其中审计和方案制定是企业实施清洁生产的两个重要工作阶段：

（1）审计。

① 确定审计对象：收集企业资料和现场调查，发现生产过程中薄弱环节，确定审计对象，制定实施清洁生产具体目标。

② 实施审计：对审计对象进行物料、能量平衡测试，并从原材料、生产技术、操作管理和废物处理与综合利用等方面，分析物料、能量的消耗及废物生产排放的原因。

（2）方案制定。

① 征集方案：动员职工积极创意，为企业发展寻找最佳途径，提出清洁生产方案。

② 筛选方案：对征集的方案进行分类、汇总、筛选出重点方案评估(可行性分析)：对筛选出的重点方案进行技术、环境和经济可行性分析，选出技术可行，经济效益、环境效益最佳的方案予以实施。

☞ 17. 清洁生产审计包括哪些步骤？

清洁生产审计包括：筹划和组织、预评估、评估、方案产生与筛选、可行性分析、方案实施、持续清洁生产等必需的步骤。

第九章　设备与操作

☞ 1. 什么是泵？泵的分类有哪些？

泵是用来输送液体并给液体增加能量，即把原动机的机械能转换成液体的势能或动能的机械设备。

(1) 泵按工作原理可分为：

① 动力式泵，靠快速旋转的叶轮对液体的作用力将机械能传递给液体，使其动能和压力能增加，再通过泵缸将大部分动能转换为压力能而实现输送，动力式泵又称叶轮式泵或叶片式泵。如离心泵、轴流泵等。

② 容积式泵，靠工作元件在泵缸内做往复或回转运动，使其工作容积交替增大或缩小，实现液体的吸入和排出。如活塞泵、隔膜泵、螺杆泵、滑片泵、齿轮泵等。

(2) 按工作元件的运动方式分为：

① 往复式泵，如活塞泵、柱塞泵、隔膜泵。

② 旋转式泵，如回转式容积泵、离心泵等。

③ 其他形式，射流泵、水锤泵、电磁泵、气体升压泵等。

按型式、结构、用途等可分为：卧式泵、立式泵；单级泵、多级泵；水泵、油泵、液态烃泵等。

☞ 2. 什么是离心泵？其工作原理是什么？

离心泵是容积式泵的一种，它通过一个或多个叶轮的旋转产生离心力，将机械能转化为液体的静压能或动能。

离心泵在工作前，泵壳及吸入管道内要灌满液体，原动机带动叶轮旋转，在叶轮驱动下，液体随叶轮一起高速旋转，使液体产生离心力，同时沿叶片流道被甩向叶轮出口，这样在叶轮入口中心处形成低压，使液体不断涌入，形成泵的连续工作状态，一面吸入液体，一面排出液体，见图 9-1 所示。

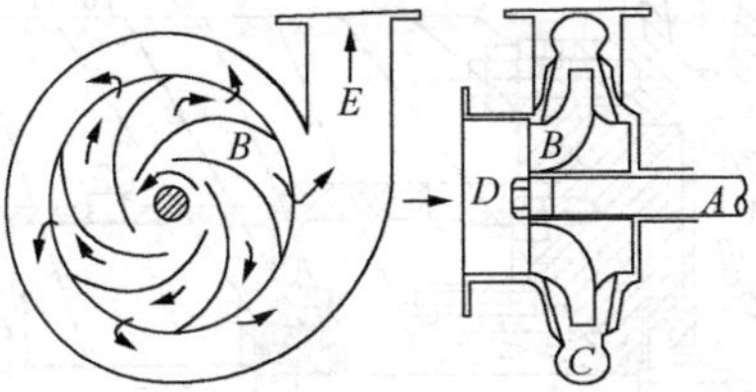

图 9-1　离心泵工作原理

☞ 3. 离心泵具有哪些优缺点?

离心泵具有结构简单、体积小、质量轻、流量稳定、易于制造和便于维护等一系列优点。但离心泵对高黏度液体以及流量小压力高的情况适用性较差，并且在通常情况下启动前需先灌泵，这些是它的不足之处。

☞ 4. 离心泵的主要部件有哪些?

离心泵一般包括：

(1) 泵壳：泵壳是泵的承压部件，进行介质动压和静压的转换，泵壳上有介质的进出口、放空、排凝、测压等开口。

(2) 底座：泵的安装底座通常一直延伸到原动机部分而形成联合底座，要求有足够的刚性。

(3) 泵的转动部件：包括泵轴、轴套、叶轮、口环、平衡盘或平衡鼓。

(4) 轴承及轴承箱：支撑泵转动部件。

(5) 轴封：轴封是指泵轴进入泵壳的部分，一般采用软填料或机械密封，防止泵送介质外漏或空气进入泵内，轴封还包括辅助系统。

离心泵的基本结构见图 9-2 所示。

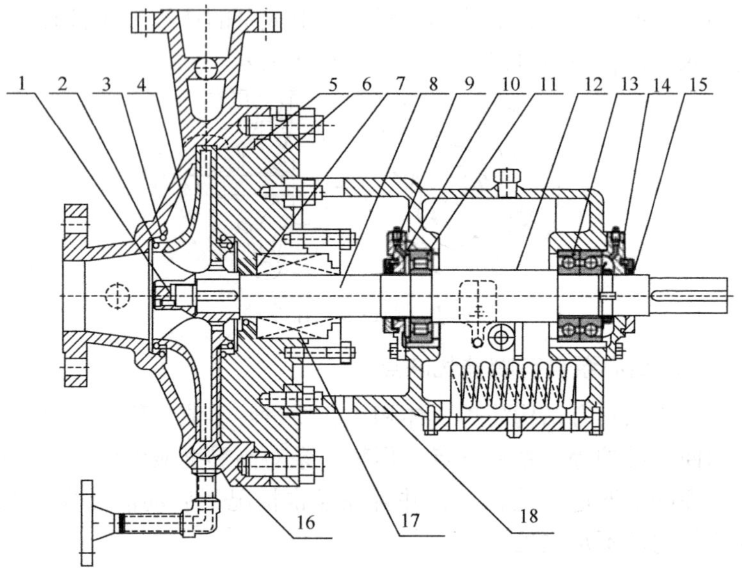

图 9-2　离心泵基本结构

1—叶轮螺母；2—叶轮密封环；3—泵体密封环；4—叶轮；5—缠绕垫；6—泵盖
7—喉部衬套；8—轴；9—防尘盘；10—轴承压盖；11—轴承；12—甩油环
13—轴承；14—轴承压盖；15—防尘盘；16—泵壳；17—轴封；18—轴承箱

5. 离心泵的主要性能参数有哪些？

离心泵的主要性能参数有转速(n)、流量(Q)、扬程(H)、功率(N)、效率(η)和允许汽蚀余量($NPSH_r$)等，为便于了解泵的性能，泵制造厂用试验的方法将 H—Q、N—Q、η—Q 变化关系标在一张图上，就是离心泵的性能曲线图。

H—Q 曲线，表示泵的扬程与流量的关系。离心泵的扬程一般随流量的增大而减小，当流量为零时，扬程达到该泵扬程的最大值。

N—Q 曲线，表示泵的轴功率与流量的关系。轴功率随着流量的增加而增大，流量为零时，泵消耗的功率最小，因此离心泵启动时，应关闭泵的出口阀，使启动功率减少，以保护电机。

η—Q 曲线，表示泵的效率与流量的关系。泵的效率开始随着流量的增加而上升，达到最大值后，又随着流量的增加而下降，这说明离心泵在一定转速下有一个最高效率点，泵在最高效率点条件下操作最经济。

在离心泵的性能曲线图上一般还标出 $NPSH_r$—Q 的曲线，$NPSH_r$ 是离心泵不产生汽蚀的最小量，由泵制造厂的汽蚀试验得出的值，它和叶轮入口的几何学(入口角)直接有关，同时和叶轮入口的面积有关，随着流量增加的曲线。为了保证泵的正常运行，要求离心泵系统所能提供的有效的 $NPSH_a > NPSH_r$，汽蚀余量的大小和泵的用途即泵送介质有关。

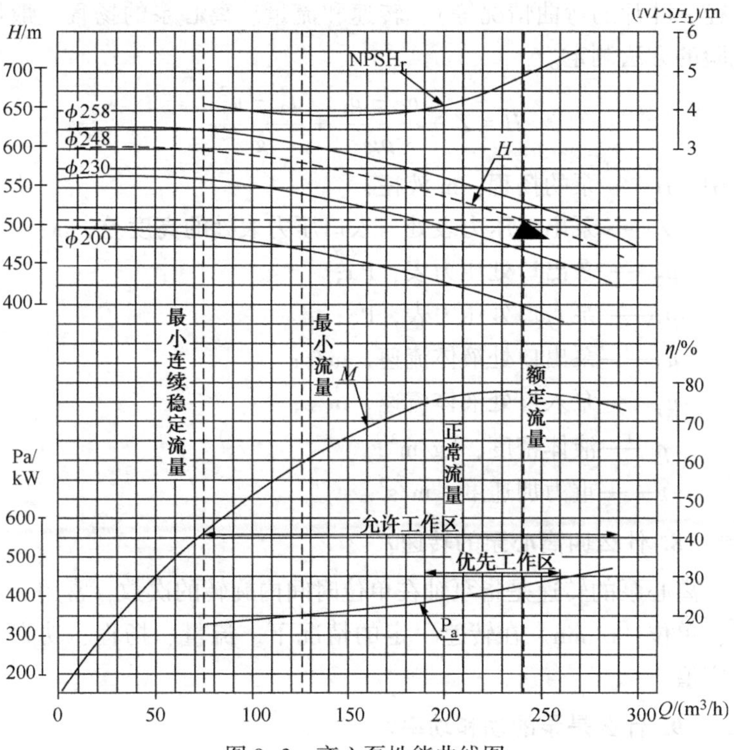

图 9-3　离心泵性能曲线图

☞ 6. 什么是离心泵的流量?

单位时间内通过泵出口排出液体的量称为泵的流量，流量可分为质量流量 G 和体积流量 Q 两种，质量流量 G 的单位为 kg/s、t/h，体积流量 Q 的单位为 m^3/s、m^3/h 和 L/s。质量流量等于体积流量乘液体的密度，$G=Q\times\rho$。

☞ 7. 什么叫离心泵的扬程?

泵的扬程是指单位质量的液体通过泵以后，其总能量的增加值，或者作功元件对泵排出的单位重量液体所作的有效功，符号为 H，单位为 m 液柱。离心泵的扬程取决于泵的结构(如叶轮的直径、叶片的弯曲情况等)、转速和流量。离心泵的扬程一般用试验的方法测定。

$$H = Z + \frac{p_2 - p_1}{\rho g} + \frac{u_2^2 - u_1^2}{g}$$

式中 H——泵的扬程，m 液柱；

Z——泵出口压力表处与入口压力表处的高度差，m；

p_2——泵出口处压力表，Pa；

p_1——泵入口处压力表，Pa；

u_2——泵出口处液体流速，m/s；

u_1——泵入口处液体流速，m/s；

ρ——液体密度，kg/m^3；

g——重力加速度，m/s^2。

☞ 8. 什么叫离心泵的转速?

离心泵的转速是指泵轴在单位时间内旋转的次数，常用 n 表示，单位：r/min。在转速一定的情况下，流量、扬程、功率为一定值。

☞ 9. 什么是泵的功和功率?

把 1kg 的物体提高 1m 对这个物体所做的功为 1N · m。单位时间所做的功称为功率，单位为 W(N · m/s)、kW(1kW = 1000N · m/s)。

☞ 10. 什么叫有效功率？什么叫轴功率？

由于泵的运转而使液体实际获得的功率叫有效功率，用 N_e 表示。轴功率是指原动机传给泵轴的功率，用 N 表示。

$$N_e = QH\rho g$$

式中 N_e——泵的有效功率，W；

Q——泵的流量，m^3/s；

H——泵的扬程，m；

ρ——泵工作温度下液体的密度，kg/m^3；

g——重力加速度，$9.81m/s^2$。

N_e 以 kW 时，则：

$$N_e = QH\rho g = \frac{QH\rho \times 9.81}{1000} = \frac{QH\rho}{102}$$

☞ 11. 什么叫离心泵的效率？在一般情况下，离心泵的效率为多少？

离心泵在运转时，各机部件之间，部件与液体之间都会发生摩擦、冲击和漏损等，会损失部分能量，也就是说泵的轴功率不会完全传递给液体，即不可能全部转变为有用功率，有用功率与轴功率之间的比值叫该泵的效率，用 η 来表示，单位%。

$$\eta = \frac{N_e}{N} \times 100\%$$

泵效率的高低说明泵性能的好坏及动力的多少，是泵的一项主要技术经济指标。在泵的流量 Q 和扬程 H 为一定值时，如果泵的效率高些，则所消耗的功率就会比效率低时小些，这样可以节省动力。一般小型离心泵的效率为 60%~80%，大型离心泵可达 90%。

在为离心泵选配电机时，要考虑电机有超负荷的可能，因此所配电动机的功率应比泵的轴功率要大，即：

$$N_{电} = KN$$

式中 $N_{电}$——电机功率，kW；

N——泵的轴功率，kW；

K——安全系数，K 的选用见表 9-1。

表 9-1 安全系数

N/kW	<22	22~75	>75
K	1.25	1.15	1.1

☞ 12. 离心泵的功率有哪些损失？

当泵输送的液体在泵内流动时，通常要产生水力损失、容积损失和机械损失三种。

☞ 13. 什么叫离心泵的水力损失？

液体在泵内流动，通过叶轮、导轮和泵壳时，产生的摩擦阻力；另外，当流体进入叶轮和从叶轮出来时会产生碰撞和旋涡，也会引起局部阻力损失。这两部分损失统称为水力损失。

☞ 14. 什么叫离心泵的容积损失？

当叶轮在泵体内转动时，由于间隙的存在，这样叶轮出口处的高压液体会有一小部分自动流回叶轮进口；也可能有一部分液体会从平衡孔或平衡管流回到叶轮入口；或从密封处漏损，这部分损失统称为容积损失。

☞ 15. 什么叫离心泵的机械损失？

因为泵在运转时泵轴和轴承、密封等发生摩擦，叶轮在泵内运转，它的前后盖板也要和液体发生摩擦，这些摩擦所造成的能量损失统称为机械损失。

☞ 16. 什么叫离心泵的比例定律？

在转速一定的情况下，离心泵的流量 Q、扬程 H、功率 N 为一定值，一旦离心泵的转速发生变化，则泵的各参数也随之变化，这种规律叫泵的比例定律。

(1) 流量与转速：$Q_1/Q_2=n_1/n_2$；

(2) 扬程与转速：$H_1/H_2=(n_1/n_2)^2$；

(3) 轴功率与转速：$N_1/N_2=(n_1/n_2)^3$；

比例定律是假设转速改变后，泵效率不变得出的结论，事实上只有在转速变化小于20%时，才可以认为是正确的。

☞ 17. 什么叫离心泵的切割定律?

当泵的转速一定，而离心泵叶轮外径变化时，离心泵的流量、扬程、轴功率也要发生变化，叫泵的切割定律。

(1) 流量与直径：$Q_1/Q_2=D_1/D_2$；

(2) 扬程与直径：$H_1/H_2=(D_1/D_2)^2$；

(3) 轴功率与直径：$N_1/N_2=(D_1/D_2)^3$。

切割定律认为泵的效率基本不变，叶轮直径不能任意减小，最多可削小20%，否则会影响泵的效率。

☞ 18. 液体密度变化时对泵的性能有何影响?

根据离心泵的基本方程可知，离心泵的扬程与液体密度无关，同时离心泵的流量、效率也不受液体的密度影响，因此，当被输送的液体密度改变时，离心泵的 $H-Q$ 曲线、$\eta-Q$ 曲线保持不变，但泵的轴功率随液体的密度增大而增加，换算关系：

$$\frac{N_1}{N_2}=\frac{\rho_1}{\rho_2}$$

由换算公式可知，当液体密度增加时，轴功率也随之增加，液体密度降低时，轴功率也随之下降。泵制造厂家提供的性能曲线一般是用常温下的清水试验的，与实际介质有区别时，要注意功率的变化，防止电机超负荷。

离心泵的压头是以输送液体的流体柱高度表示的，在同一压头下，泵出入口压差却与流体的密度成正比，如果泵启动时，泵体内是空气，启动后泵产生的压头虽为定值，但因空气密度太小，造成的压差或泵的吸入口真空度很小而不能将液体吸入泵内。所以泵启动前必须“灌泵”，使泵内存满液体。

☞ 19. 离心泵的叶轮由哪几部分组成？有哪些类型？

叶轮一般由叶片、前后盖板、轮毂三个部分组成，叶片组成了液体在叶轮中的流道。叶轮用键和螺母固定在轴上，和轴一起转动，将电机的能量传给液体，使液体获得能量。

叶轮按结构可以分：闭式、开式和半开式三种类型。闭式叶轮按吸入方式分为单吸式和双吸式叶轮。径流式离心泵均为闭式后向叶轮，开式和半开式叶轮在混流式和轴流式泵中应用。

☞ 20. 离心泵的叶片分哪几种类型？

离心泵的叶片根据其出口角度(β_2)的不同可分为后弯叶片($\beta_2<90°$)、径向叶片($\beta_2=90°$)和前弯叶片($\beta_2>90°$)。为获得较高的能量利用率，大多数离心泵采用后弯叶片。

☞ 21. 离心泵的泵壳部分由哪些部件组成？它们的作用是什么？

泵壳是离心泵的外壳，其作用是将叶轮封闭在一定空间，以便由叶轮吸入和排出液体，并将液体的大部分动能转换为静压能。泵壳由吸入室和排出室组成。吸入室的作用是将液体均匀地引向叶轮，主要型式有锥管式、半蜗壳式和圆环式等。排出室的作用是收集叶轮排出液体并将其中动能转换成静压能，同时引导液体排出管路，主要型式是蜗壳式与导叶两种。

☞ 22. 离心泵壳里的中间隔板有什么作用？

中间隔板一般在多级泵上使用，其功能是将两个叶轮分开，使泵壳形成两个蜗壳室，相当于两台泵串联，中间隔板可以从泵壳中拆下来。

☞ 23. 轴、轴承、轴套有什么作用？

轴：传递动能的主要零件，它的作用是传递动能，承受负荷。

轴承：离心泵支撑转子的部件，承受径向和轴向载荷。

轴套：安装在轴封箱处，其作用主要是防止轴的磨损，轴套作为易损件可使轴有更长的使用寿命。

☞ 24. 泵的密封形式有哪几种？

泵的密封主要是指泵轴与泵壳之间的密封，也称轴封。密封的作用是防止泵内高压液体从泵壳内沿轴漏出，或者外界空气沿轴漏入泵壳内。常用泵的密封形式有两种：填料密封和机械密封。

☞ 25. 什么是机械密封？机械密封有什么特点？

机械密封又称端面密封。它是由至少一对垂直于旋转轴线的端面在流体压力和补偿机构的弹力(或磁力)的作用及辅助密封的配合下，保持贴合并相对滑动而构成的防止液体泄漏的密封装置。

机械密封的特点是密封性能稳定、泄漏量少、功耗低、使用寿命长、对轴磨损小、耐震性强、密封参数高、使用范围广泛，是目前解决流体机械动密封问题中，结构较为先进、成熟的密封技术之一，但结构复杂，价格贵，制造安装要求较高。

☞ 26. 机械密封分为几类？

按液体压力平衡状况分为平衡型和非平衡型。

按采用机械密封的对数分为单端面密封、双端面密封、串联式密封。

按静环安装在密封端盖的相对外置分为内装式和外装式。

按补偿结构中弹簧数量分为单弹簧(大弹簧)和多弹簧(小弹簧)。

☞ 27. 泵的机械密封由哪些部分组成？

(1) 主要密封元件：动环和静环；

(2) 辅助密封元件：密封圈(O 形圈、V 形圈)；

(3) 压紧元件：弹簧、推环；

(4) 传动元件：传动座、键和固定螺钉。

泵的机械密封的结构见图 9-4 所示。

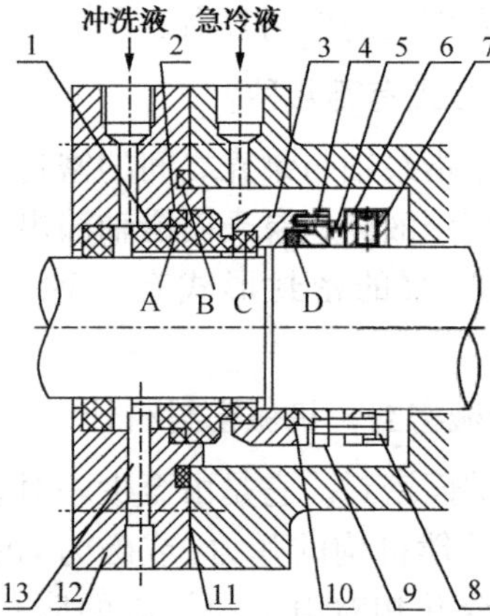

图 9-4　机械密封结构

1—静环；2—静环密封圈；3—动环；4—传动销；5—弹簧；6—弹簧座；7—紧定螺钉；8—传动螺钉；9—推环；10—动环密封圈；11—压盖密封圈；12—压盖；13—防转销；A—静环与密封压盖之间；B—密封压盖与壳体接触面；C—动环与静环接触端面；D—动环与轴之间

☞ 28. 机械密封的泄漏点一般有哪些？

机械密封结构见图 9-4 所示。

(1) 静环与动环端面之间的泄漏点(图中 C 点)；

(2) 静环与压盖之间的泄漏点(图中 A 点)；

(3) 动环与轴(轴套)配合面的泄漏点(图中 D 点)；

(4) 静环压盖与泵壳端面之间的泄漏点(图中 B 点)；

(5) 带轴套的泵还存在轴与轴套之间的泄漏点。

A、B 泄漏通道分别是静环与压盖、压盖与壳体之间的密封，二者均属静密封。D 通道是动环与轴之间的密封，当端面摩擦磨损后，它仅仅能追随补偿环沿轴向作微量的移动，实际上仍然是一个相对静密封。因此，这些泄漏通道相对来说比较容易封堵。静密封元件最常用的有橡胶O形圈或聚四氟乙烯V形圈，而作为补偿环的旋转环或静止环辅助密封，有时采用兼备弹性元件功能的橡胶、聚四氟乙烯或金属波纹管的结构。

C通道则是动环与静环的端面彼此贴合作相对滑动的动密封，它是机械密封装置中的主密封，也是决定机械密封性能和寿命的关键。因此，对密封端面的加工要求很高，同时为了使密封端面间保持必要的润滑液膜，必须严格控制端面上的单位面积压力，压力过大，不易形成稳定的润滑液膜，会加速端面的磨损；压力过小，泄漏量增加。所以要获得良好的密封性能又有足够寿命，在设计和安装机械密封时，一定要保证端面单位面积压力值在最适当的范围。

☞ 29. 机械密封为什么要进行冷却和冲洗？

机械密封用冲洗油和冷却水是为了降低密封副摩擦时的温度，保证摩擦面之间有一层完整的液膜，减少摩擦损失，降低功率消耗，保证液膜不因高温汽化而被破坏。

☞ 30. 常用泵密封辅助系统有哪些？

常用机械密封的辅助措施包括冲洗、急冷、冷却和过滤等，实现对机械密封的润滑、冷却或调温、冲洗、净化、稀释和冲掉泄漏介质，改善密封的工作环境，最常用的是冲洗，根据具体工况选用。

冲洗是指利用主机的压差、密封腔内泵效装置的压差或由外部引入与被密封流体相容的流体，向密封端面高压侧部位直接注入和排出流体，以改善密封的工作条件的方法，常用冲洗方案有正冲洗、反冲洗、全冲洗和外冲洗。冲洗孔的位置一般应对准摩擦端面靠近动环一侧，避免冲洗液对静环局部固定冲刷。为加强冷却效果，冲洗方向最好设在切向位置，冲洗液的流量一般为3～10L/min。

单端面密封辅助系统布置方式主要包括：

从泵出口到密封腔的循环(PLAN01)；

从泵出口经过孔板到密封腔的循环(PLAN11)；

从泵出口经过过滤器和孔板到密封腔的循环(PLAN12)；

从密封腔经过孔板返回泵入口的循环(PLAN13)；

从泵出口经过孔板和冷却器到密封腔的循环(PLAN21)；

从泵出口经过过滤器、孔板和冷却器到密封腔的循环(PLAN22)，一般不推荐用过滤器；

从装有泵效环的密封腔经过冷却器后返回密封的循环(PLAN23)；

从泵出口经过旋风器到密封腔的循环(PLAN31)；

从外部向密封腔注入液体(PLAN32)。

☞ 31. 离心泵的轴向推力是怎样产生的?

闭式或半闭式叶轮工作时，离开叶轮的高压液体中有一部分会漏到叶轮后侧，而叶轮前侧吸入口处为低压液体，液体作用于叶轮前后两侧的压力不等，即作用在后盖板上的压力要大于前盖板上的压力，这样便产生了指向叶轮入口方向的力，这个力称为轴向推力。

☞ 32. 轴向推力有什么危害?

轴向推力使转子产生轴向位移，引起泵串轴，轴承因承受额外的负荷而发热，寿命缩短，严重时叶轮和泵壳接触，发生磨损和碰撞，引起设备事故。

☞ 33. 平衡轴向力的方法有哪些?

单级泵平衡轴向力的方法：叶轮背面钻平衡孔，在叶轮后盖板上钻上小孔使泄漏到后盖板处的液体返回叶轮入口，减少轴向力，但同时也降低了泵的效率，也可采用单独的平衡管把叶轮背面高压侧的液体导向入口；采用双吸式叶轮，液体可以从叶轮两侧吸入，双吸叶轮具有较大的吸液能力，又可避免轴向推力；在叶轮的背面加泵叶片，减小叶轮背面的压力，降低轴向推力。

多级离心泵平衡轴向力的方法有用叶轮对称分布布置或用专门的平衡轴向力装置。平衡轴向力装置指平衡鼓、平衡盘或二者的组合，平衡鼓通常安装在末级叶轮后，固定在轴上，它与固定在静止部件上的座之间有一定的径向间隙，平衡室由平衡管与入口相连，其压力接近入口，通过径向间隙的泄漏量取决于差压。平衡盘也是装在轴上，与盘座之间有一定的轴向间隙，当轴向推力使轴向间隙减小，降低了背压，达到自平衡。

☞ 34. 离心泵的轴承有什么作用？分为哪几类？

离心泵的轴承是支承转子的部件，同时承受着径向和轴向的载荷。离心泵的轴承分为滑动轴承、滚动轴承。

☞ 35. 什么情况下应采用滑动轴承？

按 API610 规定，下列情况下应采用滑动轴承：

(1) 筒形泵(双层壳体泵)；

(2) $D \times N \geqslant 300000$，式中，$D$ 为轴承处的轴径，mm；N 为转速，r/min。

(3) 泵的额定功率(hp，1hp = 745.699W)与额定转速(r/min)的乘积≥2.7×10^6时；

(4) 当标准的滚动轴承不能满足在额定条件下连续操作25000h，或最大轴向和径向负荷下，不能满足在额定转速下操作16000h 的 L_{10}寿命时，其中 L_{10} 为流动轴承基本额定寿命，指与90%的可靠度相关的额定寿命，其定义为在定速下 90%的同类轴承可以达到或超过的小时数。

按(2)、(3)项要求，泵的转速在 3000r/min 时，当轴承处轴径为 100mm，或额定功率为 670kW 时，应采用滑动轴承。

☞ 36. 滚动轴承有什么特点？

滚动轴承由外圈、内圈、滚动体及保持架组成。滚动轴承的优点是在一般使用条件下摩擦系数低，运转时摩擦力矩小，起动灵敏，效率高；可用预紧的方法提高支承刚度及旋转精度；对同尺寸的轴颈，滚动轴承的宽度小，可使机器的轴向尺寸紧凑；润滑方法简便，互换性好，维修方便。其缺点承受冲击载荷的能力较差；高速运转时噪声大；比滑动轴承径向尺寸大；与滑动轴承比，寿命较低。

☞ 37. 推力轴承分为哪两种？

因为推力轴承主要承受泵轴上的轴向推力，所以它分为固定式推力轴承和可倾式推力轴承。

☞ 38. 什么是离心泵的联轴器？它有什么作用？

联轴器就是把泵轴和原动机轴连在一起的偶合件，它使泵和原动机成为一体，当原动机旋转时泵也同时旋转并传递扭矩。联轴器又叫对轮。

☞ 39. 常用联轴器分为哪几种？

按照被连接两轴的相对位置和位置变动情况，联轴器分可为固定式联轴器和可移式联轴器两种。固定式联轴器在安装时，要求两轴严格对中，泵在运行时不能发生相对位移。结构一般较简单，容易制造，且两轴瞬时转速相同，主要有凸缘联轴器、套筒联轴器、夹壳联轴器等。可移式联轴器在安装时，允许两轴有一定限度的误差，泵在运行时能补偿可能产生的相对位移，但这种补偿和产生的相对位移是有限度的。根据补偿位移的方法又可分为刚性可移式联轴器和弹性可移式联轴器。弹性可移式联轴器(简称弹性联轴器)利用弹性元件的弹性变形来补偿两轴的偏斜和位移，同时弹性元件也具有缓冲和减振性能。

☞ 40. 什么叫弹性圈柱销式联轴器？

弹性圈柱销式联轴器(图 9-5)，它是用带橡胶圈的柱销把两个凸缘连在一起，因为橡胶有弹性，所以两个凸缘可略有偏移。

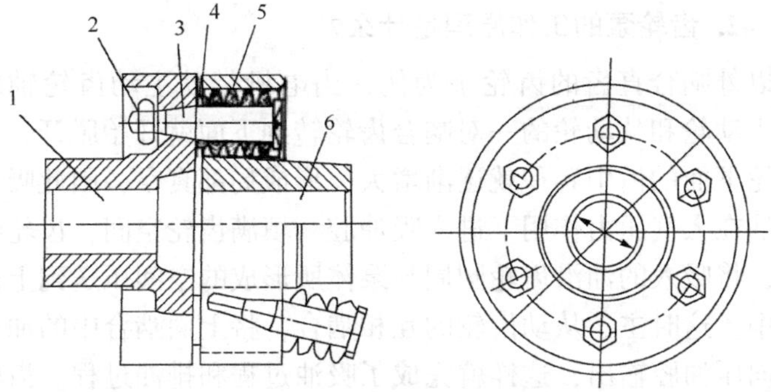

图 9-5　弹性圈柱销式联轴器

1—半联轴器；2—螺母；3—柱销；4—扫圈；5—弹性元件；6—半联轴器

☞ 41. 螺杆泵的工作原理是什么？

螺杆泵常用于输送润滑油、密封油。它的主、从动螺杆与泵壳包围的螺杆形成凹形空间，液体经入口吸入后，槽内就充满了液体，然后随螺杆旋转，作轴向前进运动，从出口排出，由于螺杆旋转时螺纹作螺旋线运行，又是连续地运行。因此从螺杆槽排出液体比齿轮泵均匀，又由于螺纹密闭性好，所以有良好的自吸能力，并可输送气液混和相，即螺杆泵是容积泵的一种，它是靠两根或多根相互啮合的螺杆间容积变化来输送液体的，见图 9-6 所示。

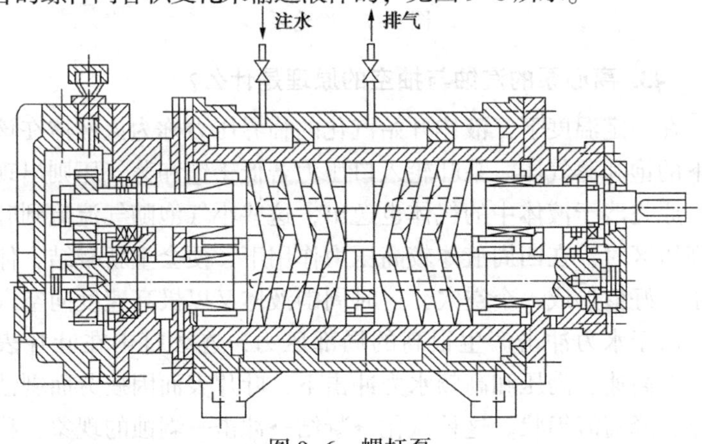

图 9-6　螺杆泵

☞ 42. 齿轮泵的工作原理是什么?

以外啮合直齿的齿轮泵为例，当电机带动主动齿轮轴旋转时，主动轮和从动轮的一对啮合齿轮转到下面就开始脱开，这时两齿轮下面的齿中容积就逐渐增大，形成局部真空，因此吸入缸中的油在大气压力作用下进入吸油腔，填满齿轮空间，齿轮继续旋转，将吸入的油沿齿轮圆周与泵体所形成的空间压送到上面压油腔中。这时主、从动齿轮的互相啮合，将上面啮合中的油挤出来，向压油腔输出，这样就完成了吸油过程和排油过程。齿轮泵也属于容积式泵，结构简单，运转可靠，适用于输送不含固体杂质的高黏度液体。见图 9-7 所示。

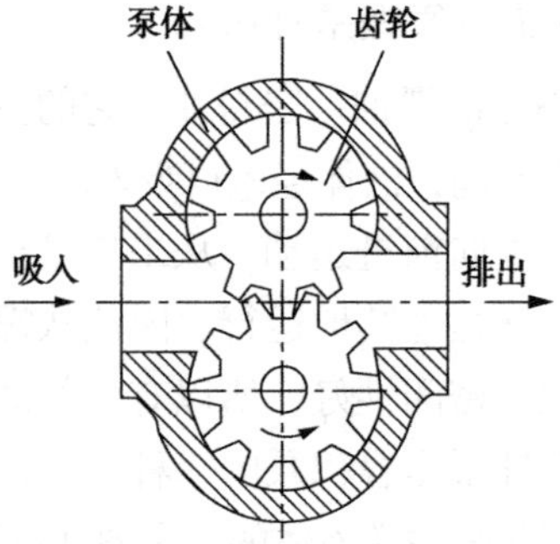

图 9-7　齿轮泵

☞ 43. 离心泵的汽蚀与抽空的原理是什么?

在一定温度下，液体开始汽化的临界压力称为该液体在该温度下的饱和蒸气压。泵叶轮入口压力若低于饱和蒸气压则出现气泡，原先溶于液体中的气体也逸出，这些小气泡随气流流到叶轮内高压区时，在四周液体较高压力作用下，便会重新凝结，休积缩小，好似形成一个空穴，这时周围液体又以极高速度向空穴冲来。由于水力冲击产生很高的局部压力，连续打击在叶片表面上。在高速、高压和高频水力冲击下，叶片表面因疲劳而剥蚀呈麻点、蜂窝海绵状。这种汽化→凝结→冲击→剥蚀的现象，称为汽蚀现象，汽蚀发生时，产生噪声和振动，严重时扬程和效率均会明显下降，最后导致泵抽空断流。

☞ 44. 离心泵的抽空有什么现象？

泵在运行中，突然发生噪声、振动并伴随扬程、流量、效率的降低，电机电流的减少，压力表上的指示压力逐渐下降，如果更严重一些，压力表回零，打不上量。

☞ 45. 防止汽蚀发生的措施有哪些？

为防止汽蚀发生，必须保证有效汽蚀余量 $NPSH_a$ 大于必须汽蚀余量 $NPSH_r$，具体要求：

$$NPSH_a > NPSH_r + S_1$$

其中 S_1 与泵的用途和泵送介质有关，一般取 0.6~1.0m，真空塔底泵选 2.1~3.0m，吸收塔底泵、汽提塔底泵选 2.1m。

为满足上述要求，一般从几方面入手：

在泵的结构上采用如下措施：采用双吸泵，以减少经过叶轮的流速，从而减少泵的汽蚀余量；在大型高扬程泵前装设增压前设置泵，以提高进液压力；设计特殊的叶轮，改善叶片出口处的液流状况；在离心叶轮前面设诱导轮，以提高进入叶轮的液流压力，诱导轮基本上是一个低叶片负荷的轴流式叶轮。

安装时采取措施：提高泵的有效汽蚀余量，泵的安装高度小于允许安装高度，或灌注高度大于最小灌注高度；合理旋转吸入管道的直径，而且尽量短而直，减少吸入管路的阻力。

☞ 46. 为什么要规定离心泵的最小流量？

按照 API610 的定义，泵的最小流量为：

（1）最小连续稳定流量。在不超过泵标准规定的噪声和振动限度下，泵能够工作的最小流量。可理解为泵水力稳定的最小流量，包括扬程与流量特性曲线的稳定性。当流量降低时，在叶轮或扩压器内发生流量分离，造成泵水力学不稳定。

（2）最小连续热控流量。泵能够操作的最小流量，在该流量下泵的操作不致被泵送液体温升所破坏。当泵在低流量下运行时，转变为热能的能量增加造成液体温度升高，引起液体蒸气压的上升而使 $NPSH_a$ 减小，当达到与 $NPSH_r$ 的差值不足以防止汽蚀时的限制值而确定的泵的最小流量。一般离心泵可按额定流量的 30%~40%估算。

最小流量通常由制造厂提供。

☞ 47. 离心泵的扬程特性曲线的形状对选泵有何指导作用？

离心泵的特性曲线通常分为三种：

(1) 单调下降形扬程特性曲线，这种曲线表明变化流量时，扬程变化较大。对于输送易于堵塞管路的介质，常采用具有这种特性的泵。

(2) 平坦形扬程特性曲线，这种曲线表明变化流量时，扬程变化不大。对于这种特性的泵，当采用调节阀调节流量时，灵敏性高，调节损失小。锅炉给水泵就要求有这样特性的泵。

(3) 驼峰形扬程特性曲线，具有这种特性的泵，在某些条件下可能会出现不稳定的工作情况，因此，在有些情况下是不能采用的。这种泵往往效率较高，成本较低，在选用时应注意。

☞ 48. 离心泵开泵前为什么要灌泵？

离心泵开泵前不灌泵，泵内有可能存在气体，由于气体的密度小，因此造成泵的吸入压力和排出压力都很低，气体就不易排出，液体无法吸入泵内。所以离心泵开泵前必须灌泵，使泵内充满液体，避免抽空。

☞ 49. 离心泵在运行前要做哪些准备？

(1) 检查泵及出入口管线及附属系统上的阀门、法兰、地脚螺栓、联轴器、温度计和压力表等正常好用；

(2) 盘车，检查泵内是否有杂音，转动是否灵活；

(3) 检查轴承箱内的油或脂的情况是否正常；

(4) 检查冷却水、封油是否正常；

（5）检查对轮罩、接地线等安全设备正常；

（6）灌泵，打开入口阀，排出泵体内的气体，给泵内充满介质，关闭出口阀；

（7）对于热油泵要检查预热情况，预热到与正常运转温度差40～60℃；

（8）与有关岗位做好联系。

☞ 50. 离心泵电动机电流超高有哪些原因？

（1）介质性质发生变化，如密度或黏度变大；

（2）泵的工况发生变化，如流量和出口压力增加；

（3）叶轮或流道内有杂质；

（4）转动部分与静止部分发生摩擦，如叶轮和泵体之间可能有摩擦，泵的出口环有磨损；

（5）泵轴与电机不同心，运行时不平稳；

（6）如果是填料密封，可能是填料压得太紧。

（7）其他机械故障；

（8）电机故障或电流表故障。

☞ 51. 如何切换离心泵？

（1）做好备用泵启动前的各项准备工作，按正常启动程序启动，切换前可将流量自动控制改为手动，避免流量波动；

（2）备用泵启动正常后，待泵的振动、声音、压力正常后，慢慢打开出口阀，同时慢慢关闭原运行泵的出口阀，同时观察泵的电流、压力、流量的变化情况，直到原运行泵的出口阀关死，现运行泵达到正常的流量和压力后，停运原运行泵；

（3）尽量减少因切换泵造成流量、压力波动；

（4）对停运的泵进行处理，使其处于可备用状态。

☞ 52. 如何停用离心泵？

（1）先关闭泵出口阀门，后按停机按钮停泵，根据情况关闭泵入口阀门；

（2）如果有封油，停泵后停打封油，泵体降至常温后停冷却水，冬季可保持小流量冷却水，防止冻坏设备；

（3）如果是热油泵，可适当关小冷却水，打开泵预热线阀门，如无专用预热线阀，可稍开出口阀预热，但要防止预热量太大引起泵反转；

（4）如果泵需要检修，则要关闭泵入口阀，按相关维修流程处理泵内介质，停电。

☞ 53. 运行泵如何维护？

（1）按照设备保养巡检制度做好日常巡检，检查泵出口压力、流量是否满足生产需要，检查电机电流是否超过额定负荷；

（2）检查泵体、密封、出入口管线阀门和法兰有无泄漏；

（3）检查机泵各部的振动和声音情况，各部零件和地脚螺栓是否松动；

（4）检查泵轴承、电机轴承、机壳、电缆、接线盒温度是否正常；

（5）检查冷却水系统是否畅通，水量及回水温度是否合适并调节；

（6）检查油箱内润滑油甩油情况、油质情况，油位是否合适，坚持润滑油三级过滤保养制度，及时补油和换油；

（7）严禁泵抽空运行，严禁泵在运行的最低流量下长时间工作，发现异常情况及时切换和停泵处理；

（8）做好巡检记录。

☞ 54. 备用泵如何维护？

（1）坚持备用泵的定时盘车保养制度；

（2）坚持备用泵的定期切换保养制度；

（3）利用停运机会，做好备用泵的小修维护工作（如堵漏、更换冷却水胶皮管、紧固挡水板、更换游标、小阀门或压力表等）；

(4) 利用停用机会，彻底清洗脏的邮箱，换上合格的润滑油；

(5) 做好备用泵的脱水工作；

(6) 冬季应做好备用泵的防冻凝工作；

(7) 应使备用泵处于良好备用状态，做到随时可以启动。

☞ 55. 备用泵为什么要定期盘车？

(1) 泵轴上装有叶轮等配件，如果长期处于一个方向，在重力的作用下会使轴发生弯曲。定期盘车，改变轴的受力方向，避免轴的弯曲变形。

(2) 检查运行部件的松紧配合程度，避免运动部件长期静止而锈死，使泵处于良好备用状态。

(3) 盘车把润滑油带到轴承各部，防止轴承生锈。

☞ 56. 离心泵检修后如何验收？

离心泵检修后要进行试车和验收，按照 SHS01013—2004《离心泵维护检修规程》的规定，包括如下几部分：

(1) 试车前的准备。检查检修记录，确认检修数据正确；单试电机合格，确认转向正确；热油泵启动前要暖泵，预热速度不得超过 50℃/h，每半小时盘车 180°；润滑油、封油、冷却水等系统正常，零附件齐全好用；盘车无卡涩现象和异常声响，轴封渗漏符合要求。

(2) 试车。离心泵严禁空负荷试车，应按照操作规程进行负荷试车；对于强制润滑系统，轴承油的温升不应超过 28℃，轴承金属的温度应小于 93℃；对于油环润滑化飞溅润滑系统，油池的温升不应超过 39℃，油池温度应低于 82℃；轴承振动标准按 SHS01003—2004《石油化工旋转机械振动标准》；保持运转平稳、无杂音，封油、冷却水和润滑油系统工作正常，泵及附属管路无泄漏；控制流量、压力和电流在规定范围内；机械密封：轻质油不超过 10 滴/min，重质油不超过 5 滴/min，填料密封：轻质油不超过 20 滴/min，重质油不超过 10 滴/min，对于有毒有害、易燃易爆介质，不允许有明显可见的泄漏，对于多级泵，泵出口流量不小于泵最小流量。

（3）验收。连续运转 24h 后，各项技术指标均达到设计要求或满足生产需要；达到完好标准；检修记录齐全、准确，按规定办理验收手续。

☞ 57. 泵抱轴是怎么一回事？应如何处理？

泵抱轴是轴承卡死在轴上了，轴承无法按照正常维修程序从轴上拿下来。

抱轴与轴承润滑不好密切相关，当发现轴承箱温度超过控制指标时，应立即停泵，请钳工检查，连续盘车，如发现轴有发红的现象，不能用水浇，将泵停下来，使其自然冷却(期间要加强盘车)，然后请钳工检查修理。

☞ 58. 哪些因素会影响离心泵轴承温度升高？

（1）因为润滑油油位过低，进入轴承的油量少，使轴承不能充分润滑，所以泵在旋转后产生的热量不能被润滑油带走。

（2）冷却水量少或中断。

（3）因油孔或油沟堵塞，供油中断轴承形成干磨。

（4）滚动轴承的滚动体卡死，不能滚动。

（5）润滑油变质，起不到润滑作用。

（6）泵发生机械故障如轴与电机不同心，泵内部卡涩摩擦、轴向推力增大等；

（7）泵负荷增加。

☞ 59. 离心泵有哪些常见故障？如何处理？

离心泵常见故障见表 9-2，根据统计，离心泵的密封故障占总故障的 45%~47%，滚动轴承的故障占 10%~15.3%，二者总和达到 52%~70%，可见密封故障和轴承故障占离心泵总故障的 1/2~2/3，所以研究和处理这两类故障可以有效减少离心泵的故障。

表 9-2 离心泵常见故障

故障现象	故障原因	处理方法
流量扬程降低	泵内或吸入管内存有气体 泵内或管路有杂物堵塞 泵的旋转方向不对 叶轮流道不对中	重新灌泵，排除气体 检查清理 改变旋转方向检查 修正流道对中
振动增大	泵转子或驱动机转子不平衡 泵轴与驱动机轴对中不良 轴承磨损严重间隙过大 地脚螺栓松动或基础不牢固 泵抽空 转子零部件松动或损坏支架不牢 引起管线振动 泵内部摩擦	转子重新平衡 重新校正 修理或更换 紧固螺栓或加固基础 进行工艺调整 紧固松动部件或更换 管线支架加固 拆泵检查消除摩擦
密封泄漏严重	泵轴与驱动机对中不良或轴弯曲 轴承或密封环磨损过多形成转子偏心 机械密封损坏或安装不当 密封液压力不当 填料过松 操作波动大	重新校正 更换并校正轴线 更换检查 比密封腔前压力大 0.05~0.15MPa 重新调整 稳定操作
轴承温度过高	轴承安装不正确 转动部分平衡被破坏 轴承箱内油过少、过多或太脏变质 轴承磨损或松动 轴承冷却效果不好	按要求重新装配 检查消除 按规定加油或换油 修理更换或紧固 检查调整

（1）密封故障。选用泵的时候就要根据工艺条件选用合适的泵；设计时选择合适的密封材料和密封结构；操作时要在泵的最佳工况范围内稳定操作，避免发生汽蚀和抽空；安装时泵和电动机要找正，调整机械密封合适的压缩量。

（2）轴承故障。选用合适的高质量轴承；避免轴承过负荷，保证泵与电机的对中，保证转子的动平衡和各部间隙的配合；保证轴承的良好润滑，避免轴承过热。

☞ 60. 什么是气体的压力？压力单位的表示方法有哪些？

作用于单位面积上的气体的力叫气体的压力，国际单位为Pa，$1Pa=1N/m^2$。

一般气体压力有以下几种表示方法：

1atm（标准大气压）= 101325Pa

1at（工程大气压）= $1kgf/cm^2$ = 98066.5Pa

1atm = 1.0332at

1atm = 760mmHg（毫米汞柱）

1atm = 10.332mH_2O（米水柱）

1MPa = 145.038psi

1bar = 0.1MPa

绝对压力和表压力：用压力表测量压力时所得到的数值是相对数值，工程上称为表压。把大气压算在内的数值才是真实压力，称为绝对压力。气体的绝对压力等于大气压力和表压力之和，当测量的压力小于大气压时，绝对压力等于大气压力减去真空计的压力。

☞ 61. 什么是气体的密度及比容？

单位质量气体所占的容积叫比容，用 v 表示，单位为m^3/kg。单位体积的气体所具有的质量叫密度，用 ρ 表示，单位为kg/m^3。$v=V/m$，$\rho=m/V$，$v=1/\rho$。气体的密度与压力成正比，而与温度成反比。

☞ 62. 绝对温度、华氏温度、摄氏温度之间有何关系?

摄氏温度是用摄氏温度计测量的温度，用℃表示，华氏温度是用华氏温度计测得的温度，用 F 表示，绝对温度是热力学上采用的一种温度表示方法。

摄氏温度 t(℃)与华氏温度 t_F(F)的关系：$t_F=9/5t+32$(F)

$t=5/9(t_F-32)$(℃)

绝对温度 T 与摄氏温度 t(℃)，$T=t+273.15$(K)

☞ 63. 通风机、鼓风机、压缩机是怎样划分的?

按出口压力 P 的不同可划分为：

通风机 $P\leqslant0.015$ MPa;

鼓风机 $0.015<P\leqslant0.2$ MPa;

压缩机 $P>0.2$ MPa。

☞ 64. 什么是压缩机? 压缩机的分类有哪些?

加压或者输送气体的流体机械称为压缩机。

压缩机按工作原理可分为：容积式压缩机和透平式压缩机两大类。容积式压缩机里又包括往复式压缩机和回转式压缩机。透平式压缩机里又包括喷射式压缩机和离心式压缩机。其中活塞式压缩机和离心式压缩机在炼油厂中最为常见。

☞ 65. 按排气压力的大小，活塞式压缩机可以分为几类?

答：按压缩机排气压力 P 分为：

低压压缩机 $0.2<P\leqslant1.0$MPa;

中压压缩机 $1.0<P\leqslant10$MPa;

高压压缩机 $10<P\leqslant100$MPa;

超高压压缩机 $P>100$MPa。

☞ 66. 按排气量的大小，活塞式压缩机可以分为几类?

(1) 微型：排气量 $V_d<1\ m^3/min$;

（2）小型：排气量 1 $m^3/min < V_d \leqslant 10\ m^3/min$；

（3）中型：排气量 10 $m^3/min < V_d \leqslant 100\ m^3/min$；

（4）大型：排气量 $V_d > 100\ m^3/min$。

☞ 67. 按气缸容积的利用方式，活塞式压缩机可分为几类？

（1）单作用式：仅活塞一侧的气缸容积工作；

（2）双作用式：活塞两侧的气缸容积交替进行工作；

（3）级差式：同一列一侧中有两个以上不同级的活塞组装在一起进行工作。

☞ 68. 按级数的多少，活塞式压缩机分为几类？

（1）单级压缩：气体仅经过一次压缩即达到排气压力；

（2）双级压缩：气体经过两次压缩达到排气压力；

（3）多级压缩：气体经过多次压缩达到排气压力。

☞ 69. 什么是往复活塞式压缩机的工作循环？

往复式压缩机都有气缸、活塞、气阀。压缩气体的工作过程可以分为膨胀、吸气、压缩和排气四个阶段，见图 9-8 所示。

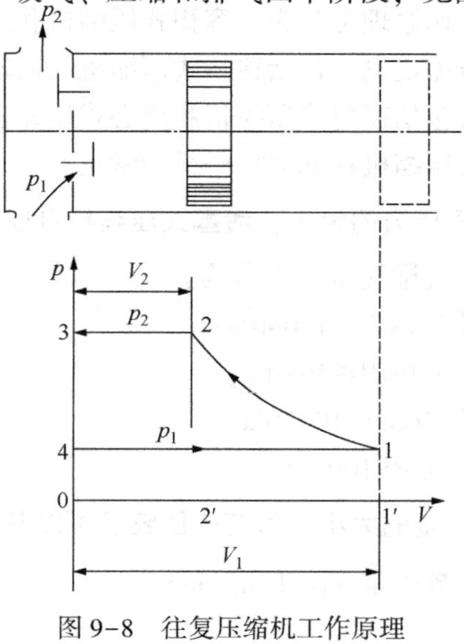

图 9-8　往复压缩机工作原理

(1) 膨胀过程：当活塞2向左边移动时，气缸的容积增大，压力下降，原先残留在气缸内的余气不断膨胀。

(2) 吸气过程：当压力降到小于进气管的压力时，进口管中的气体便推开气阀3进入气缸，随着活塞逐渐向左移动，气体继续进入气缸，直到活塞移至左边的末端(又称左死点)为止。

(3) 压缩过程：当活塞掉转方向向右移动时，气缸的容积逐渐减小，便开始了压缩气体的过程。这时气缸内的压力不断升高，但由于排气管外的压力此时大于气缸内的压力，故排气阀4无法打开，气缸内的压力逐渐升高。

(4) 排气过程：当气缸内的压力逐渐升高到克服排气管外压力和气阀弹簧力之和时，排气阀打开，开始排气过程。直到活塞移至右边的末端(又称右死点)为止。然后活塞又开始向左移动，重复以上过程。活塞在气缸内每走一个来回，就经历一个工作循环。

☞ 70. 什么是压缩气体的三种热过程？

(1) 等温压缩过程：在压缩过程中，把与压缩功相当的热量全部移去，使气缸内的气体温度保持不变，这种过程称为等温过程。这一过程耗功最小，是理想过程，在实际中很难办到。

(2) 绝热压缩过程：在压缩过程中，与外界没有丝毫热交换，结果使缸内气体温度升高。这种不向外散热的过程称为绝热过程。绝热过程耗功最大，也是一种理想过程。

(3) 多变压缩过程：在压缩过程中既不完全等温也不完全绝热的过程称为多变过程。这种过程介于等温和绝热过程之间，是最常见的过程。

从图9-9可以看出，等温压缩曲线所包围的面积ABC_2D比绝热压缩曲线$ABCD$所包围的面积小，面积的大小也可以表示耗功的大小，所以在压缩过程中，要减少耗功，就必须使多变过程向等温过程靠拢。将压缩产生的热量移去越多越好，所以冷却效果越好越省功，越经济。

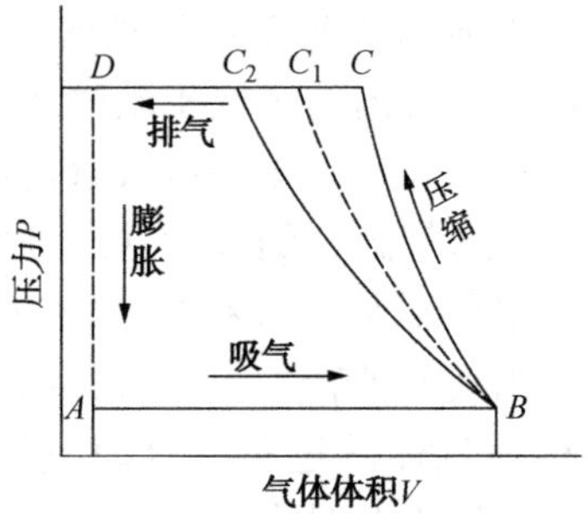

图 9-9 气体压缩曲线

BC—绝热曲线；BC_1—多变曲线；BC_2—等温曲线

71. 什么是压缩比？

压缩后气体压力（绝压）与压缩前气体压力（绝压）的比值称为压缩比。压缩比分为总压缩比 ε 和级压缩比 ε_i。各级压缩比通常为 2~4，要考虑压缩机效率，过高的压缩比会使压缩机的容积效率和机械效率下降，同时还要考虑排气温度对压缩比的限制。API618《石油、化学和气体工业用往复压缩机》中规定最高预期排气温度应不超过 150℃，对于高压氢气或要求使用无油润滑气缸的压缩机，温度限制宜较低，对于富氢（相对分子质量小于或等于 12），预计排气温度不应超过 135℃。

由于各级压力损失不等、调试方式不同等因素，各级压缩比并不总是相等。

72. 什么是余隙容积？

所谓余隙容积就是指压缩机在排气终了，活塞处于死点位置时活塞与气缸之间的空间以及连接气阀和气缸之间的通道的空间的总和。

往复式压缩机在吸气过程中，首先是残留在气缸余隙容积内的高压气体膨胀到压力稍低于进气压力时，才能开始吸气，高压气体膨胀后占去一部分气缸容积，余隙的存在使气缸吸入气体的容积减少。但是余隙又是必须存在的，这是因为：

(1) 压缩气体时，气体中可能有部分蒸气凝结下来，而液体是不可压缩的，如果气缸中不留余隙，则压缩机可能发生撞缸故障。

(2) 余隙存在以及残留在余隙容积内的气体可以起到气垫作用，也不会使活塞与气缸盖发生撞击而损坏。同时，为了装配和调节的需要，在气缸盖与处于死点位置的活塞之间也必须留有一定的余隙。

(3) 压缩机上装有气阀，在气阀与气缸之间以及阀座本身的气道上都会有活塞赶不尽的余气，这些余气可以减缓气体对进出口气阀的冲击作用，同时也减缓了阀片对阀座及升程限制器的冲击作用。

(4) 由于金属的热膨胀，活塞杆、连杆在工作中，随着温度升高会发生膨胀而伸长。气缸中留有余隙就能给压缩机的装配、操作和安全使用带来很多好处，但余隙留得过大，不仅没有好处，反而对压缩机的工作带来不好的影响。所以，在一般情况下，所留压缩机气缸的余隙容积约为气缸工作部分体积的3%～8%，而对压力较高、直径较小的压缩机气缸，所留的余隙容积通常为5%～12%。

☞ 73. 什么是压缩机的生产能力？

单位时间内压缩机排出的气体，换算到最初吸入状态下的气体体积量，称为压缩机的生产能力。也称为压缩机的排气量，其单位为m^3/h或m^3/min。

☞ 74. 影响压缩机提高生产能力的因素有哪些？

(1) 余隙：余隙大，残留气体膨胀量大，压缩机的生产能力下降；余隙小，活塞容易碰缸，损坏设备，因此余隙要调整适当。

(2) 泄漏损失：压缩机的生产能力与活塞环、吸气阀和排气阀以及填料的气密程度有关。

(3) 吸气阀的阻力：吸气阀阻力过大，开启速度降低，压缩机的生产能力降低。

(4) 吸入气体的温度：气体温度越高，体积密度减小，单位时间内吸入气体的质量减少，压缩机的生产能力降低，因此压缩机夏天的生产能力总是比冬天低。

☞ 75. 往复式压缩机由哪些部件组成？

(1) 工作部件：工作部件是形成工作腔以吸、排气体，给气体传递能量的部件，包括气缸组件、吸排气阀组件、活塞组件和填料组件。

(2) 传动机构：传动机构是将驱动机的动力传递给活塞，并将驱动机的旋转运动变为往复运动的部件，包括曲轴、连杆、十字头、轴瓦等组件；

(3) 机体：机体是一个支持部件，由它支撑曲轴、十字头和气缸，使压缩机成为一个整体，包括曲轴箱、中间体、支架等；

(4) 润滑系统：负责为机组相对运动部件，如曲轴的主轴颈与轴瓦、曲柄销与连杆大头瓦、十字头销与连杆小头瓦、十字头滑板与十字头滑道之间，有油润滑压缩机的气缸和填料提供润滑的设备系统，包括润滑油泵、过滤器、油冷器、注油器以及调节系统等；

(5) 冷却系统：为压缩气体、压缩机缸体、填料提供冷却的设备系统，包括各级冷却器、气缸、填料冷却水套及其管道系统；

(6) 调节系统：主要是指负荷调节系统；

(7) 其他辅助系统：包括放空、排凝、漏气回收和充氮系统。

往复式压缩机结构示意图见图 9-10 所示。

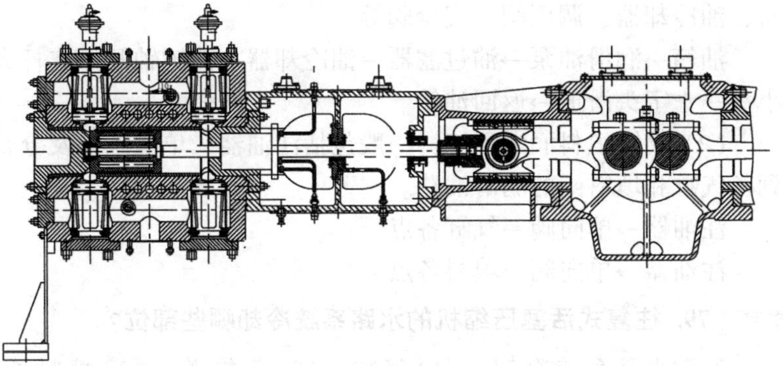

图 9-10　往复式压缩机结构示意图

☞ 76. 往复式压缩机的气路系统包括哪些？

活塞式压缩机的气路系统包括：管道、阀门、入口过滤器、出入口缓冲罐、气液分离罐、级间冷却器、出口单向阀、安全阀及相应测量仪表等。

☞ 77. 氢气压缩机填料隔离室为什么要注入氮气？

对于用于输送易燃、易爆或有毒气体的往复压缩机，将机身和气缸之间的接筒设计成双室，双室之间装有填料，并充有缓冲气，靠近气缸一侧的隔离室有放空线引出，气缸填料泄漏的气体可以从这里排出去；靠近曲轴箱一侧的隔离室注入缓冲气，一般是氮气，使该室的的内部压力高于气缸侧隔离室的压力，这样可以阻止气缸填料泄漏出来的工艺气体窜入曲轴箱这一侧，保证压缩机的安全。

☞ 78. 往复式压缩机的油路系统由哪几部分组成？

往复式压缩机的油润滑系统一般包括两部分：传动机构润滑系统和气缸填料润滑系统，对于无油润滑压缩机来说，没有气缸填料润滑系统。

(1) 传动机构润滑系统：一般包括油箱(小型压缩机用曲轴箱代替，大型压缩机有专门的润滑油站)、润滑油泵、油过滤器、油冷却器、调压阀、安全阀等。

油箱→润滑油泵→油过滤器→油冷却器→曲轴轴瓦→连杆大小头→十字头滑道→返回油箱。

(2) 气缸填料润滑系统：一般包括注油器、单向阀以及分布到各气缸和填料函的润滑油路。

注油器→单向阀→气缸各点。

注油器→单向阀→填料各点

☞ 79. 往复式活塞压缩机的水路系统冷却哪些部位？

通常水路系统冷却：(1)气缸；(2)气缸盖；(3)填料函；(4)润滑油冷却器；(5)级间冷却器。

☞ 80. 什么是气缸？对气缸的基本要求有哪些？

气缸是构成压缩工作容积，实现压缩工作循环的主要部件。对气缸的基本要求：

(1) 气缸是一个承受交变载荷的压力容器，应具有足够的强度和刚度；

(2) 气缸的内部工作面及尺寸要有必要的加工精度和表面粗糙度，有良好的耐磨蚀性和密封性；

(3) 气缸具有良好的冷却和润滑条件；

(4) 气缸上的开孔和通道，在尺寸和形状等方面要尽可能有利于减少气流阻力损失；

(5) 气缸的结构要有利于制造、检验和维修；

(6) 力求结构简单、造价低。

☞ 81. 活塞由哪些部分组成？分为哪几种形式？

活塞组件包括：活塞、活塞环、支撑环、活塞杆等。根据结构形式的不同，活塞可以分为筒形活塞(长度比直径大)、盘形活塞(长度比直径小)、级差式活塞、组合式活塞及柱塞式活塞。

☞ 82. 活塞杆的作用是什么？对活塞杆的基本要求有哪些？

活塞杆的作用是连接活塞和十字头，传递作用于活塞上的力并带动活塞运动。

对活塞杆的基本要求：

(1) 要有足够的强度、刚度和稳定性；

(2) 耐磨性好并有较高的加工精度和表面粗糙度要求；

(3) 在结构上尽量减少应力集中的影响；

(4) 保证连接可靠，防止松动；

(5) 活塞杆结构的设计要便于活塞的拆装。

☞ 83. 活塞环的用途和原理是什么？有哪几种形式？

活塞环的用途是密封活塞和气缸的间隙，防止气体从压缩容积的一侧漏向另一侧。

活塞环的密封原理是靠多个活塞环形成的曲折通道，对流经它的泄漏气体产生多次节流阻塞和旋涡滞阻作用，在有少许泄漏的情况下，形成很大的阻力降来实现密封的。

活塞环按切口形式可以分为直切口、斜切口、搭切口三种形式。

☞ 84. 支撑环的作用是什么？

支撑环又称导向环，对活塞起到支撑和导向作用，对于水平布置的气缸，支撑环支撑活塞和一半活塞杆的重量，另一半活塞杆的重量由十字头支撑。支撑环可以保证活塞运动的直线性，改善密封效果，同时还可以避免活塞与缸体直接接触，防止缸壁拉毛。

☞ 85. 气阀的作用是什么？对气阀有哪些要求？

气阀的作用是控制气缸中的气体吸入和排出。

对气阀的要求：

(1) 气阀开闭及时，关闭时严密不漏气；

(2) 气流通过气阀时，阻力损失小；

(3) 气阀使用寿命长；

(4) 气阀形成的余隙容积小；

（5）结构简单，互换性好。

☞ 86. 气阀由哪些零件组成？各零件由什么作用？

气阀是由阀座、升高限制器、阀片和弹簧组成，用螺栓把它们紧固在一起。如图 9-11 所示。

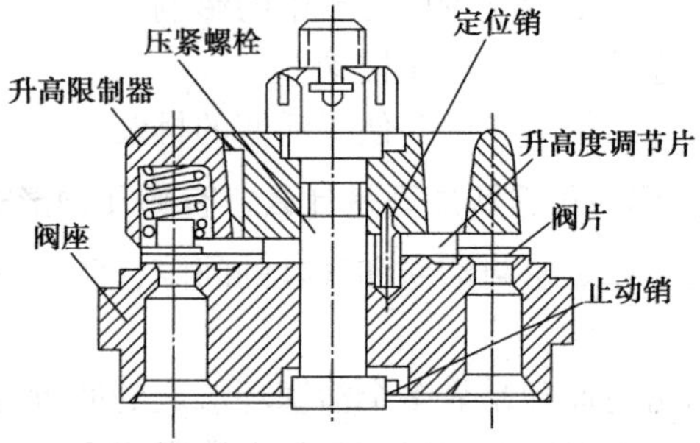

图 9-11　气阀结构图

阀座是气阀的基础，是主体。升高限制器用来控制阀片升程的大小，而升高限制器上的同心凸台是起导向作用的。阀片是气阀的关键零件，它是关闭进出口阀，保证压缩机吸入、排出气量按设计要求工作，它的好坏关系到压缩机的性能。弹簧起着辅助阀片迅速弹回，以及保持密封的作用。

☞ 87. 活塞式压缩机气阀有哪些形式？

常用的气阀有环状阀、网状阀、碟形阀、条状阀、直流阀、多层环状阀等，在各种气阀中以环状阀最为普遍。

☞ 88. 填料函的作用是什么？由哪些部件组成？

填料函用来密封活塞杆和气缸间的泄漏，防止气缸内气体漏出及阻止空气进入气缸内。

填料函主要由填料盒、密封组件、水套等组成。填料盒用来安装密封组件，填料盒的两个端面应研磨，以保证填料盒与填料盒、填料盒与密封组件之间的径向密封。密封组件一般由径向环、切向环、弹簧、圆柱销等组成。压缩机的密封见图 9-12 所示。

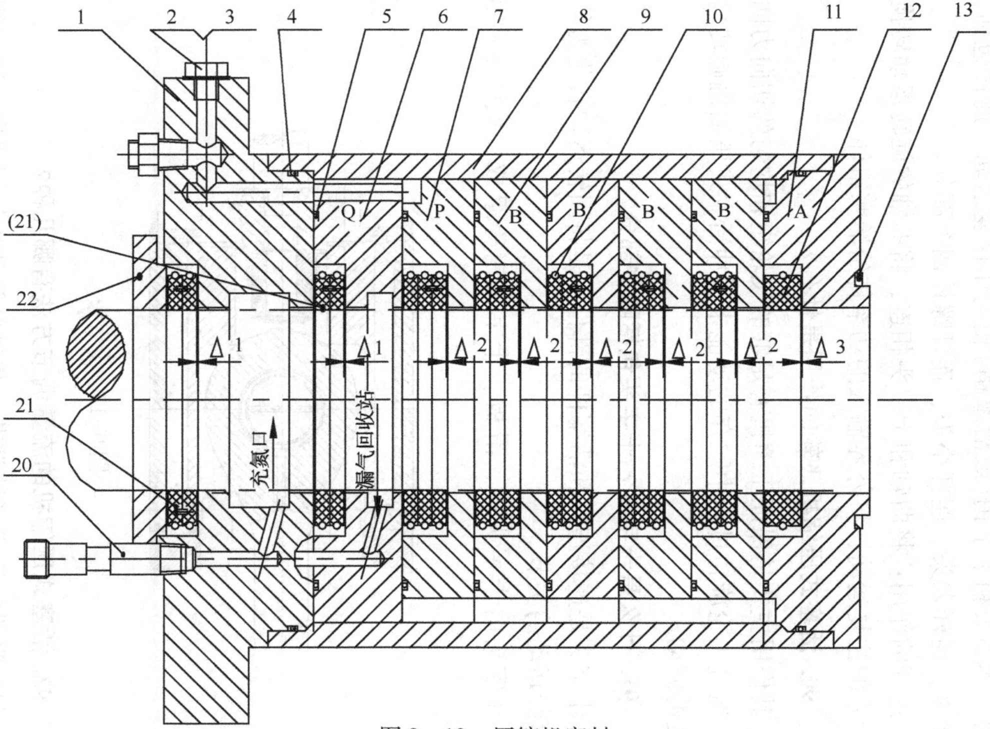

图 9－12　压缩机密封

1—法兰；2，3—螺丝头与垫片；4，5—O 形圈；6，7，9，11—填料盒；8—水套；

☞ 89. 连杆是怎样运动的？其作用是什么？

活塞式压缩机的连杆作平面摆动，其大头和曲柄连接作旋转运动，其小头和十字销(或活塞销)相连作往复运动。连杆包括：连杆体、连杆大头、连杆小头、连杆螺栓四个部分。

连杆的作用：将曲轴和十字头相连，将曲轴的旋转运动转换成活塞的往复运动，将外界输入的功率传给活塞组件。

☞ 90. 活塞式压缩机飞轮的作用是什么？

其作用主要是保证压缩机有足够的飞轮矩和均匀的切向力曲线，通过飞轮旋转过程中贮存的动能来缓冲活塞式压缩机旋转角速度的波动。

☞ 91. 什么是十字头？十字头包括哪些部分？

十字头是连接连杆和活塞杆的部件，是将回转运动转化为往复直线运动的关节。

十字头由十字头体、滑板、十字头销等组成，见图 9-13 所示。

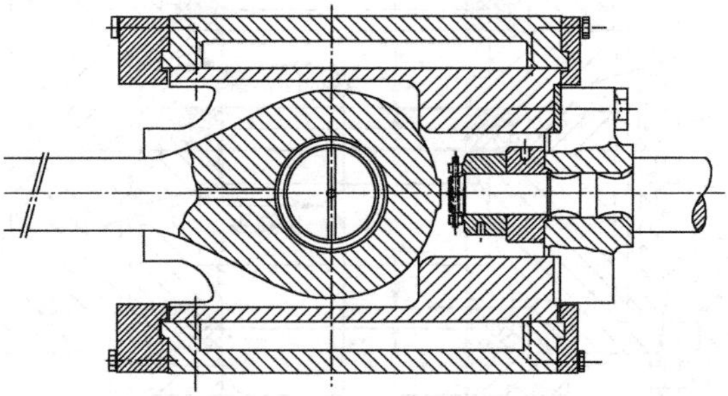

图 9-13 十字头

☞ 92. 活塞式压缩机的流量调节方法有哪几种？

(1) 吸排气管道旁路调节。将进气管和排气管联通，通过调节旁通阀的开度，使部分气体返回到压缩机入口，实现排气量的调节。这种方法操作简单，投资小，但能耗大，不经济。

(2) 卸荷器调节。在吸气阀上装有一个吸气阀阀片顶开装置，仪表风通过压力调节器进入卸荷器的小气缸内，气缸内的小活塞将压叉推下顶开吸气阀的阀片，气体可以自由进入吸气阀，但无气体排出，实现流量调节的目的。用于开停机和部分负荷调节，调节步骤：0%→50%→100%(1 级 1 缸)，0%→25%→50%→75%→100%(1 级 2 缸)。这种方法操作简单，投资小，功耗小，但影响吸气阀的寿命且不能连续操作，见图 9-14所示。

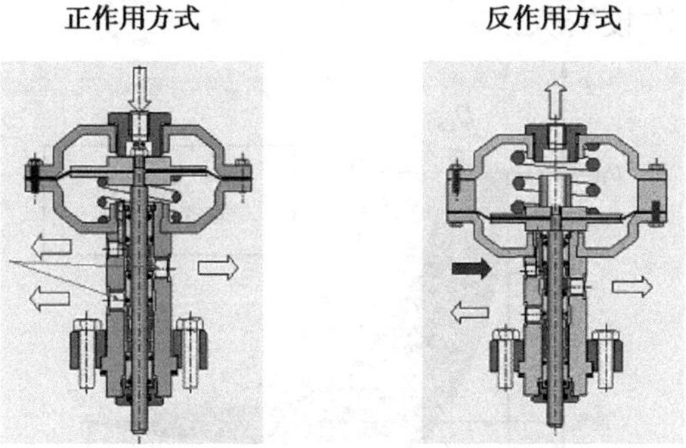

图 9-14　卸荷器及驱动机构

(3) 余隙容积调节。气缸连通一个容积固定或可变的余隙阀，借以减少气缸的有效容积，从而达到调节流量的目的。

(4) 无级气量调节。无级气量调节系统是通过计算机即时处理压缩机运行过程中的状态数据，并将信号反馈至执行机构内的电子模块，通过液压执行机械来实时控制吸气阀的开启和关闭时间，实现压缩机排气量全行程范围无极调节。其原理实际上应用的是压缩机的“回流省功”原理。当无级气量调节系统的负荷调整到 50%时，如图 9-15 所示，在压缩机的活塞往复运动中，当气缸吸气终了时，吸气阀的阀片在执行机构作用下仍被卸荷器强制地保持开启状态，压缩过程并不沿原压缩曲线

由位置 C 到位置 D，而是先由位置 C 到达位置 $C_{r,50}$，此时原吸入气缸中的部分气体经被顶开的吸气阀回流到进气管而不被压缩；待活塞运动到特定的位置 $C_{r,50}$(对应所要求的气量)时，执行机构使顶开吸气阀片的强制外力消失，进气阀片回落到阀座上而关闭，气缸内剩余的气体开始被压缩，压缩过程开始沿着位置 $C_{r,50}$到达位置 $D_{r,50}$。气体达到额定排气压力后从排气阀排出，容积流量减少。这种调节方法的优点是压缩机的指示功消耗与实际容积流量成正比，是一种简单高效的压缩机流量调节方式，但一次投资大。

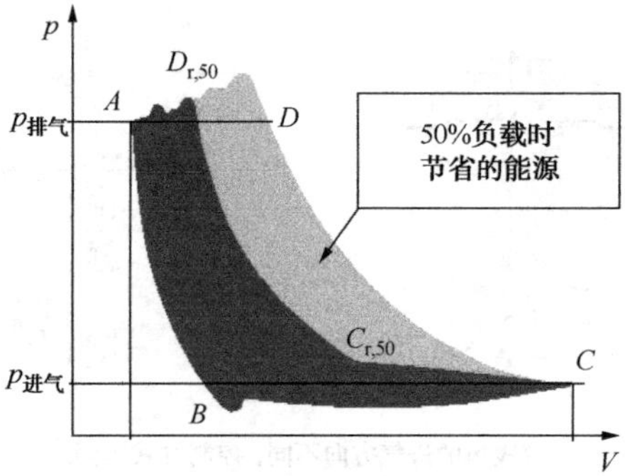

图 9-15　无级气量调节原理

93. 何谓压缩机有油润滑和无油润滑?

气缸、填料函用注油润滑的压缩机称为有油润滑，没有注油润滑的压缩机称为无油润滑。生产中压缩气体不能含油，选择无油润滑压缩机，可以采用三种方法达到这个目的，用自润滑材料做的活塞环、填料等密封元件；采用非接触式，如迷宫式活塞密封；气体压缩后分离除油。最常用的自润滑材料为填充聚四氟乙烯、尼龙和金属复合材料。填充聚四氟乙烯元件是用聚四氟乙烯填充青铜粉、石墨、二硫化钼、玻璃纤维、碳纤维等经压制烧结后加工而成。

☞ 94. 目前石化行业往复压缩机的常用标准是什么？

API618《石油、化工、气体工业用往复压缩机》，本标准的目的是提供采购规范以便采购和制造用于处理工艺气体，气缸有油润滑或无油润滑的往复压缩机及其驱动机的最低要求，适用于中、低速压缩机，以及相关的润滑系统、控制、仪表、中间冷却器、脉冲抑制装置和其他辅助设备。

JB/T 9105—1999《大型往复式活塞压缩机技术条件》，本标准规定了大型往复活塞式压缩机的技术要求、试验方法和检验规则及其他要求。本工程技术规定仅涉及由电动机驱动的往复活塞式压缩机组，并在遵循合同规定的有关标准、规范及数据表等的前提下，对往复活塞式压缩机及其附属设备等在设计、制造、检验、试验、装运、供货范围、性能保证、卖方图纸和资料等方面提出主要补充、强调或限制性说明。

☞ 95. 往复压缩机仪表监测内容是什么？

每台压缩机组应有独立的仪表盘，盘装仪表至少应包括以下监测内容。

(1) 每级工艺气进出口的压力；

(2) 油过滤器后的润滑油压力；

(3) 冷却水进出口总管压力；

(4) 每级工艺气进出口的温度；

(5) 冷却器的气体温度(如果需要的话)；

(6) 主径向轴承温度；

(7) 主电动机轴承温度及定子温度；

(8) 润滑油(机身处)进出口温度；

(9) 活塞杆填料的温度等(如果需要的话)；

(10) 仪表空气的压力(如果有的话)。

☞ 96. 为何要监测活塞杆沉降？

卧式往复压缩机一般会在活塞上安装导向环以减小活塞环的

磨损并避免活塞与汽缸的直接接触而损坏缸套，因此需要在机组运行时监测导向环的磨损量，以便及早采取防范措施。通过活塞杆沉降监测，可以帮助分析活塞环、填料函、十字头滑块的磨损情况，同时了解活塞组件的运行状况。

活塞杆沉降监测系统由机组监测保护模块、键相传感器和安装在每个汽缸处的电涡流传感探头组成。测量探头通常垂直定位于活塞杆接近填料处，见图 9-16 所示。

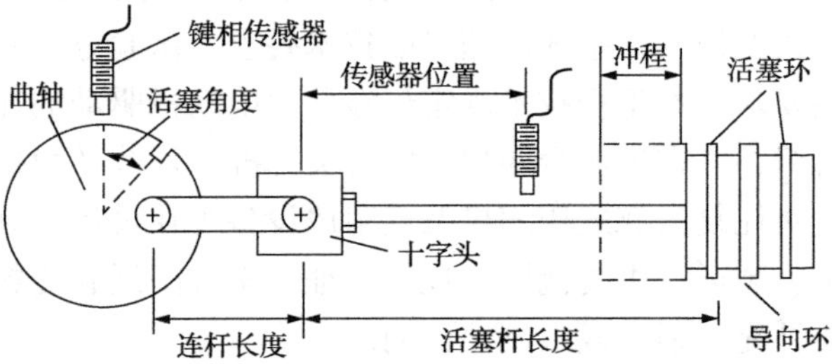

图 9-16　活塞杆监测示意图

通过增加水平探头可以监测活塞杆的水平偏摆量以及活塞杆的位置，如果引入键相传感器，可以进一步得到活塞杆的轨迹图。

活塞杆位置监测，以活塞杆沉降与偏摆传感器监测活塞杆的运行轨迹，反映活塞杆在往复运动中波动的状态，一方面支撑环的磨损会引发沉降量的变化；另一方面十字头的工作状态也会影响活塞杆沉降与偏摆信号；此外，活塞杆紧固螺栓松动会引发活塞杆跳动。

活塞杆轨迹图见图 9-17 所示，通过分析一个周期内活塞杆轴心位置的状态，可以及时准确地了解往复压缩机活塞杆在缸套内部水平、垂直两个方向的运行状态，当运行范围超出预设区域，将对气缸、活塞杆、十字头机连杆部件产生机械性的破坏。

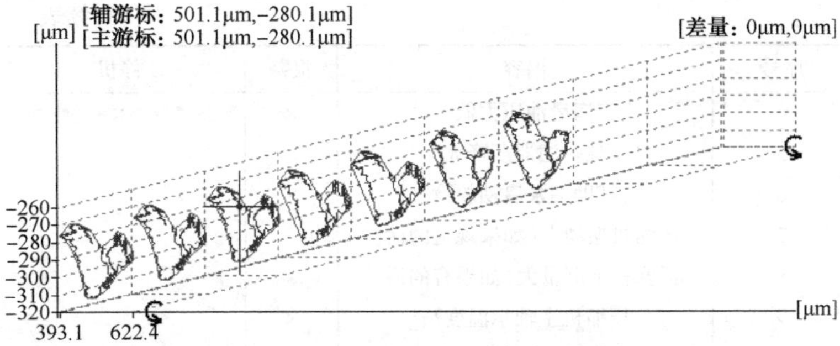

图 9-17 活塞杆轴心轨迹图

☞ 97. 活塞式压缩机主要联锁停车条件有哪些？

一般最低要求对压缩机入口分离器液位高、机组润滑油油压低设置报警和停机联锁，见表 9-3 和表 9-4。

表 9-3 API 618 中对报警及停机信号的最低要求

序号	内容	报警	停机
1	每个气缸排气温度高	×	×
2	机身润滑油压低	×	×
3	机身润滑油位低	×	
4	气缸注油器系统故障	×	
5	油过滤器压差高	×	
6	机身振动大	×	×
7	分离器液位高	×	×
8	夹套冷却剂系统故障	×	

表 9-4 JB/T 9105—1999《大型往复活塞压缩机技术条件》对报警及停机信号的最低要求

序号	内容	报警	停机
1	压缩机最终排气压力高	×	
2	压缩机一级进气压力低	×	×
3	压缩机每级排气温度高	×	

序号	内容	报警	停机
4	润滑油压力低	×	×
5	油过滤器压降大	×	
6	辅助油泵启动故障	×	
7	压缩机振动大(如果规定的话)		×
8	活塞杆下沉量大(如果有的话)	×	
9	压缩机主轴承温度高	×	
10	活塞杆填料温度高	×	
11	级间气液分离器液位高	×	×
12	主电动机定子温度高	×	
13	盘车器未与主机脱离	×	主电动机不能启动
14	一级吸入分离器液位高	×	×
15	主电机集电部位正压通风风压低		主电机不能启动

注:“×”表示该条件出现时,要求报警或停机。

98. 循环氢压缩机的型号及其意义是什么?

循环氢压缩机的型号:2D10-10.04/26.4-37。

2——2列气缸;

D——机型,表示对称平衡式;

10——活塞力,t;

10.04——入口状态流量,m^3/min;

26.4——入口压力(表压),kgf/cm^2($1kgf/cm^2$ = 98.0665kPa,下同);

37——出口压力,表压,单位:kgf/cm^2。

99. 补充氢及反吹氢的型号及其意义是什么?

补充氢及反吹氢的型号:2D10-1.46/26.4-66.4-4.22/22-37.5。

2——2列气缸;

D——机型,表示对称平衡式;

10——活塞力,t;

1.46——反吹氢压缩机入口状态流量，m^3/min；

4.22——补充氢压缩机入口状态流量，m^3/min；

26.4——反吹氢压缩机入口压力(表压)，kgf/cm^2($1kgf/cm^2=98.0665kPa$，下同)；

66.4——反吹氢压缩机出口压力(表压)，kgf/cm^2。

22——补充氢压缩机入口压力(表压)，kgf/cm^2；

37.5——补充氢压缩机出口压力(表压)，kgf/cm^2。

☞ 100. 压缩机对冷却水有什么要求？

按照API618规定，压缩机连续运行时，当设计排气温度高于100℃或绝热气体温升大于等于85℃时，应提供强制液体冷却系统。

(1) 气缸冷却系统：冷却水进口温度应至少比进口气体温度高5℃，冷却水系统应在所有运行和瞬时条件下，包括从冷态启动，都应满足上述要求，过低的冷却水温度可能引起气体组分冷凝，气体组分冷凝对气阀、活塞环和填料寿命有害。冷却水出口温度不宜超过气体入口温度17℃，过高的冷却水出口温度可能导致流量和效率的损失。控制进入各水套冷却水的流量和速度，避免冷却水中杂质沉积引起水套和通道结垢。冷却夹套设计时应使垫片或其他密封失效不会导致冷却水泄漏进入气缸或气体泄漏到冷却水系统。控制循环的冷却水经过任何独立的气缸，包括缸盖，温升在5~10℃之间。

(2) 填料函冷却系统：填料盒之间的冷却通道应使用O形圈密封。填料函的冷却系统应进行泄漏试验，试验压力不低于0.8MPa。冷却水进入填料函前设过滤器，过滤精度为125μm。通过填料函的冷却水压力降不超过0.17MPa。进入填料函的冷却水温度不宜超过35℃，密封效率随冷却水温度的降低而提高。

☞ 101. 压缩机水站由哪些设备组成？

一台水站同时供四台机组K-101A/B、K-(102+K103)A/B气缸和填料箱冷却使用。水站包括以下设备：一台高位水箱，两台离心水泵，两台水冷却器，冷却器型式为板式结构，一台恒温控制阀(TCV)及相应仪表控制系统，水箱上设有液位计、液位开关、温度计及电加热器。水站原则流程见图 9-18 所示。

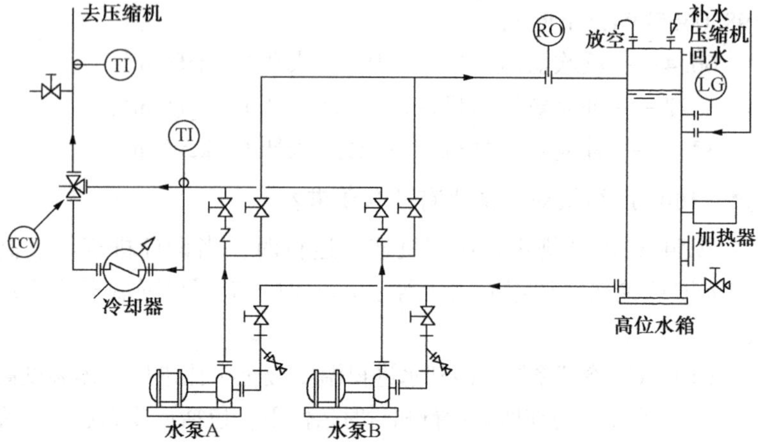

图 9-18　水站原则流程

☞ 102. 活塞式压缩机如何切换？

（1）按照正常步骤启动备用机，此时备用机出入口阀全开，负荷调节位置在“0”位，检查压缩机空负荷运行是否正常；

（2）联系内操等岗位，准备切换负荷，备用机按 0%→50%→100%顺序提负荷，待停机按 100%→50%→0%顺序降负荷，在切换负荷过程中，外操、内操岗位要协调好，确保系统压力、流量平稳，避免压缩机出口安全起跳或波动；

（3）负荷切换完毕后，检查备用机带负荷后运行是否正常；

（4）按正常步骤停用待停机。

☞ 103. 活塞式压缩机入口带液的危害是什么？

液体是不可压缩的，当压缩机吸入液体时，轻则损坏气阀、活塞，降低设备寿命，重则发生液击，缸内压力突然升高，产生高压将气缸打碎造成事故。所以在活塞式压缩机的入口和级间都设置有气液分离器和液位高联锁停机装置，避免压缩机吸入液体。

☞ 104. 活塞式压缩机启动前应注意哪些事项?

压缩机启动时，首先明确是否具备进入运转状态的条件，再按启动要求的顺序进行启动。

（1）检查有关部件是否已调整合适；

（2）检查润滑油箱的油量、润滑油的清洁度、水分及固态物；

（3）冷却水水量调整及分配调整；

（4）检查气缸用注油器油量；

（5）检查放泄阀、旁通阀全开与否，是否可以进行无负荷运转；

（6）用手转动注油器，给气缸、填料注油。

（7）启动润滑油泵，检查油压，判断油泵是否工作正常。

（8）用盘车装置进行盘车，完毕后将盘车装置返回原位。

（9）入口阀门全开。

☞ 105. 活塞式压缩机在运转中应注意哪些事项?

（1）各级吸、排气压力是否正常；

（2）各级吸、排气温度是否正常；

（3）润滑油系统是否正常；

（4）冷却系统是否正常；

（5）轴承温度是否正常；

（6）各运动部件是否有异常声响；

（7）填料是否有泄漏情况；

（8）气阀工作是否正常；

（9）注油器是否正常；

（10）系统是否出现漏气、漏水、漏油现象；

（11）安全阀、旁路阀是否有泄漏；电动机的电压、电流、温度、功率是否正常。

☞ 106. 怎样判断气阀故障?

当一级入口气阀有故障时，一级出口压力降低，其他各级也受到降压的影响。判断哪一个气阀出现故障，可以通过观测气阀盖的温度来判别，因为气阀出现故障时，温度升高。此外还可以通过听针来判别，如果气阀漏气会出现吱吱的声音。二三级入口气阀发生故障时，可以借助下一级压力升高来判别。

气阀发生故障后，会使压缩机吸气量减少。严重时气阀碎片进入气缸，损坏缸体，造成重大事故。因此，操作人员或检修人员发现气阀出现故障时，必须及时处理。

☞ 107. 活塞杆过热是什么原因引起的？

（1）活塞杆与填料函装配时有偏斜，造成局部相互摩擦，应及时进行调整；

（2）密封环的抱紧弹簧过紧，摩擦力大，应适当调整；

（3）密封环轴向间隙过小，应按规定要求调整轴向间隙；

（4）给油量不足，应适当增大油量；

（5）活塞杆与密封环磨合不良，应在配研时加强磨合；

（6）气和油中混入杂质，应进行清洗并保持干净；

（7）活塞杆表面粗糙，应重新磨杆，超精加工。

☞ 108. 轴瓦过热是什么原因引起的？

（1）轴瓦与轴颈贴合不均匀，卡涩或间隙过小，要用涂色法刮研或检查调整轴瓦间隙；

（2）轴承偏斜或轴弯曲，要适当调整或矫正轴；

（3）润滑油供给不足，应补充新油；

（4）油质太脏或变质，或有其他杂质进入轴承，应更换新油并及时过滤。

☞ 109. 气缸过热的原因是什么？

（1）冷却水供应不足，要适当加大冷却水的供应量；

（2）气缸与十字头滑道不同心，造成活塞与气缸壁摩擦，在调好同心度后方可使用；

（3）排气阀漏气返回气缸，如阀片卡住、断裂等，应进行处理或更换部件；

(4) 活塞环窜气，如活塞环与气缸接触不好或活塞环过度磨损或断裂等，应更换活塞环；

(5) 由于脏物带进缸内使气缸光滑面拉毛，应进行镗缸或更换。

☞ 110. 传动机构撞击是什么原因?

(1) 连杆大小头瓦松动，要进行检查，采取措施，加以紧固；

(2) 十字头与活塞松动，检查紧固活塞杆及背帽；

(3) 活塞与活塞杆紧固螺母松动，应检查紧固。

☞ 111. 气缸发出撞击声的原因是什么?

(1) 活塞或活塞环磨损，应处理或更换；

(2) 活塞与气缸间隙过大；

(3) 曲轴连杆机构与气缸的中心不一致，应按要求找好同心度；

(4) 气缸余隙容积过小，适当调整余隙容积；

(5) 活塞杆弯曲或连接螺母松动，应进行修复或更换活塞杆，并拧紧连接螺母；

(6) 吸、排气阀片断裂或阀盖顶丝松动，应进行修复或更换；

(7) 可能存在轻微液击。

☞ 112. 活塞式压缩机排气流量下降的原因是什么?

(1) 工艺系统原因：压缩机系统入口压力低，出口压力高；入口气体温度升高；入口过滤网堵塞；

(2) 压缩机机械故障：吸气阀、排气阀故障；活塞环磨损，密封性能下降，气缸内窜气；卸荷器故障，导致部分吸气阀不工作；

(3) 控制不当：流量控制不当。

☞ 113. 活塞式压缩机检修内容有哪些?

(1) 大修：

①压缩机累计运行 16000h 应进行大修。

②大修期间应对下列零部件进行检查，视磨损情况进行修复或更换：

a. 曲轴主要几何精度、尺寸和磨损情况以及有无裂纹；检查连杆大小头瓦及十字头滑道有无严重拉伤或磨损；

b. 检查十字头销及衬套的磨损情况；

c. 检查活塞杆与活塞螺母连接紧固情况，活塞环槽的磨损情况；

d. 检查气缸镜面磨损情况。

③大修期间必须更换下列零部件：

a. 所有易损件(活塞环、支承环、填料密封环、气阀)；

b. 连杆螺栓使用累计运转时间达到16000h必须更换。

④全面检查电动机及其他附属设备，进行修复或更换。

⑤大修后应对压缩机进行性能测试试验。

(2) 中修：

① 压缩机累计运行4000~5000h应进行中修。

② 中修期间应对下列零部件进行检查，视磨损情况进行修复或更换。

a. 刮油环、填料密封环、拉伸弹簧及各垫片等；

b. 气阀阀片、阀簧、缓冲片及阀座、阀盖密封面及垫片；

c. 活塞环、支承环；

d. 连杆轴瓦、轴套、十字头滑履、滑道；

e. 检验安全阀的灵敏性；

f. 检查、校准压力表。

(3) 小修：

小修为不定期进行，主要是检查性的维修，例如，排除运转时的不正常现象及临发生的小故障(阀片破裂，弹簧折断，紧固件松动等)。

☞ 114. 活塞式压缩机检修后如何验收？

压缩机检修后要经过空负荷和负荷试车，在工作负荷下连续运行24h后，各项技术指标均达到设计要求或能满足生产需要；检修记录齐全、准确并符合检修规程要求；机组达到完好标准。

(1) 运转正常，性能良好。压缩机出力达到设计要求或能满足生产需要；压力润滑和注油系统完整好用，注油部位(轴承、十字头、气缸等)油路畅通。油位、油压、润滑油指标及选用符合规定；运转平稳无杂音，机体及管系振幅符合设计规定；运转参数(温度、压力)等符合规定；各部轴承、十字头等温度正常；轴封无严重泄漏。

(2) 内部机体无损、质量符合要求。各零部件材质选用，以及活塞、十字头、轴瓦、阀片等安装配合，磨损极限以及严密性均符合规程规定。

(3) 主体整洁、零件齐全好用。安全阀、压力表、温度计、联锁等信号齐全，灵敏准确；主辅机零件完整好用，各部螺栓和各部连接螺栓应满扣、齐整、紧固；进出口阀门及润滑、冷却系统安装合理，不堵不漏；机体整洁，油漆完整美观。

(4) 设备档案齐全准确。

☞ 115. 安装活塞时要注意哪些问题?

(1) 制造厂出厂时，活塞体与活塞杆已按规定进行连接紧固成一体，现场安装时不需解体和重新组装。

(2) 检查活塞环的平度，活塞和活塞环表面应光滑、无磨损、划伤、裂纹、变形及铸造、机加工缺陷。

(3) 活塞环在活塞槽内应活动自如，有一定的胀力，用手压紧时活塞环应全部埋入环槽内，并应比活塞表面低0.5~1.0mm。相邻两活塞环的搭接口应错开120°，且尽量避开进气口。

(4) 活塞与气缸的安装间隙、极限间隙、活塞余隙应符合设计要求。活塞环与气缸要贴合良好，活塞环外径与气缸接触线不得小于周长的60%，或者在整个圆周上，漏光不多于两处。每处弧长不大于45°，漏光处的径向间隙不大于0.05mm。活塞环、支撑环置于活塞中，其热胀间隙(接口间隙和侧间隙)应符合设计要求。

(5) 装活塞部件时，活塞杆尾部应涂润滑油并装上填料护套。穿过填料与十字头联接后，再检查十字头间隙、活塞间隙的变化情况及连杆左右摆动的灵活情况。

(6) 紧固活塞螺母时必须用电加热棒，不得用其他工具强行拧紧螺母。

☞ 116. 安装填料密封时要注意哪些问题?

(1) 安装前必须彻底清洗填料的各零部件，保证无油垢和其他脏物；

(2) 安装填料密封盒，保证密封环组方向正确，调整密封环等在密封室的轴向间隙；图 9-19 显示了主密封圈组、充氮密封圈组和节流环组的装配方向和顺序。主密封圈组由径向环、切向环和节流环组成；

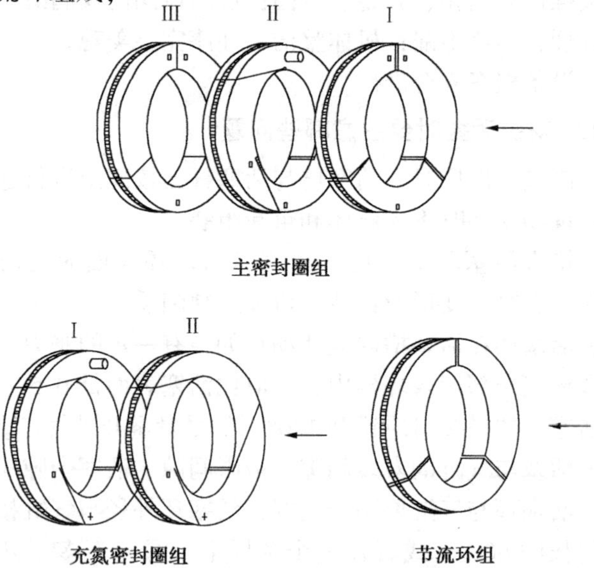

图 9-19　填料环安装示意图

(3) 填料密封组装完毕后要进行水压试验；

(4) 填料函组装后要保证水路、充氮口、漏气口畅通。

☞ 117. 为什么氢气压缩机检修前后要进行氮气置换？

氢气属于易燃易爆介质，检修前要将气缸和相连管道系统用氮气进行置换，彻底驱走残留在气缸和管道系统内的易燃易爆气体，防止在压缩机拆检时易燃易爆气体接触空气形成爆炸气体，引发爆炸事故。

检修后压缩机气缸内和管道系统内充满空气，易燃易爆气体与空气混合后在试压或开车时，由于压力升高到一定程度可能引起自燃爆炸，所以检修后压缩机在开车前一定要用氮气将系统内的空气置换掉。

☞ 118. 影响磨损的因素有哪些？

(1)表面膜；(2)温度；(3)负荷；(4)金属相容性；(5)晶体结构。

☞ 119. 什么叫润滑？

所谓润滑是在具有相对运动的两个物体的接触表面之间，注入第三种物质(润滑剂)，在两者之间形成润滑膜，用该物质的内部摩擦代替两物质间的摩擦。因其抗剪强度低，达到减少摩擦和磨损的目的，提高机械零件的寿命和提高机械效率。

☞ 120. 润滑材料应具备哪几项基本要求？

(1) 摩擦系数要低；

(2) 良好的吸附和渗入能力；

(3) 一定的黏度；

(4) 有抗氧化安定性；

(5) 其他还应有防锈、比较好的导热能力和较大的热容量等。

☞ 121. 润滑油的作用是什么？

润滑油是用在各种类型机械上以减少摩擦，保护机械及加工件的液体润滑剂，主要起润滑、冷却、防锈、清洁、密封和缓冲等作用。

(1) 降低摩擦。在摩擦面加入润滑剂能使摩擦系数降低从而减少阻力，节约了能源消耗。

(2) 减少磨损。润滑剂在摩擦表面上可以减少摩粒磨损，减少磨损以延长机械寿命，提高经济效益。

(3) 冷却作用。润滑可以吸热、传热和散热，因而降低摩擦热造成的温度上升。

(4) 防腐作用。在摩擦表面上有润滑剂存在可以防止空气、水滴、水蒸气、腐蚀性气体、液体尘埃和氧化物引起的腐蚀。

(5) 传递动力。在许多情况下润滑剂有传递动力的功能，如液压油传动等。

(6) 密封作用。润滑剂对某些外露部件形成密封能防止水分和杂质侵入。

(7) 减震作用。在受到冲击载荷时，可以吸收冲击能，如汽车减震器等。

☞ 122. 润滑油主要有哪些质量指标？

主要有：黏度、闪点、凝点、酸值、水分、机械杂质、残炭、灰分、水溶性酸和碱、腐蚀、抗氧化安定性、抗乳化度等。

☞ 123. 润滑脂的作用是什么？具有哪些优点？

润滑脂在金属表面形成润滑油脂的膜，当金属表面作相对运动时，即起到了润滑作用，减低了摩擦表面的阻力，并能降低磨损。润滑脂具有以下优点：

(1) 润滑脂不需要经常添加，可以减少润滑剂的消耗并降低维修保养费用。因此对不易换油、供油的设备有利。

(2) 润滑脂有一定的结构性，在润滑部位不易流失，不易飞溅。

(3) 润滑脂在摩擦面具有良好的保持能力和粘附性，可以保护不经常使用的润滑部位，以防止锈蚀。

☞ 124. 石化行业常用的润滑油有哪几种？

石化行业常用的润滑油：汽轮机油、压缩机油、工业齿轮油、抗磨液压油、变压器油等。

☞ 125. 什么叫黏度？黏度的分类有哪些？

黏度就是内摩擦。液体受外力作用移动时，其分子之间产生摩擦阻力的量度，叫做黏度。润滑油受到外力作用而发生相对移动时，油分子之间产生的阻力，使润滑油无法进行顺利流动，其阻力的大小用黏度来表示。黏度是润滑油的主要技术指标，绝大多数润滑油是根据其黏度来划分牌号的，黏度是各种机械设备选油的主要依据。

黏度的分类：黏度分为绝对黏度和相对黏度两大类。绝对黏度分为动力黏度、运动黏度。相对黏度分为恩氏黏度、赛氏黏度和雷氏黏度。现在国际通用的是运动黏度，运动黏度是液体在重力作用下运动时内摩擦力的量度。单位是 m^2/s、mm^2/m。

☞ 126. 什么叫黏温性能？

润滑油的黏度随着温度的升高而变小，随着温度的降低而变大，这种变化称为润滑油的粘温性能。在一定的范围内，油品黏度值变化小，黏温特性好，有利于油品的使用性能。

☞ 127. 什么叫黏度指数？

黏度指数(VI)表示油品黏度随温度变化的程度与标准油黏度随温度变化的过程相比较的相对值，黏度指数越高表示油品受温度的影响越小，其黏度性能越好。

黏度指数一般可以通过已知该油品的 40℃、100℃运动黏度，按 GB/T 1995 或 GB/T 25411 求得，需要说明的是，黏度指数只能表示润滑油从常温到 100℃之间粘温曲线的平缓度，不一定能说明油品在更低温下黏度特征。

☞ 128. 什么叫润滑油的酸值?

酸值是表征润滑油中有机酸总含量(大多数情况下,油品不含无机酸)的质量指标。中和1g石油产品所需的氢氧化钾毫克数称为酸值,单位是mgKOH/g。酸值大可能对机械零件造成腐蚀,在有水存在时,腐蚀更明显。另外润滑油在储存和使用过程中被氧化变质,酸值也逐渐增大,常用酸值变化的大小来衡量润滑油的氧化安定性,或作为换油指标。

☞ 129. 什么叫润滑油的闪点?

在标准条件下,将油加热,所蒸发出的油蒸气与空气混合后达到一定浓度时,遇明火发生闪火现象的最低温度,称为闪点。

闪点是润滑油储存、运输和使用的一个安全指标。同时也是挥发性指标。闪点高,容易挥发,安全性差。挥发性高,在工作过程容易蒸发损失,严重时甚至引起润滑油黏度增大。重质润滑油的闪点如突然降低,可能发生轻油混油事故。选用润滑油应要求闪点比使用温度高20~30℃。一般闪点在150℃以下的轻质油品用闭杯法进行测定,重质润滑油和深色石油产品用开杯法进行测定。

☞ 130. 什么叫润滑油的氧化安定性?

润滑油在加热和在金属的催化作用下,抵抗氧化变质的能力。它是反映润滑油在使用、运输和储存中氧化变质或老化倾向的重要特性。润滑油的氧化安定性差,在使用中就容易氧化变质,生成的有机酸增多,酸值增大,造成设备的腐蚀,油品黏度增大,流动性变差,同时还产生沉淀、胶质和沥青质,这些物质的沉积会恶化散热条件,阻塞油路,增加摩擦磨损。

☞ 131. 什么叫润滑油水分?

它表示油中含水量的多少,用质量分数表示。润滑油中不应含水分,如有水分存在,将破坏润滑油膜,使润滑效果变差,加速油中有机酸对金属的腐蚀作用。水分还造成设备锈蚀,导致润滑油的添加剂失效，使润滑油的低温流动性变差，甚至结冰，堵塞油路，妨碍润滑油的循环及供油。水分的存在加大润滑油乳化的可能性。当温度高到一定程度时，水分将汽化形成气泡，不但破坏油膜，危及润滑，而且还因气阻影响润滑油的循环和供油。

☞ 132. 什么叫润滑油中的机械杂质？

润滑油中不溶于汽油或苯的沉淀和悬浮物，经过滤而分出的杂质，称为机械杂质。杂质来源主要是润滑油使用、储存和运输中混入的外来物，如灰尘、泥砂、金属碎屑、金属氧化物和锈蚀物等。机械杂质的存在，将加速机械零件的研磨、拉伤和划痕等磨损，而且堵塞油路、油嘴和滤油器，造成润滑失效。变压器中的机械杂质会降低其绝缘性能。

☞ 133. 什么叫润滑油的润滑性？

润滑性包括：油性、抗磨损性和极压性。

油性：润滑剂减少摩擦的性能。以提高此性能为目的而使用的添加剂称为油性剂或减摩剂。

抗磨损性：在轻负荷和中等负荷条件下能在摩擦表面形成薄膜，防止磨损的能力。

极压性：在低速高负荷或高速冲击摩擦条件下，即在所谓极压条件下防止摩擦面发生烧结、擦伤的能力。

☞ 134. 润滑油的代用原则是什么？

油品的代用主要考虑代用油与原用油的性能指标是否接近，尤其是黏度、闪点、凝点及特殊性能要求的差异，选用时应该遵循以下原则：

（1）尽量用同类油品或性能相近、添加剂差不多的油品代用；

（2）润滑油的黏度要相当，以不超过原用油黏度的±25% 或高低差一号为宜；

（3）油品的精制深度以深代浅，质量以高代低，这样对设备润滑比较保险；

（4）选择代用油时要考虑温度，对于工作温度变化大的机械设备，代用油的粘温性要好一些。对于低温工作的机械，选择用油的凝点要低于工作温度10℃以下，对于高温工作的机械，则要考虑代用油的闪点要高一些，氧化安定性也要满足使用要求。

☞ 135. 如何鉴别轴承润滑是否正常？

鉴别的方法有以下几种：

（1）润滑油不变质(不乳化、不含杂质、不含水、不发黑)。

（2）注油指标器具指示正常(油杯液面在针管的斜口上端，液面计或视镜油面在1/2~2/3的高度)。

（3）甩油环甩油正常(前轴承箱要从加油孔往下看，后轴承箱端盖具有有机玻璃看窗的可以直接看到飞溅润滑油的情况)。

（4）轴承的温度合适，不宜太高。

（5）用听针听轴承运转的声音无异常。

☞ 136. 轴承箱润滑油油位如何确认？

因为润滑油液位高于2/3时，带油环甩不动，增加阻力，使油箱温度高产生过热，低于1/2时带油环带不上润滑油，就起不到润滑作用，油箱温度照样过热，所以液位必须保持在1/2~2/3处。

润滑油位应保持在设备轴承箱、油箱上的刻度范围内为准，无刻度线时应符合如下规定：

（1）循环润滑：正常运行时油箱油位应保持在2/3以上；

（2）油环带油润滑：油环内径$D=25\sim40$mm时，油位高度应浸没油环$D/4$；油环内径$D=45\sim60$mm时，油位高度应浸没油环$D/5$；油环内径$D=70\sim130$mm时，油位高度应浸没油环$D/6$；

（3）浸油润滑：$n>3000$r/min时，油位在滚动轴承最下部滚动体中心以下，但需浸没滚动体下缘；$n=1500\sim3000$r/min时，油位在滚动轴承最下部滚动体中心以上，但不得浸没滚动体上缘；$n<1500$r/min 时，油位在滚动轴承最下部滚动体上缘或浸没滚动体。

☞ 137. 什么是三级过滤？三级过滤滤网的规格是什么？

三级过滤是指化验合格的润滑油在注入到润滑部位之前，为了清除油品中的杂质，一般要经过三次或三次以上的过滤：

（1）入库过滤。润滑油经运输入库泵入油罐储存时要经过过滤，一级过滤网 60 目。

（2）发放过滤。润滑油发放注入润滑容器时要经过过滤，二级过滤网 80 目。

（3）加油过滤。润滑油加入设备注油部位时要经过过滤，三级过滤网 100 目。

☞ 138. 什么是润滑油的“五定”？

“五定”是指定点、定质、定量、定期、定人。

（1）定点：确定每台设备润滑部位和润滑点，保持其清洁与完整，实施定点给油；

（2）定质：按照润滑图表现定的油脂牌号用油，润滑材料及掺配油品须经检验合格，润滑装置和加油器具保持清洁；

（3）定量：要在保证良好润滑的基础上，实行日消耗油量定额，作好废油回收退库，治理设备漏油，防止浪费；

（4）定期：按照润滑图表或卡片规定的周期加油、添油、清洗和换油，对储油量大的油箱按规定时间抽油样化验，视油质状况确定清洗、换油或循环过滤，以及下次抽样化验的时间。

（5）定人：按润滑油图表上的规定，明确操作工、维修工、润滑工对设备日常加油、添油和清洗换油的分工，各负其责，相互监督，并确定取样送检人员。

☞ 139. 交流电动机型号及其意义是什么？

交流电动机分为同步电动机和异步电动机，炼油厂使用的较多的是Y系列三相异步电动机，为全封闭自扇冷鼠笼式。其型号一般由以下几部分组成：

|字母|数字|数字|字母|数字|—数字|字母|

以上各部分的含义：

（1）一般由1~4个字母组成，表示产品类型代号和特点代号。第一个字母为Y，表示“异步电动机”，其余字母表示电动机的性能结构或用途，如Y—普通型，YA—增安型，YB—隔爆型。

（2）表示设计序号，第一次设计时无此项。

（3）表示电机轴中心高，单位为mm。

（4）通常为L、M、S中的一个字母。L为长机座，M为中机座，S为短机座。

（5）表示同一机座中不同的铁芯长度。

（6）表示电动机的极数。

（7）表示该电机适用的工作环境。对于普通环境，此项省略。其他的包括：G—高原，H—船或海上，W—户外，F—防腐，T—热带，TH—湿热带，TA—干热带，WTH—户外湿热带，WFI—户外中等腐蚀型。

例如，YBXn-160L-2W，型号意义：隔爆高效型三相异步电动机，电机轴中心高度160mm，长机座，2极，适用户外环境。

140. 电动机防爆标志及其意义是什么？

例如：Ex d ⅡC T4

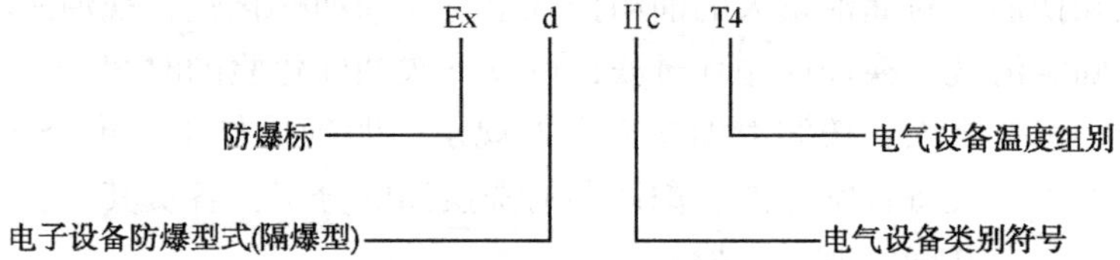

（1）第二组字母表示防爆形式，主要有d—隔爆型，e—增安型，i—本质安全型；

(2) 第三组字母表示类别符号，除煤矿外其他爆炸性气体环境用电气设备均属Ⅱ类，可以分为ⅡA、ⅡB、ⅡC类，ⅡB设备可适用于ⅡA设备的使用条件，ⅡC设备可适用于ⅡA和ⅡB设备的使用条件。

(3) 所有防爆型式的Ⅱ类电气设备的温度组别分为T1～T6组，其最高表面温度分组见表9-5。

表9-5　Ⅱ类电气设备温度组别

温度组别	最高表面温度/℃	温度组别	最高表面温度/℃
T1	450	T4	135
T2	300	T5	100
T3	200	T6	85

☞ 141. 电动机外壳防护等级有哪些？

按GB 4208—1993《外壳防护等级(IP代码)》规定，外壳防护等级由表明电气设备外壳的特征字母IP和两个防护特征数字组成，对于固定安装的电动机在火灾危险区域的防护等级一般为IP44或IP54。其中第一位数字4—防大于1mm固体异物；5—防尘；第二位数字4—防溅水。

☞ 142. 电动机为什么要安装接地线？

当电动机绕组绝缘破损漏电时，电动机机壳带电，手摸上去就会造成触电事故。安装接地就是为了将漏电从接地线引入大地回零。这样形成回路，以保证人身安全。所以当操作人员看到接地线损坏或未按要求连接时，应立即联系电工处理。

☞ 143. 运转中的电动机要检查哪些项目？

(1) 检查电动机在运转中发出的声音是否正常；

(2) 检查电动机机身、轴承、接线盒、电缆温度是否在正常范围内；

（3）检查电动机电流是否在额定范围内；

（4）检查电动机振动情况，地脚螺栓、接地是否齐全完整。

☞ 144. 电动机轴承发热的原因有哪些？

（1）轴承装配间隙太大或太小；

（2）轴承缺油或加油太多，$n>3000r/min$ 时，加脂量为轴承箱容积的 1/3；$n\leqslant 3000r/min$ 时，加脂量为轴承箱容积的 1/2；

（3）润滑油或润滑脂变质；

（4）轴承损坏；

（5）电动机负荷增大。

☞ 145. 压力容器的定义？

按照 TSG R0004—2009《固定式压力容器安全技术监察规程》规定，固定式压力容器是指安装在固定位置使用的压力容器，适用于同时具备下列条件的压力容器：

（1）工作压力大于或者等于 0.1MPa；

（2）工作压力与容积的乘积大于或者等于 2.5MPa·L；

（3）盛装介质为气体、液化气体以及介质最高工作温度高于或者等于其标准沸点的液体。

其他压力容器按照相应技术监察规程的规定。

☞ 146. 压力容器如何分类？

固定式压力容器有多种分类方式：

（1）固定式压力容器按设计压力（p）划分：

① 低压（代号 L），$0.1MPa\leqslant p<1.6MPa$；

② 中压（代号 M），$1.6MPa\leqslant p<10.0MPa$；

③ 高压（代号 H），$10.0MPa\leqslant p<100.0MPa$；

④ 超高压（代号 U），$p\geqslant 10.0MPa$。

（2）固定式压力容器按照在生产工艺过程中的作用原理划分：

① 反应压力容器（代号 R）。主要用于完成介质的物理、化

学反应的压力容器，例如，各种反应器、反应釜、聚合釜、合成塔、变换炉、煤气发生炉等。

② 换热压力容器(代号 E)。主要用于完成介质热量交换的压力容器，例如，各种热交换器、冷却器、冷凝器、蒸发器等。

③ 分离压力容器(代号 S)。主要用于完成介质的流体压力平衡缓冲和气体净化分离的压力容器，例如，各种分离器、过滤器、集油器、洗涤器、吸收塔、干燥塔、气提塔等。

④ 储存压力容器(代号 C。其中球罐代号为 B)，主要用于储存、盛装气体、液体、液化气体等介质的压力容器，例如，各种型式的储罐，缓冲罐等。

(3) 固定式压力容器根据介质特性、设计压力(p，单位 MPa)和容积(V，单位 L)，确定压力容器的类别，划分成 I、II、III 三类。压力容器的介质分为两组，包括气体、液化气体以及最高工作温度高于或等于标准沸点的液体，第一组介质：毒性程度为极度危害、高度危害的化学介质，易爆介质，液化气体；第二组介质：除第一组以外的介质。见图 9-20 所示。

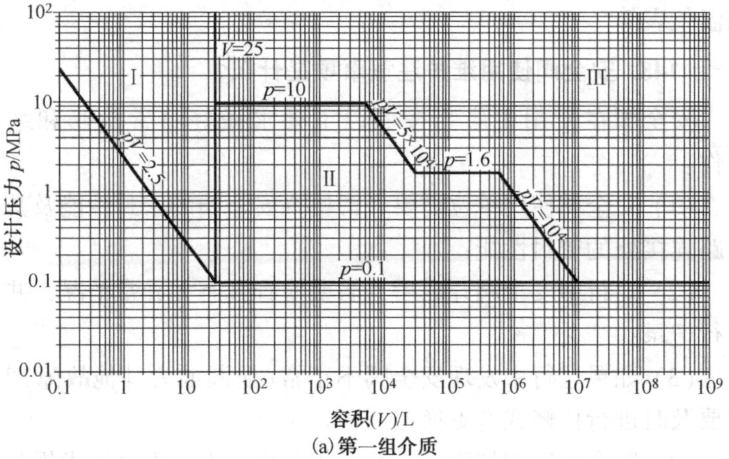

(a) 第一组介质

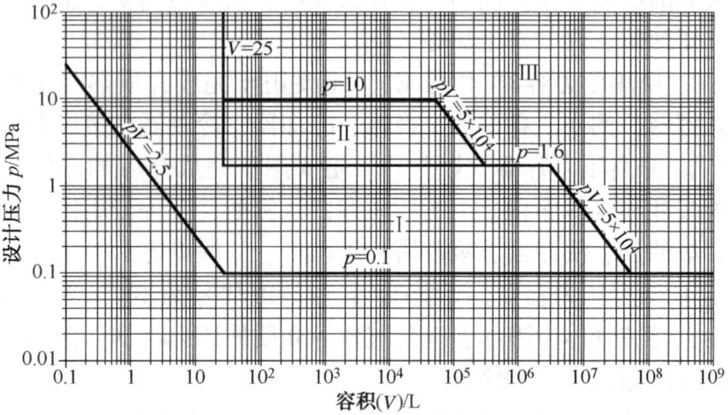

(b)第二组介质

图 9-20　压力容器类别划分图

☞ 147. 压力容器有哪些安全附件？

压力容器的安全附件包括直接连接在压力容器上的安全阀、爆破片装置、紧急切断装置、安全联锁装置、压力表、液位计、测温仪表等。

☞ 148. 安全阀使用维护注意事项是什么？

安全阀在使用中应当按照以下要求做好日常检修和维护工作：

(1) 安全阀使用单位需要经常检查安全阀的密封性能及其与管路连接处的密封性能；

(2) 运行中安全阀开启后，需要检查其有无异常情况，并且进行记录；

(3) 如果运行中发现安全阀不正常(泄漏或者其他故障)时，需要及时进行检修或者更换；

(4) 安全阀定期校验，一般每年至少一次，安全技术规范有相应规定的从其规定；

(5) 经解体、修理或更换部件的安全阀，应当重新进行校验。

☞ 149. 压力表使用维护注意事项是什么？

(1) 选用的压力表，应当与压力容器内的介质相适应；设计压力小于1.6MPa的压力容器使用的压力表的精度不得低于2.5级，设计压力大于或等于1.6MPa的压力容器使用的压力表的精度不得低于1.6级；压力表盘刻度极限值应当为最大允许工作压力的1.5~3.0倍，表盘直径不得小于100mm。

(2) 压力表安装前应进行校验，校验后应当加铅封；在刻度盘上应有指示工作压力上限和下限标识，使用中的压力表根据相关规定应定期校验。

(3) 压力表安装方向应便于检查观看，引压阀及压力表接头不得泄漏，压力表盘面清洁。

(4) 巡检时应注意检查压力表指示是否准确，是否超压，是否泄漏，发现异常情况及时处理并记录。

☞ 150. 压力容器哪些异常情况需要紧急处理？

压力容器发生以下异常现象之一时，操作人员应当立即采取紧急措施，并按照规定的报告程序，及时向有关部门报告：

(1) 工作压力、介质温度或者壁温超过规定值，采取措施仍不能得到有效控制；

(2) 主要受压元件发生裂缝、鼓包、变形、泄漏、衬里层失效等危及安全的现象；

(3) 安全附件失灵、损坏等不能起到安全保护的情况；

(4) 接管、紧固件损坏，难以保证安全运行；

(5) 发生火灾等直接威胁到压力容器安全运行；

(6) 过量充装；

(7) 液位异常，采取措施仍不能得到有效控制；

(8) 压力容器与管道发生严重振动，危及安全运行；

(9) 真空绝热压力容器外壁局部存在严重结冰、介质压力和温度明显上升；

(10) 其他异常情况。

☞ 151. 加氢反应器如何分类？

(1) 按工艺过程的特点分为：固定床反应器、移动床反应器、流化床反应器；

(2) 按反应器的使用状态下反应器内部高温介质是否直接与器壁接触分为：冷壁结构反应器、热壁结构反应器；

(3) 按反应器本体结构的特征分为：单层结构反应器、多层结构反应器。

☞ 152. 热壁反应器有哪些特点？

热壁反应器内介质与反应器壁直接接触，器壁温度较高(设计温度比最高操作温度高 10~20℃)，反应器的材质一般选用耐高温氢腐蚀的材料，若有 H_2S 存在时，还要考虑设置不锈钢堆焊层，以抵抗 H_2S 腐蚀，反应器的有效容积利用率高，生产周期短，生产维护方便，但制造费用相对较高，目前热壁反应器已是主流。

☞ 153. 热壁加氢反应器的主要损伤形式有哪些？

热壁加氢反应器由于器壁直接与高温、高压含氢介质或含硫化氢介质接触，操作条件相当苛刻，可能引起诸如高温氢腐蚀、氢脆、硫化物应力腐蚀开裂、铬-钼钢回火脆性破坏和奥氏体不锈钢堆焊层的氢致剥离现象等损伤。

☞ 154. 加氢反应器选材的基本要求和主要依据是什么？

基本要求：

(1) 应符合适用范围所规定的化学成分、常温和高温力学性能以及设计提出的附加要求；

(2) 应具有良好的内质特性(致密性、纯净性和均质性)，这对于厚钢板和大截面锻件尤为重要；

(3) 应具有能在苛刻环境下长期使用的耐环境脆化特性；

(4) 经济上要合理。

主要依据：

(1) 应满足抗高温氢腐蚀的要求；

(2) 应满足抗硫化氢和氢共存时的腐蚀要求；

(3) 应满足抗回火脆性性能的要求。

☞ 155. 加氢反应器的常用材料有哪些？

制造加氢反应器的常用材料一般为 Cr-Mo 钢系，因为这些钢材既具有优良的抗高温氢腐蚀性能，又有良好的短时和长时高温力学性能。根据不同的温度和压力，一般都选用 1Cr-0.5Mo、1.25Cr - 0.5Mo、2.25Cr - 1Mo、2.25Cr - 1Mo0.25V 和 3Cr - 1Mo0.25V 钢。

☞ 156. 什么是高温氢腐蚀？怎样防止它的产生？

在高温高压氢环境下工作的设备，所发生的高温氢腐蚀分为两种形式：一是表面脱碳。表面脱碳不产生裂纹，一般影响很轻；二是内部脱碳与开裂。它是由于氢侵入扩散到钢中与固溶碳或不稳定的碳化物发生化学反应生成甲烷，即 $Fe_3C + 2H_2 \longrightarrow CH_4 + 3Fe$。而甲烷不能逸出钢外，就聚集在晶界空穴和夹杂物附近，形成很高的局部应力，导致钢材产生龟裂、裂纹和鼓泡，并使强度、延性和韧性显著下降。此脆性具有不可逆的性质，也称永久脆化现象。高温高压氢引起的钢的损伤要经过一段时间，在此段时间内，材料的力学性能没有明显的变化，而经过这段时间后，钢材的强度、延性和韧性就会遭到严重损伤。发生高温氢腐蚀前的这段时间称为孕育期(或潜伏期)。

防止高温氢腐蚀现象的出现，要从以下几点考虑：

(1) 依据纳尔逊曲线来正确选择能抵抗高温氢腐蚀的材料；

(2) 尽量减少钢材中对高温氢腐蚀产生不利影响的杂质元素(如 Sn、Sb)的含量；

(3) 制造中或在役中的返修补焊后必须进行焊后热处理；

(4) 操作中严防设备超温；

(5) 控制外加应力的水平。

☞ 157. 什么叫氢脆现象？怎样防止氢脆的产生？

氢脆是氢残留在钢中所引起的脆化现象。产生了氢脆的钢材，其延伸率和断面收缩率显著下降。这是由于侵入钢中的原子氢使结晶的原子结合力变弱，或者作为分子状在晶界或夹杂物周边上析出的结果。但是对于已经产生氢脆现象的钢材，当给予特定的条件时，氢仍可从钢中释放出来，使钢的性能得到恢复，所以氢脆是可逆的，也称为一次脆化现象。

防止氢脆现象的出现从以下几点考虑：

(1) 尽量减少应变幅度，采取降低热应力和避免应力集中等措施都是有效的；

(2) 尽量保持 TP347 堆焊金属或焊接金属有较高的延性；

(3) 装置停工时冷却速度不应过快，且停工过程中宜有一段使钢中吸藏的氢尽可能释放出去的工艺过程，以减少金属中的残留氢含量；

(4) 尽可能避免非计划的紧急停工。

☞ 158. 什么叫铬－钼钢回火脆性破坏？怎样预防？

2.25Cr-1Mo 钢在 325~575℃温度范围内长时间保持或从此温度范围缓慢地冷却时，其材料的缺口韧性就引起劣化损伤的现象。它产生的原因是由于钢中的微量杂质元素和某些合金元素向原奥氏体晶界偏析，使晶界凝集力下降所致。产生回火脆化的钢材对于抗拉强度和延伸率来说，几乎没有影响，只是在抗冲击性能试验时有较大变化。材料一旦发生回火脆化，其韧脆转变温度就向高温侧迁移。因此在低温区，若有较大附加应力存在时，就有发生脆性破坏的危险。

防止回火脆性破坏现象的出现从以下几点考虑：

(1) 尽量减少钢中 P、Sb、Sn、As 等杂质元素的含量；

(2) 采用真空碳脱氧(VCD)的冶炼工艺，降低 Si 的含量；

(3) 控制回火脆化敏感性系数(J 系数和 X 系数)；

(4) 控制脆化处理后的韧性指标；

(5) 制造中应选择合适的热处理工艺，使钢材既能满足规定的力学要求，又具有优越的抗回火脆性性能这一综合指标；

(6) 采用热态的开停工方案，开工时先升温、后升压，停工时先降压、后降温；

(7) 采用合适的开停工升降温速度，建议温度小于 150℃时，升温速度不超过 25℃/h 为宜。

☞ 159. 什么叫奥氏体不锈钢堆焊层的氢致剥离现象？如何防治？

操作于高温高压氢介质环境下的反应器，氢会侵入到器壁中。在停工过程中又可能从器壁中逸出，但由于相同温度下氢在母材和堆焊层中的溶解度和扩散系数都不同(母材溶解度小，扩散系数大，而堆焊层溶解度大，扩散系数小)，且溶解度与扩散系数都是温度的函数，尤以母材与温度的依赖性大，因此，当反应器由正常运转转入停工时，将会造成母材与堆焊层中固溶氢过饱和度存在明显差异，使过渡区附近所吸收的氢将从母材侧向堆焊层侧扩散移动，导致过渡区界面上聚集大量的氢。同时又因两种材质的膨胀系数不同，使界面上存在较大的残余应力。这样在某种晶界形状和晶界强度的作用下，就可能在界面上发生剥离。它的路径是沿着母材和堆焊层的界面扩展的，并呈剥离状态，故称为剥离现象。

凡是能够采取界面上的氢浓度，减轻残余应力和使熔合线附近的堆焊金属具有较低氢脆敏感性的措施，对于防止堆焊层的剥离都是有效的。比如：

（1）添加钒的钢由于大大改变了氢在钢中的特性和钢中的碳化物的组成、形态、分布及与堆焊层间的相关性能，使堆焊层具有非常好的抗剥离性能；

（2）近年在制造中认为采用大电流高焊速的堆焊条件能提高抗剥离的性能，总之堆焊时应设法避免生成粗大晶粒；

（3）选择合适的焊后热处理条件，在能够满足反应器其他各种性能条件的前提下，尽量优化其参数，使熔合线附近和奥氏体晶界上析出较少的碳化铬；

（4）在正常停工时宜采取使氢尽可能释放出去的的停工条件，以减少残留氢量；

（5）在操作中必须严格遵守操作规程，尽量避免非计划的紧急停车。

☞ 160. 加氢反应器在实施安全管理时，应该注意哪些方面？

对加氢反应器进行安全管理是保证装置安、稳、长、满、优运行的至关重要环节，要注意如下环节：

（1）严格执行国家有关安全法规，要根据自身企业特点建立健全安全组织系统和编制更加具体的安全实施细则；

（2）加强安全教育训练，包括知识教育、技能教育、行动训练等；

（3）加强定期检验；

（4）加强安全技术研究；

（5）建立完整的档案资料。

☞ 161. 加氢反应器在使用中都有哪些保护措施？

为防止加氢反应器可能发生的各种脆性损伤，在使用、开停工或停工卸剂进行在役检验时，采取以下几点措施是很有效的：

（1）对采用回火脆性敏感性较强的钢材制造的反应器，在初次开工运行后的重新开停工时，应采用热态开停车方案，即开工时先升温再升压，停工时先降压再降温。

(2) 在停工过程中宜有一段 300~350℃的保持时间，让操作时所吸藏的氢尽可能的散逸出器壁外，以最大限度地减少器壁中的残留氢含量。

(3) 开停工时必须严格执行操作规程，防止形成较大的热应力，推荐开工和停工时的升温和降温速度分别不超过 25~30℃/h 和 25℃/h。

(4) 要尽量避免非计划停工。

(5) 当反应器安装或停工检验而打开顶部人孔时，一定要设置合适的防护措施，防止雨水飘入器内。

(6) 采取有关措施防止器内有奥氏体不锈钢部位可能产生连多硫酸应力腐蚀开裂。

☞ 162. 在役检验的目的是什么?

在役检验的主要目的是要检查出反应器在使用条件(包括所经历的各种工况)下新产生和发展的缺陷(主要是裂纹)；并复查过去已经检验出的记录缺陷。对发现或扩展的缺陷进行定性、定量和定位分析，然后应用断裂力学原理予以评价，以确定其是否可以继续使用还是需要修补或处理，并评估与推断其继续运行到下一周期的安全可靠性。

☞ 163. 在役检验的实施手段有哪些?

在役反应器可能发生的、也是使用者最关心的缺陷，主要是线型(平面型)缺陷(如裂纹等)。而且这类缺陷往往从应力集中部位的表面萌生。为此，在役检验主要采用无损检测的方法来发现它们。包括采用目视检查(VT)、磁粉检测(MT)、渗透检测(PT)和超声检测(UT)。

☞ 164. 脱硫反应器的失效模式是什么?

脱硫反应器的失效模式见表 9-6。

表 9-6　脱硫反应器失效模式

失效模式	失效可能性	失效危害等级	预防措施
内压及外载荷作用(韧性破坏、失稳变形)	极少	高	(1)按适用的设计规范进行各种工况下的强度和稳定性核算 (2)按规程操作，严禁超温超压超载 (3)加强巡检，发现泄漏及时处理
高温氢腐蚀(表面、内部脱碳)	极少	高	(1)按照纳尔逊曲线选择 CrMo 钢材料，并制定制造规范 (2)定期检验，CrMo 钢焊缝 UT 检测，必要时对母材及焊缝做复膜金相检查
高温硫腐蚀(均匀减薄)	少	低	(1)参照 API939C 图线选材，反应器底部表面采用 347 不锈钢推焊层 (2)定期测厚，接触介质表面进行 PT 检测
法兰连接接头泄漏	少	中	(1)选择合适的法兰压力等级和法兰形式，匹配的垫片及紧固件 (2)安装和检修时按规定使用液压工具把紧，投用时和运行中定期热把紧 (3)反应器顶设置灭火蒸汽环 (4)反应器顶设置监控探头，加强巡检

☞ 165. S Zorb 装置反应系统气密时要注意哪些问题?

S Zorb 装置反应系统气密是一个难点，一般按如下步骤进行：

(1) 一般规定：

① 气密试验的条件。

a. 气密试验应在装置建设或检修完毕，所有施工项目全部结束，经检查质量合格，压力容器、管道耐压试验或气密性试验通过后，进行的系统气密性试验。

b. 工艺流程具备开工、引气密介质的条件。

② 气密试验的要求。

a. 根据不同气密介质，可分为氮气气密和工艺介质气密，氮气气密使用干燥洁净的氮气，氮气气密通过后方可进行工艺介质气密。

b. 气密试验时，试验温度(容器器壁金属温度)应比容器器壁或管道金属材料无延性转变温度高30℃，但不能超过最高操作温度，或按压力容器、压力管道相关规定执行。

c. 气密压力的确定：根据装置不同系统操作压力要求，确定系统气密压力，一般以该系统最高操作压力作为气密的试验压力，但要做好系统的隔离，避免系统间串压、超压，真空系统的试验压力为0.2MPa。

d. 气密试验时，各类安全附件必须正常投用。

③ 气密过程的要求。

a. 引气密介质前确认工艺流程是否正确，安全附件是否投用，系统间隔断是否正确。

b. 气密预试验，系统引入氮气，压力控制低于0.2MPa，主要检查气密流程是否正确，是否有较大的泄漏，预试验通过后再继续升压试验。

c. 如果是临氢系统，系统需要氮气置换，用氮气将系统中的空气赶尽，避免形成爆炸性气体，保证开工安全，系统氮气置换合格标准为氧含量小于0.5%。

d. 试验时升压要缓慢，升压速度1.0~2.0MPa/h，当升到试验压力的50%时，应保压一段时间，进行查漏和消漏，当消漏合格后，再继续升压，也可以根据管网试验介质能提供的压力、以及工艺过程能达到的压力调整不同阶段保压压力，保压时间根据查漏和消漏情况确定。继续升压到试验压力80%、100%时，保压查漏和消漏，如果设计提供不同阶段的气密压力，按设计要求执行。

e. 氮气气密通过后，可进行工艺介质气密试验，引入工艺介质前要置换氮气，达到标准后才能引入工艺介质，工艺介质气密过程与氮气气密过程相同。工艺介质气密可以结合开工过程进行。

④ 气密试验合格的要求。

a. 气密合格一般以发泡剂检验不泄漏为合格，如肥皂水、洗涤灵配制的发泡水，以无连续性气泡产生为合格，当温度较高时，辅助纸带试漏、可燃气报警器或其他电子测漏仪等检测手段判断密封是否泄漏。

b. 系统气密试验可通过计算系统泄漏率来检验，停止向系统内补压，确定单位时间内系统压力下降的值，确定系统泄漏量。一般系统静压降小于 0.01～0.02MPa/h。

（2）查漏管理：

① 系统气密阶段，装置现场要有操作人员监护。

② 系统引气、升压、保压严格按气密方案进行，随时监控系统压力，判断压力是否正确，巡检检查系统有无异常泄漏声音，发现异常情况及时处理。

③ 在保压阶段，按气密方案规定对系统进行集中全面查漏，重点查漏部位包括：

a. 各法兰、阀门连接处(包括阀门盘根，各种液面计、温度表和压力表接头，排凝阀，放空阀以及阀门上的丝堵等)。

b. 所有装配过的管线阀门、法兰、仪表部件。

c. 所有机泵、设备的进出口、人孔、手孔法兰部位。

d. 检查主要阀门的内漏情况，如调节阀、系统向火炬排放阀，原料、产品输送管线与界区的连接阀、各类放空阀、排凝阀。

e. 检查安装盲板处的泄漏情况。

f. 新增或动改过的焊缝。

④ 检查方法：

a. 用装有肥皂水洗瓶喷射试验的部位，应保证肥皂水完全覆盖试验部位，不应有气泡出现，如某处出现肥皂泡，说明该处泄漏，当泄漏较大时，也可辅助声音判断泄漏。

b. 当被试验部位温度较高时，根据试验介质性质选择其他判断方式，如可燃气介质，可用可燃气测爆仪辅助判断。

⑤ 检查可按气密方案中明确要求的部位进行，用记号笔、粉笔做好现场泄漏部位标识，并及时做好记录。

⑥ 气密检漏过程中要做到定人定点定区域。

(3) 消漏管理：

① 气密过程中发现的泄漏点要做到随时检查和及时消漏，工艺人员发现漏点后，及时通知维保人员处理。

② 在把紧螺栓过程中严格按有关施工规范和顺序操作，避免超过螺栓允许力矩，在可燃介质气密过程中，必须使用防爆工具，避免野蛮操作。

③ 泄漏点处理：

a. 微漏点可不降压，直接把紧法兰，注意把紧力矩不能超过设计规定值。

b. 若泄漏点较大，可降低一个压力等级处理，若把紧无效后，则需要将系统压力降至安全允许压力或常压处理。

c. 若泄漏点经多次把紧仍泄漏，则需要将其隔离后泄压处理。

④ 在消漏过程中，操作人员要做好监护工作，并随时检查泄漏情况，并做好消漏记录。

⑤ 在消漏过程中，随时判断泄漏发展情况以及消漏程度，为下一阶段做准备，对不能消漏的部位做好记录，待完全泄压后集中处理。

⑥ 在气密消漏过程中要做到定人、定点、定区域。

(4) 漏点后期管理：

① 分阶段气密过程中，漏点记录及消漏记录作为开工过程

条件确认文件管理并保存。

② 开工正常后，气密过程中发现的漏点仍作为装置日常巡回检查的重点内容管理。

☞ 166. 塔是怎么分类的？

（1）按用途及在工艺过程中的作用可分为：分馏塔、吸收塔、解吸塔、水洗塔、稳定塔、抽提塔和干燥塔等。

（2）按结构形式分：板式塔、填料塔。

（3）按操作压力分：常压塔、减压塔、高压塔。

☞ 167. 塔的性能指标是什么？

塔设备除了满足特定的化工工艺条件（如温度、压力及耐腐蚀）外，评估塔设备基本性能指标主要包括以下几个方面：

（1）生产能力：即单位塔截面上单位时间的物料处理量。

（2）分离效率：对板式塔指每层塔板所达到的分离程度，对填料塔指单位高填料所达到的分离程度。

（3）适应能力及操作弹性：指对各物料性质的适应性以及在负荷波动时维持操作稳定性而保持较高分离效率的能力。

（4）流体阻力：即气相通过单层塔板或单位填料层的压强降。

除以上几项外，塔的造价高低、安装、维修的难易以及长期运转的可靠性等因素，也是必须考虑的实际问题。

☞ 168. 什么是板式塔？

板式塔中，塔内装有一定数量的塔板，气体自塔底向上以鼓泡喷射的形式穿过塔板上液层，使两相密切接触，进行传质，两相组分浓度沿塔高呈阶梯式变化。它的结构主要包括：塔体、头盖、支座、塔板、接管、人孔、进料及抽出口、破沫板以及保温层。

☞ 169. 塔板的种类及组成是什么？

常用塔板：浮阀塔板、圆形泡帽塔板、S 形塔板、浮动喷射塔板、筛孔塔板、网孔塔板等。

塔板结构主要包括：

(1) 塔板。其上面有许多孔，安装浮阀、泡罩等或直接作为气相通道，介质的传热传质就在上面进行。

(2) 降液管。上层液体通过降液管流到下层塔盘，是主要的液体通道。

(3) 溢流堰。包括进口堰和出口堰，进口堰主要是为了保持降液管的正常体高度，保证传质的正常进行。

☞ 170. 浮阀塔板的工作原理及优缺点是什么？

浮阀塔板是最常用的塔板，它在塔板上开许多方形或圆形孔，每一孔上都带有一个阀片，气体通过阀孔将阀片向上顶起，水平方向射出，在通过液层时，气液两相成泡沫状态进行传热、传质过程。由于阀片开度可以随气速而变，低气速时阀片在重力作用下可自动关小，减少了泄漏。所以它具有效率高、弹性大的优点；而且结构简单、造价较低，处理能力高。

缺点：阀片只能用不锈钢制造，并且操作中浮阀容易卡住、绣住或粘住，不能自由开启，塔板检修时必须对锈死浮阀进行更换。目前炼油厂应用较广泛浮阀的是 F1 型浮阀和船形浮阀。

☞ 171. 常用管壳式换热器类型及特点是什么？

实现热交换过程的设备称为换热器，炼油厂常用换热器主要是管壳式换热器，主要有浮头式换热器、固定管板式换热器、U 形管式换热器，它们是以使用温度、压力及两侧流动介质特征为选用依据。优点是结构简单、价廉、选材广、清洗方便、适应性强，但在传热效率、紧凑性、单位传热金属耗量等方面，不及其他类型换热器。

☞ 172. 固定管板式换热器结构及特点是什么？

换热器的管端以焊接或胀接的方式固定在两块管板上，而管板则以焊接的方法与壳体相连。与其他型式的管壳式换热器相比，结构简单，当壳体直径相同时，可安排更多的管子，也便于分程，制造成本较低，见图 9-21 所示。由于不存在弯管部分，管内不易积聚污垢，即使产生污垢也便于清洗，但却无法在管外表面进行清洗，不适宜处理脏的或有腐蚀性的介质。最主要的缺点：当壳体与管子的壁温或材料的线膨胀系数相差较大，在壳体与管中将产生很大的温差应力。

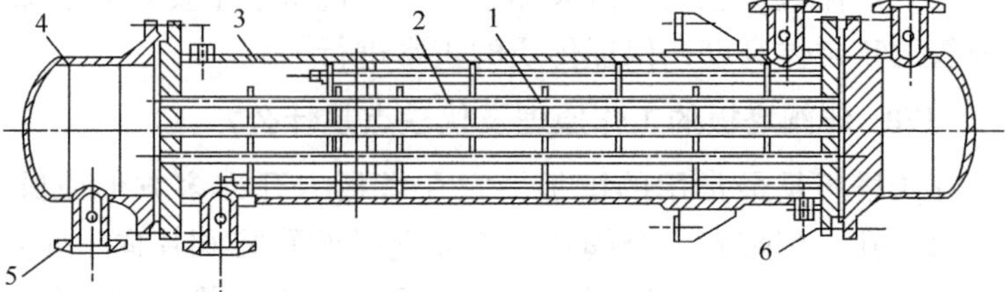

图 9-21　固定管板式换热器

1—折流板；2—管束；3—壳体；4—封头；5—接管；6—管板

为了减少温差应力，可在壳体上设置膨胀节，利用膨胀节在外力作用下产生变形的能力来降低管束与壳体中的温差应力。

☞ 173. 浮头式换热器结构及特点是什么？

浮头式换热器中一块管板与壳体固定，另一块管板能自由移动，当管束与壳体受热伸长时，两者互不牵制，因而不会产生温差应力，见图 9-22 所示。浮头部分有浮头管板，钩圈与浮头端盖组成可拆联接。因容易抽出管束，故管内、管外都能进行清洗，便于检修。

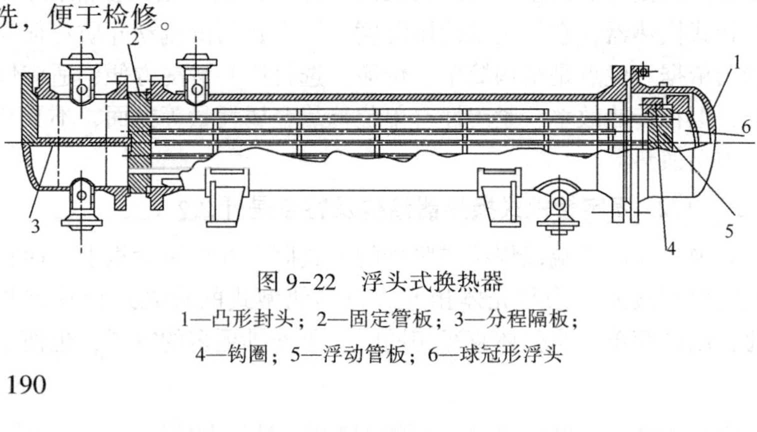

图 9-22　浮头式换热器

1—凸形封头；2—固定管板；3—分程隔板；

4—钩圈；5—浮动管板；6—球冠形浮头

☞ 174. U 形管式换热器结构特点是什么？

换热管被弯成 U 形，管的两端固定在同一管板上，省去了一块管板与一个管箱。因为管束与壳体是分离的，在受热膨胀时，彼此间不受约束，故消除了温差应力，见图 9-23 所示。其结构简单，造价便宜，管束可以从壳体抽出，管外清洗方便，但管内清洗困难，故最好让不易结垢的物料从管内通过。

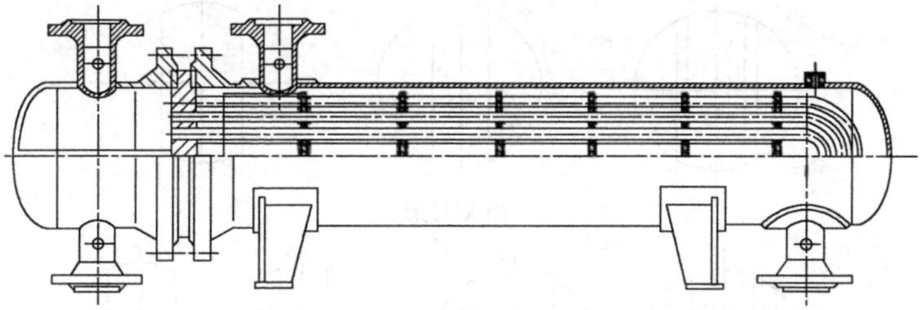

图 9-23　U 形管换热器

当管子泄漏损坏时，只有管束外围处的 U 形管才便于更换，而且必须同时卸去两段直管。由于受弯管加工的影响，弯管的外侧管壁较薄，故承压能力较差。U 形管的自振频率比与其展开长度相同的直管自振频率低，故在横向流中更容易激起振动，另外在管束的中央部分存在较大的空隙，对传热不利。

☞ 175. 折流板的作用及形式有哪些？

为达到逆流换热，除管程采用多管程外，壳程多用折流板使冷热流体趋向于逆流换热，提高传热系数。常用折流板的形式有弓形和圆盘-圆环形两种，弓形折流板有单弓形、双弓形和三弓形三种，见图 9-24 所示。

☞ 176. 换热器管束的排列方式是什么？

换热管的标准排列方式有四种：正三角形、转角正三角形、正方形、转角正方形。换热管的中心距宜不小于 1.25 倍换热管外径，见图 9-25 所示。

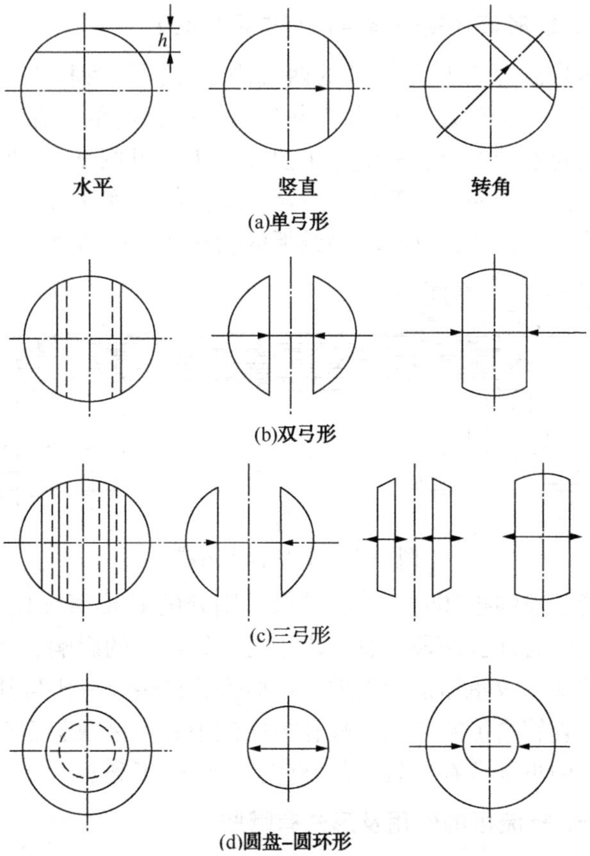

图 9-24　换热器折流板形式

☞ 177. 换热流程的原则一般有哪些?

在选择管壳程介质时，应抓住主要矛盾，以确定某些介质最好走管程或者最好走壳程。应按介质性质和温度(压力)、允许压力降、结垢等条件综合考虑。

(1) 有腐蚀、有毒性、温度或压力很高的介质，还有很易结垢的介质均应走管程，其理由分别为：有腐蚀性介质走壳程、管程材质均会遭受腐蚀，因此一般腐蚀的介质走管程可以降低对壳

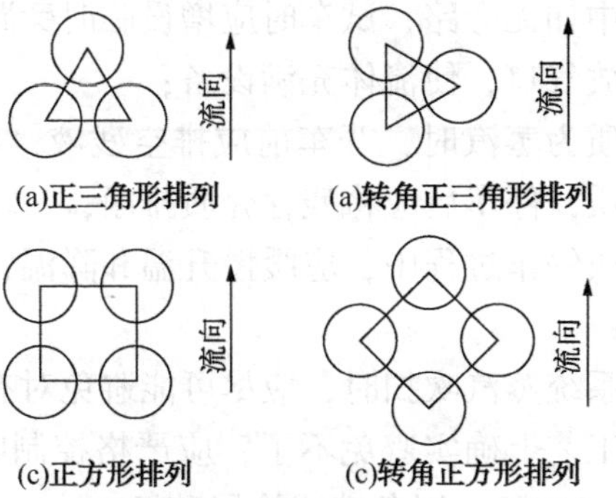

图 9-25　换热管排列形式

程材质的要求；有毒介质走管程的泄漏机会较少；温度、压力高走管程可降低对壳程材质的要求，管程的结垢容易清扫。

（2）从提高总传热系数和最充分的利用压降方面考虑。流体在壳程流道截面和方向都在不断变化且可设置折流板，容易达到湍流，$Re \geqslant 100$ 即达湍流，而管程 $Re \geqslant 100$ 才是湍流，因而把黏度高或流量小，即较低流速的流体选在壳程，反之，如果在管程能达到湍流条件，则安排它走管程就比较合理。从压力降的角度来选择，也是流速小的走壳程有利。

（3）两侧膜传热系数大小来定，如相差很大，可将膜传热系数小的走壳程，以便采用管外强化传热设施，如螺纹管或翅片管。

178. 换热器试车时要注意哪些问题？

换热器在安装完毕，压力试验合格后方可试车，试车时要注意如下问题：

（1）试车前应查阅图纸有无特殊要求和说明，铭牌有无特殊标志，如管板是否按压差设计，对试压、试车程序有无特殊要求等；

（2）试车前应清洗整个系统，并在入口接管处设置过滤网；

(3) 系统中如无旁路，试车时应增设临时旁路；

(4) 开启放气口，使流体充满设备；

(5) 当介质为蒸汽时，开车前应排空残液，以免形成水击；有腐蚀性的介质，停车后应将残存介质排净；

(6) 开车或停车过程中，应缓慢升温和降温，避免造成压差过大或热冲击；

(7) 装置系统蒸汽吹扫时，应尽可能避免对有涂层的冷换设备进行吹扫，工艺上确实避免不了，应严格控制吹扫温度(进冷换设备)不大于200℃，以免造成涂层破坏。

☞ 179. 换热器的日常维护有哪些？

换热设备在日常巡检时应针对设备的结构特点以及在工艺过程中作用建立完善的巡检内容，主要包括：

(1) 认真检查设备运行参数，严禁超温、超压、超负荷，对按压差设计的换热器，在运行过程中不得超过规定的压差；

(2) 操作人员应严格遵守安全操作规程，定时对换热设备巡回检查，检查基础支座稳固及设备泄漏等；

(3) 对管程、壳程介质的温度及压降进行检查，分析换热器的泄漏和结垢情况，在压降增大和传热系数降低超过一定数值时，应根据介质和换热器的结构，选择有效处理方法；

(4) 检查换热器的振动情况；

(5) 在操作运行时，有防腐涂层的冷换设备应严格控制温度，避免涂层损坏；

(6) 检查保温层完好情况。

☞ 180. 换热器检修时如何试压？

施工单位检修完毕，具备压力试验条件后方可试压，根据换热器是新安装还是在役检修确定试验压力。试验时压力应缓慢上升至规定压力，恒压时间不低于20min，然后降至操作压力进行详细检查，无破裂、渗漏、残余变形，压力能够保持住为合格，如有泄漏等问题，处理后再试验。

压力试验步骤：

(1) 固定管板式换热器：

① 壳程试压，检查壳体、换热管与管板连接接头及有关部位；

② 管程试压，检查管箱及有关部位。

(2) U 形管换热器压力试验顺序：

① 用试验压环进行壳程试压，检查壳体、管板、换热管与管板连接接头及有关部位；

② 管程试压，检查管箱及有关部位。

(3) 浮头式换热器压力试验顺序：

① 用试验压环和浮头专用试压工具进行换热管与管板接头的试压；

② 管程试压，检查管箱、浮头盖及有关部位；

③ 壳程试压，检查壳体、换热管与管板接头及有关部位。

(4) 当管程试验压力高于壳程试验压力时，换热管与管板连接接头试压应按照图样规定，或按生产和施工单位双方商定的方法进行。

(5) 重叠换热器换热管与管板连接接头试压允许单台进行，当各台换热器程间连通时，管程和壳程试压应在重叠组装后进行。

(6) 换热器液压试验后，内部积水应放净、吹干。

☞ 181. 冷换设备在开工过程中为什么要热紧？

冷换设备的主体与附件用法兰与螺柱连接，垫片密封。由于材质不同，在装置开工升温过程中，将分别超过 200℃，各部分膨胀不均匀造成法兰松弛，密封面压比下降，高温时更会造成材料的弹性模数下降、变形，机械强度下降，引起法兰产生局部过高的应力，产生塑性，变形弹性消失。此时压力对渗透材料影响极大，会使垫片沿法兰面移动，造成泄漏。热紧的目的在于消除法兰的松驰，使密封面具有足够压力以保证密封效果。

☞ 182. 空气冷却器作用及基本部件有哪些？

空气冷却器是以环境空气作为冷却介质横掠翅片管外，使管内高温工艺流体得到冷却或冷凝的设备，见图 9-26 所示。空气冷却器的基本部件包括：

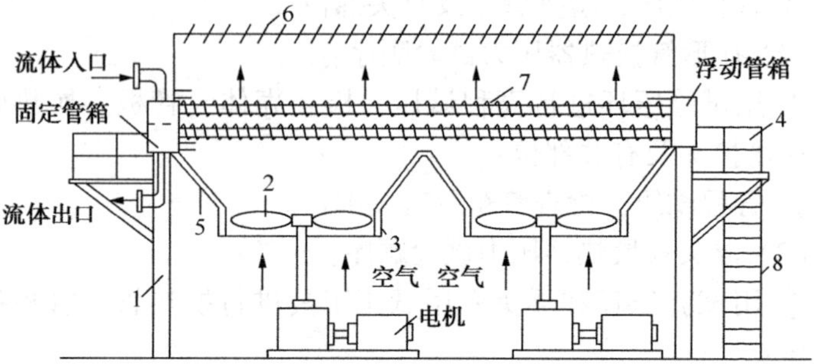

图 9-26 空气冷却器组成

1—构架；2—风机；3—风筒；4—平台；5—风箱；6—百叶窗；7—管束；8—梯子

（1）管束：由管箱、翅片管和框架的组合件构成；

（2）轴流风机：有一台或几台为一组组成；

（3）构件：管束及风机的支撑部件；

（4）附件：如百叶窗、梯子和平台等。

☞ 183. 空气冷却器如何分类？

（1）按管束布置分：水平式、立式、斜顶式等；

（2）按通风方式分：鼓风式、引风式和自然通风式；

（3）按冷却方式分：干式空冷、湿式空冷和干湿联合空冷；

（4）按风量控制分：百叶窗调节、可变角调节式和电机调速式。

☞ 184. 翅片管类型有哪些？

翅片管型式很多，常用有以下几种形式：L 形翅片管、LL 形翅片管、KLM 形翅片管、镶嵌式翅片管、双金属轧片管、I 形绕片管、椭圆翅片管。

☞ 185. 空气冷却器巡检时检查哪些内容?

(1) 设备在运行中严禁超温、超压、超负荷。

(2) 检查个密封面、胀口、丝堵, 发现泄漏及时处理, 检查维护时人员不得在管束的翅片上行走。

(3) 检查风机运行是否正常, 检查皮带传动是否有丢转、过紧等异常情况。

(4) 定期检查翅片管, 根据翅片上的积灰情况及时清洗。

(5) 定时对框架及其他物件进行外防腐处理。

(6) 冬季做好防冻凝工作。

☞ 186. 电加热器的原理是什么?

待加热的气体介质从电加热器的壳程入口进入, 沿着电加热器内部换热流程, 吸收电加热元件表面散发出的热量, 通过控制电加热元件的发热功率, 在电加热器出口获得满足工艺要求的温度。

☞ 187. 电加热器有哪些部件?

电加热器由两部分组成: 加热部分和控制部分, 加热部分包括加热器容器、加热元件、热电偶、接线盒以及电缆等; 控制部分是实现电加热器温度控制和电气保护的设备。

☞ 188. 电热管的原理及组成是什么?

电加热元件是电加热器的关键部件, 金属管状电加热器元件是在金属保护管中放入电热元件(如 80Ni-20Cr 合金加热电阻丝), 并在空隙部分紧密填充有良好耐热性、导热性和绝缘性的结晶氧化镁粉(MgO), 再经其他工艺处理而成。具有结构简单, 机械强度高、热效率高、安全可靠、安装简便、使用寿命长等特点。见图 9-27 所示。

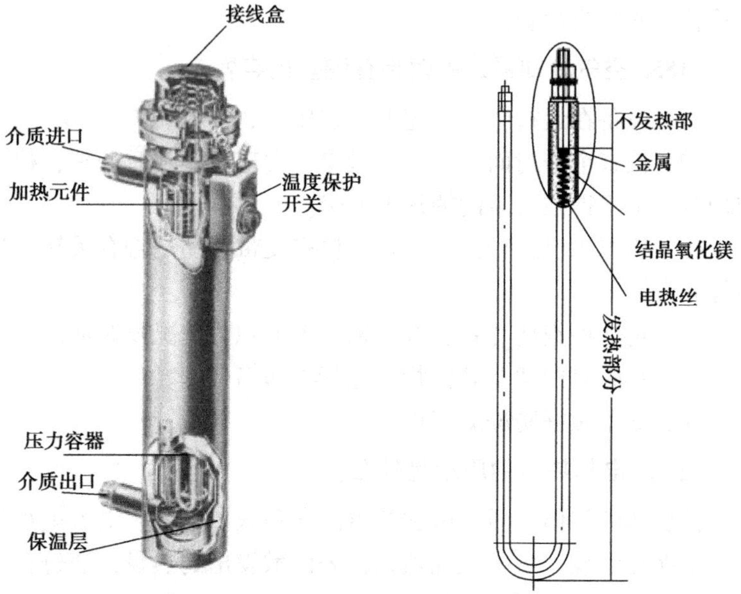

图 9-27　电加热器

所有的保护管(不论是加热元件的还是热电偶的)均需密封焊到加热器法兰盘上，不允许采用银钎焊、套和套管连接方式。所有的加热元件的保护管必须是无缝管结构，管壁的厚度不小于 1.25mm。

☞ 189. 电加热器的控制有哪些?

为保证电加热器的安全运行，电加热器设有如下控制功能:

(1) 出口温度控制采用可控硅控制。根据出口温度变化情况，调节电加热器热功率的输出，确保出口温度满足工艺要求。

(2) 内部温度监测。为保护电加热器电加热元件，在电加热器内部设置电加热元件表面温度监测，当超过设定温度时，电加热器自动停机，确保电加热器不干烧。

(3) 气体流量监测。在电加热器入口或出口管道上安装流量计，监测气体流量，一旦流量低于设定值，电加热器自动停机，防止电加热器干烧，保护加热元件。

(4) 电加热器具有常规的电气保护如短路保护、过载保护、接地保护、温度保护等。

(5) 电加热器与室内 DCS 有信号联系。电加热器运行状态、加热功率以及故障停车在 DCS 上显示，DCS 上通过设定加热温度来控制电加热器的输出功率。

☞ 190. 什么是可控硅整流器控制器？

可控硅(SCR)是可控硅整流器的简称。可控硅(SCR)国际通用名称为 Thyristor，中文简称晶闸管。它是一种大功率开关型半导体器件，在电路中用符号“V”、“VT”表示(旧标准中用字母“SCR”表示)。可控硅有单向、双向、可关断和光控几种类型，它具有体积小、重量轻、效率高、寿命长、控制方便等优点，被用于可控整流、调压、逆变以及无触点开关等各种自动控制和大功率的电能转换的场合。

☞ 191. 电加热器操作时应注意哪些问题？

电加热器属于电气设备，同时加热容器又是压力容器，日常运行涉及工艺、电气、仪表操作人员，在投用前，制订相应的管理制度、操作规程和规定；对有关运行维护、检修人员进行技术培训，符合要求后方可上岗。

(1) 操作人员对电加热器必须做到“四懂”、“三会”。做到正确使用、科学维护，确保设备的安全运行。

(2) 严格执行岗位专责制；对关键设备要加强维护，做好特护工作。严格执行交接班制，交接清楚设备的运行状况。

(3) 严格执行设备的操作规程、规定。操作前要确定设备状况和有关条件是否满足操作要求；操作过程中要严格执行规定的操作步骤和程序，并注意观察设备运行状况是否正常，严禁设备超温、超压、超负荷、干烧等。

(4) 严格执行巡回检查制，应定时、定点、定路线进行巡检，做好巡检记录；特殊情况下应增加巡检次数；全面了解设备运行状况，及时发现并处理设备隐患。

(5) 对发现的设备隐患要及时排除，暂不能排除的要及时向有关部门负责人汇报，并做好缺陷记录。

(6) 电加热器的检修包括电气部分检修和容器的检修，在制定检修计划时，工艺专业要与电气专业协调好，依据设备维护检修规程和设备的运转状况编制科学合理的检修计划和检修时间，协调好检修进度，避免检修不完整，进度不统一。

(7) 使用单位工艺过程发生重大变化时应及时告知电气专业，避免因工艺过程发生变化导致电气设备无法满足生产要求或导致电气故障。

(8) 检修完毕后，对检修后的电加热器进行联合检查验收，并做联锁试验。

☞ 192. 什么是固体颗粒的粒径?

粒径是颗粒在空间范围所占大小的线性尺度。球形颗粒的直径就是粒径，非球形颗粒的粒径可以用球体的直径表示，称为等价直径或当量直径，当量直径与颗粒的各种物理现象相对应，在颗粒群里，一般将颗粒的平均大小称为粒度。

☞ 193. 什么是固体颗粒的形状?

表示颗粒形状的最简单的办法就是将其与球体比较。一般用形状系数和形状指数来表征颗粒的形状，习惯用立体几何各变量的关系来定义形状系数，而颗粒大小的各种无因次组合称为形状指数。形状系数有面积形状系数 K_a、体积形状系数 K_v 和比表面积形状系数 K_s。对于形状不规则的实际颗粒，其表面积可用 $K_a d^2$ 表示，体积可用 $K_v d^3$ 表示，比表面积可用 $K_s/d = K_a d^2/K_v d^3$ 表示。对于球形颗粒，$K_a = \pi = 3.14$，$K_v = \pi/6 = 0.523$，$K_s = 6$。

☞ 194. 什么是颗粒群的粒径分布？

如果颗粒的粒径相等，可以用单一粒径表示，但是在颗粒群里，各颗粒的粒径并不相等，无法用单一粒径来表示，必须用各种粒径颗粒的数量分布情况来表示，即粒径分布，粒径分布又叫粒度分布，粒度分布代表着不同直径的颗粒占总颗粒数的比率。

☞ 195. 颗粒群的粒径分布的表示方法是什么？

颗粒粒径分布常用微分分布和积分分布来表示。微分分布又叫频率分布，表示各个粒径相对应的颗粒百分含量。积分分布又叫累计分布，表示小于或大于某粒径的颗粒占全部颗粒的百分含量与粒径的关系。百分含量的基准可以是颗粒的个数、体积、质量、长度及面积等。见图 9-28 所示。

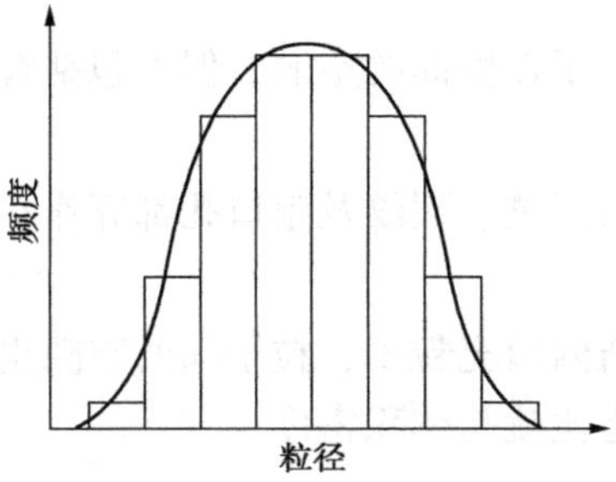

(a) 直方图

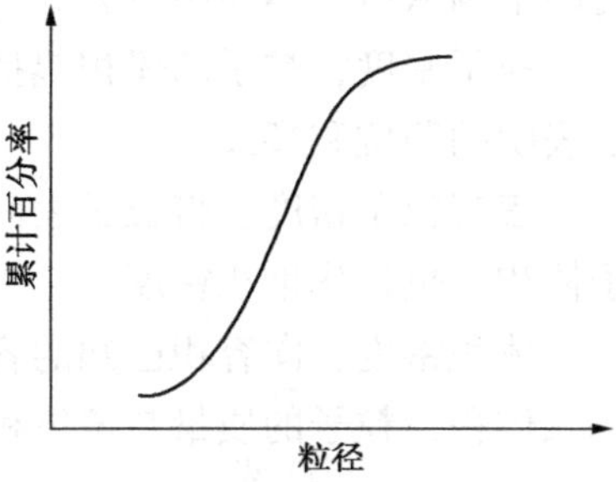

(b) 粒度累积分布曲线

图 9-28 粒径分布

☞ 196. 什么是颗粒群的平均粒径？

颗粒平均直径的计算方法很多，其中最常用的是平均比表面积直径。设有一批大小不等的球形颗粒，其总质量为 G，经筛分分析得到相连两号筛之间的颗粒质量为 G_i，筛分直径(即两号筛孔的算术平均值)为 d_i，根据比表面积相等原则，颗粒群的平均比表面积直径可写成：

$$\frac{1}{d_a}=\sum\frac{1}{d_i}\frac{G_i}{G}=\sum\frac{x_i}{d_i}$$

$$d_a=1/\sum\frac{x_i}{d_i}$$

式中　d_a——平均比表面积直径，m；

d_i——筛分直径，m；

x_i——d_i 粒径段内颗粒的质量分数。

☞ 197. 什么是颗粒群的密度？

单位体积内的粒子质量称为密度，密度是粒子固有的最重要的特性值之一，是测定粒径和空隙用到的物性值。

真密度，真密度也称固体密度，计算时应将处于粒子内部的封闭空洞从粒子体积中除去。

粒子密度，粒子的体积包括封闭在里面的空洞，但不包括粒子表明的凹坑和裂纹。

表观粒子密度，将粒子表面的凹坑、裂纹及敞口孔都算作粒子体积，也称作堆积密度。

体积密度，向容积已知的容器内填充粒子，粒子间的空隙也算入体积，粒子的质量与该体积之比就是体积密度。

☞ 198. 什么是过滤介质？

在过滤过程中，由其表面或内部留住固体颗粒的任何有渗透性的材料称为过滤介质。过滤介质是过滤设备的关键。

☞ 199. 什么是过滤介质的孔隙率？

过滤介质的孔隙率 ε：

ε = 过滤介质中的空隙体积/过滤介质的总体积×100%

对于烧结金属粉末介质来说，孔隙率大约为 25%~55%。

图 9-29 为几种材料的主要孔径分布范围。

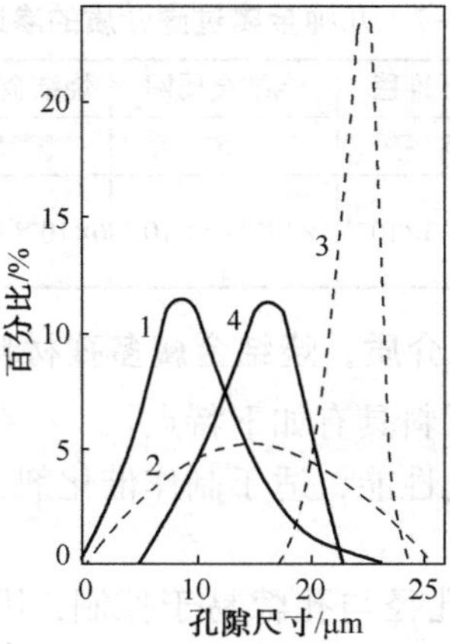

图 9-29　几种材料的主要孔径分布范围

1—烧结金属纤维毡；2—烧结金属粉末；3—烧结金属网；4—金属编织网

☞ 200. 什么是过滤介质的渗透性？

在压力梯度下，流体透过过滤元件的能力。介质的渗透性是利用试验装置，根据流体在规定压差下的流量速率来确定的，通常用渗透性系数 K_p 表示。

$$\frac{p}{L}=\frac{Q\mu}{AK_p}$$

式中　A——过滤面积，m^2；

Q——体积流速，m^3/s；

p——压差，Pa；

L——介质层厚度或深度，m；

μ——液体黏度，Pa·s；

K_p——渗透性系数，m^2。

☞ 201. 什么是渗透率？

按照 ISO 4022 标准，在过滤介质上施加 200Pa 压力时，单位面积上的气体流量［L/(dm^2·min)］。表 9-7 列出了几种金属过滤介质的渗透率。

表 9-7　几种金属过滤介质的渗透率

过滤介质	金属纤维毯	烧结金属网	烧结金属粉末	金属微孔膜
等效孔径/μm	5	5	5	0.3
渗透率/($L/cm^2 \cdot min \cdot Pa$)	$1\times10^{-3}\sim5\times10^{-3}$	$1\times10^{-4}\sim5\times10^{-4}$	$6\times10^{-5}\sim1\times10^{-4}$	$1\times10^{-6}\sim5\times10^{-6}$

☞ 202. 作为过滤介质，烧结金属多孔材料有哪些优点？

烧结金属多孔材料具有如下特点：

（1）优良的透过性能，适于制作催化剂、流体的分布与渗透装置等；

（2）金属微孔孔径与孔隙易于控制，用于过滤时的过滤精度高；

（3）保持一定的金属与合金本身的特性；

（4）耐高温、抗热震、耐低温，适宜在较高或超低的工作温度和耐热冲击环境下长期工作；

（5）金属微孔孔径、空隙度、渗透性能可通过反吹、高温热处理、化学溶剂、燃烧和超声波振动等多种途径进行清洗再生，从而延长使用寿命；

（6）具有较好的机械加工性，可进行较复杂的机械成型加工及焊接。

☞ 203. 常用烧结金属多孔材料有哪些？

从制备工艺和结构特点方面考虑，可将烧结金属多孔材料分为：烧结金属丝网、烧结金属毡、烧结金属粉末、金属膜。其结构如图 9-30 所示。

☞ 204. 什么是烧结金属粉末过滤介质？

烧结金属粉末过滤介质是将预熔合粉末模压成管或板，然后高温烧结，粉末粒度、模压和烧结操作的综合因素决定了多孔介质的孔径分布、强度和渗透性。由不同合金（包括 316L 不锈钢；HastelloyB、C22、C276、N、X；Inconel600、625、690；Monel400；镍 200；合金 20 和钛）制得的烧结金属粉末介质可以在

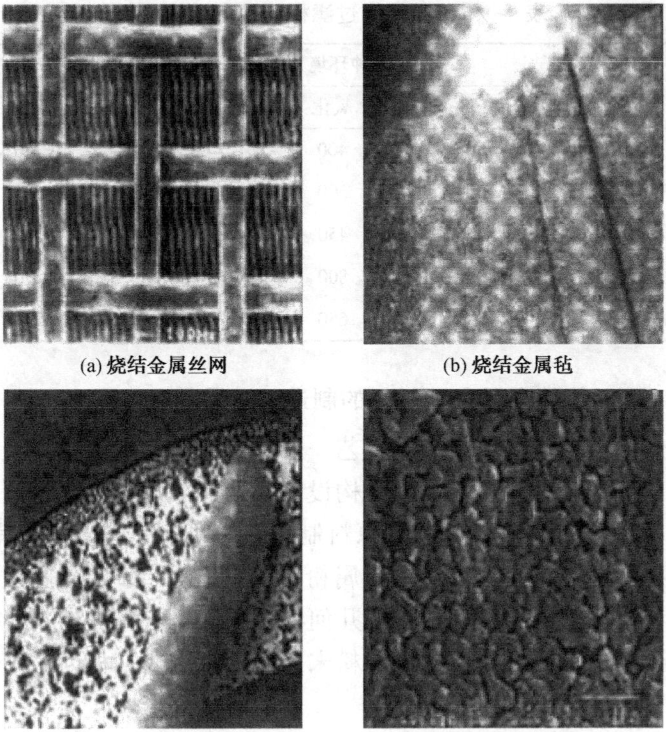

(a) 烧结金属丝网　(b) 烧结金属毡

(c) 烧结金属丝粉末　(d) 烧结金属膜

图 9-30　常用烧结金属多孔材料

大范围的腐蚀和温度环境中使用。烧结金属粉末的过滤性能参数及材料的最高使用温度见表 9-8 和表 9-9。

表 9-8　烧结金属粉末的过滤性能参数

型号	厚度/mm	有效孔径/μm	分离效果/μm			容尘量/(g/m^2)	孔隙度/%
			90%	99%	99.5%		
P1	1.50	11.1	4.7	6.8	7.6	17.7	15.5
P5	1.64	79.7	45.8	55.0	30.1	38.0	70.7
F1	0.14	17.4	7.5	10.2	12.1	42.5	21.1
F4	0.25	60.0	27.4	36.7	37.9	82	51.3

表 9-9　烧结金属过滤材料最高使用温度

多孔金属	各种环境下的最高使用温度/℃			
	中性	氧化	还原	硫化
316L	500	400	500	350
310	500	500	500	500
Hastelloy C276	550	450	550	250
Inconel 600	800	800	800	250
Hastelloy X	920	650	925	250

☞ 205. 烧结金属多孔材料的制造工艺是什么？

烧结金属多孔材料制备工艺一般经过以下几个阶段：

（1）烧结金属多孔材料结构设计；

（2）烧结金属多孔材料原料制备（高精度精密丝网的编织、集束拉制金属纤维、高等级金属粉末的制备）。对金属多孔材料的制备，要求原料具有很好的几何物性，即对金属纤维原料要求有一致的丝径、长度；对金属粉末原料要求有非常相近的几何外形尺寸；

（3）金属多孔材料的烧结复合制备技术，其中包括了金属微孔结构设计；

（4）烧结金属多孔材料过滤组件的成型，其中涉及滤材的焊接成型。

☞ 206. 什么是过滤精度？

过滤精度的最早测试方法和命名是由美国 Pall 公司创始人 Pall 博士在 1950 年中期提出的，1955 年在航空工业上首次采用硅质球过滤法作为衡量过滤器等级的依据，这就是绝对过滤精度。

20 世纪 60 年代，美国对其军用过滤产品先后发布三项标准，分别对 5μm、15μm、25μm 绝对过滤精度作了规定。

70年代中期，E. C. Fitch等在液压污染控制学科形成理论中对过滤精度定义：当一颗粒群通过过滤介质时，滤前某粒径颗粒数与滤后同一粒径颗粒数之比，根据比值确定过滤精度，这一概念的特点是不再单纯以绝对过滤精度来表征过滤介质的对粒子的截留能力，而是以过滤比β来表征精度。

80年代初，制定了被大多数国家认可的ISO 4572标准，规定$\beta=75$时的颗粒粒径为过滤精度。90年代开始，一些国外过滤介质生产公司为了说明其过滤介质的精度高，给出$\beta>75$时的颗粒粒径为其产品的过滤精度。如美国Pall公司给出$\beta=200$时的颗粒粒径为其生产的过滤介质的过滤精度，此时过滤效率为99.5%，当$\beta=1000$时过滤效率为99.9%。

☞ 207. 什么是绝对过滤精度？

按照ISO 4572标准，过滤效率高于98%时的粒子直径(单位μm)　。

考虑到ISO 16889的适用范围和国外的制造水平及国内的生产和液压过滤器的实际使用状况要求，本标准采用依据ISO 16889(原标准：ISO 4572)测定的过滤效率为98%、99.9%时的阻挡颗粒尺寸值，同时表征该过滤元件的“过滤精度”值，使用单位和设计部门可以根据自己的工艺流程特点来确定选择符合自己要求的过滤元件。

☞ 208. 多孔材料的精度测量法有哪些？

对多孔材料孔径的测量一般有直接法或间接法两类测量方法。直接测量用显微镜观察测量法，X射线小角度散射测量法，电子显微镜观察法等。间接测量法是利用一些与孔径有关的物理现象，通过实验测出各有关物理参数，并在孔隙为均匀通直圆孔的假设条件下计算出孔隙的等效孔径，具体有汞压入法、气泡法、离心力法、透过法、气体吸附法、悬浊液过滤法。直接法大多用来测量试样表面孔隙的大小，或金属网孔型的孔径，对于有一定厚度或孔隙深度的多孔材料则大多采用间接型检测方法。

☞ 209. 烧结不锈钢过滤元件的试验方法是什么？

烧结不锈钢过滤元件(GB/T 6886)的试验方法主要包括：

(1) 化学成分按 GB/T 223.5、GB/T 223.11、GB/T 223.17、GB/T 223.26、GB/T 223.62、GB/T 223.63 及 GB/T 14265 的规定进行分析。

(2) 在特定过滤效率值下阻挡固体颗粒尺寸值的测定按 ISO 16889 进行。

(3) 渗透性的测定按 GB/T 5250 进行。

(4) 耐压破坏强度的测定按本规定附录 A 的规定进行。

(5) 表面缺陷目视检查。

(6) 外形尺寸用足够精度的量具测量。

☞ 210. 什么是烧结金属过滤元件耐压强度试验？

将管状和片状烧结金属过滤元件的孔隙用石蜡堵塞，测定其经受流体压强的能力。管状元件有耐内压、外压两种强度，一般情况下优先测量耐内压强度值。

将过滤元件试样置于液压系统管路中，均匀地逐渐向试样加压，直至破裂或达到某特定值，试验系统所示负荷值为试样耐压强度值。图 9-31 为液压强度试验示意图。

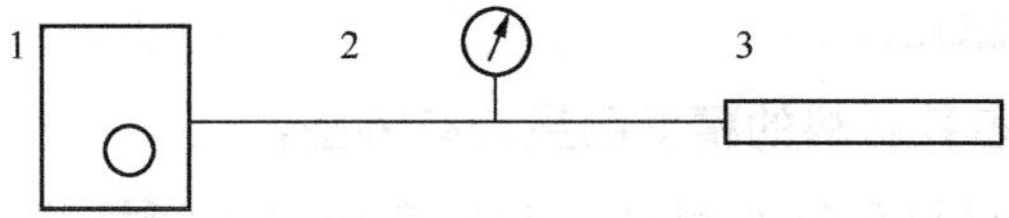

图 9-31　液压强度试验系统示意图

1—液压泵；2—压力表；3—试样

☞ 211. 什么是气泡检测法？

气泡法是一种间接测量方法，利用毛细管现象，计算公式如下：

$$D = 4\sigma\cos\theta/\Delta P$$

式中 D——过滤介质孔隙的最大鼓泡直径，m；

σ——液体的表面张力，N/m；

θ——液体与过滤介质孔壁的接触角，(°)；

ΔP——当过滤介质表面出现第一串气泡时，介质两侧的压强差，Pa。

气泡法广泛用于过滤介质质量检测中，最大优点是仪器简单，操作容易，重复性较好。但此法测出的孔径只是最大鼓泡直径和沸腾孔径，未反映出过滤介质的真实孔径及过滤精度。

☞ 212. 什么是多次通过法？

使通过实验过滤器的任何固相在密闭的回路中不受限制、不变化地进行再循环，这样通过实验过滤器的固相就多次作用在实验的过滤介质上，直至通过实验过滤器的压降增加到给定值为止，通过颗粒计数器对上下游同种粒子数进行统计读数，计算过滤比 β 值：

β=上游给定颗粒尺寸的颗粒数/下游相同颗粒尺寸的颗粒数

当 $\beta=75$ 时，此时过滤速率是使实验结果具有再现性的最大过滤速率，确定这一颗粒尺寸为该过滤器的过滤精度。

☞ 213. 什么是过滤效率？

以给定固体颗粒浓度和流量的流体通过过滤元件时，过滤元件对大于某给定尺寸(x)固体颗粒的滤除百分率。即：

$$\eta_x=(N_1-N_2)/N_1\times 100\%$$

式中 N_1——过滤性元件上游单位液体容积中大于某给定尺寸的固体颗粒数；

N_2——过滤性元件下游单位液体容积中大于某给定尺寸的固体颗粒数。

☞ 214. 过滤精度与过滤效率的关系是什么？

在 GB/T 6886 中列出了 9 中不同牌号的烧结不锈钢元件（SG001~SG070），以 SG001 为例，当过滤效率为 98%时，过滤精度为 1μm，过滤效率为 99.9%时，过滤精度为 3μm。可见过滤精度和过滤效率是一个关联的概念。利用 β 值可以计算出过滤效率。在特定过滤效率值下阻挡固体颗粒尺寸值的测定按 ISO 16889 进行。过滤比与过滤效率的关系见表 9-10。

表 9-10　过滤比与过滤效率的关系

β 值	1	2	20	50	100	200	1000	10000
过滤效率 η_x/%	0	50	95	98	99	99.5	99.9	99.99

☞ 215. 气固分离的目的是什么？

气固分离的目的就是将气体中携带的固体颗粒分离出去。在汽油吸附脱硫反应器内，通过气固接触，完成了预期的化学反应之后，就需要把气体与所携带的固体颗粒（吸附剂）分离，气体作为反应产物，进入下一步处理，吸附剂则留在反应器内循环使用。

☞ 216. 常见气固分离机理有哪些？

气固分离装置是利用一种或数种气固分离的物理过程来达到分离气固混合物中固体颗粒的目的。在气固分离技术中，常见的分离机理有重力沉降、惯性力分离、拦截分离、荷电分离等，此外还有热泳力、扩散泳力、磁场力和辐射力。

☞ 217. 什么是气固重力分离的机理？

气固混合物固体颗粒的分离借助于重力作用，而固体颗粒在沉降过程中还有受到气体介质对它产生的阻力。

☞ 218. 什么是气固惯性分离的机理？

气流在惯性分离器内发生急速转向，或先冲击在挡板上再急速转向，其中固体颗粒由于惯性效应，其运动轨迹就和气流轨迹不一样，从而实现两者的分离，气流速度高，这种惯性效应就大，气流的压降也较低，只是分离效率不够高。

☞ 219. 什么是气固离心式分离机理？

气体通过特定的入口结构而产生高速旋转运动，固体颗粒所受到离心力要比其重力大数百倍甚至几千倍，比惯性分离器中固体颗粒的惯性力要大一个数量级以上，所以可以使分离的最小粒径为5~10μm，大大提高分离效率。它结构简单，造价低，维护方便。可承受高温高压和高的固体颗粒浓度，缺点是压降高，对于小于5~10μm的细颗粒分离效率不高。

☞ 220. 什么是拦截捕获机理？

当不考虑固体颗粒的惯性，而仅考虑颗粒沿气体流线经分离构件时，由于颗粒尺寸而被分离构件捕集的分离过程称为拦截捕获过程。当只考虑拦截捕集效应时，沿流线运动的固体颗粒不仅能在其流线上与分离构件相交处被分离，而且还能使流线与分离构件表面距离等于或小于粒子半径的所有粒子被分离开来。

☞ 221. 什么是机械力分离？

机械力分离主要包括重力沉降、惯性力分离、离心分离如旋风分离器、旋转分离器等，重力沉降器结构简单、气速低，一般可以分离100μm以上的粗颗粒，惯性力分离可以分离10μm左右的细粒，高效的还可将5μm的细粒分离出来，这些靠机械力分离固体颗粒的分离器，结构简单，能在高压高温等十分苛刻的条件下运行，造价又不高，维护管理简单可靠，应用广泛，但无法分离5μm以下的微粒。

☞ 222. 什么是过滤分离？

过滤分离可将0.01~1μm的微粒有效地捕集下来，是各种分离方法中分离效率最高而又稳定的一种。只是滤速不能高，设备庞大，过滤器在工业上常应用于末级分离器等要求较高的场合，分为各种织物过滤器以及各种颗粒层过滤器，并向高温应用发展。

☞ 223. 什么是表面过滤？

表面过滤时粒子被截留在介质的表面上，逐渐增厚成滤饼。表面过滤属于筛滤，能将大于介质孔的粒子过滤掉，逐渐累积成滤饼。滤饼具有良好的孔结构，能滤掉更小的粒子，有连续的流体通过。由于表面过滤介质的孔径不均匀，所以在进行表面过滤的同时，也会伴有深层过滤。

☞ 224. 什么是深层过滤？

深层过滤主要用于对微小粒子的分离，过滤时粒子在介质的多层结构中被捕捉。多层结构有较大的纳污能力，提高了介质的工作寿命。由于粒子在介质深部被捕捉，所以需要离线清洗。清洗时不能采用简单的反洗方法，而是要利用超声波清洗、溶剂清洗、高温分解及水蒸气清洗等方法。总之由于烧结金属粉末介质具有深层过滤功能，所以比表面过滤的金属烧结网难清洗。

☞ 225. 过滤材料的再生手段有哪些？

(1) 反吹法：使用大于工作压力并与过滤气流方向相反的气流吹除。

(2) 超声波法：利用超声振荡来清除附着在过滤器上的杂质。

(3) 灼烧法：用加热气流除去尘粒杂质。

(4) 化学法：以化学溶剂来溶解过滤器上的尘粒杂质。

(5) 综合法：综合使用上述的方法来清除粉尘杂质。

☞ 226. 带反吹过滤系统的工作原理是什么？

气固分离过滤系统的过滤介质为烧结金属粉末滤芯，烧结金属粉末过滤介质具有有效的小孔，可以有效地的将固体颗粒捕获在滤芯表面或表面附近，这样就形成可渗透的固体滤饼，通过启动反吹气流，在预先设定的压差(为滤饼厚度和压缩性函数)下可以将滤饼除去。除去的滤饼从过滤系统中排出，可以直接返回处理过程中重新使用，或者从处理气流中清除并发送到储存或收集单元，然后过滤器恢复到完全正向流，并在某一压差下持续工作直至下一反吹周期。

☞ 227. 滤饼的组成是什么？

滤饼包括永久滤饼和非永久滤饼。在过滤过程中，过滤器表面首先形成如图 9-32 所示的形状，当达到设计压差时开始反吹，反吹的时间很短，反吹的结果是把外部的颗粒从过滤器表面吹下，内部颗粒则能牢固地附在过滤器表面，形成新的过滤层，即永久滤饼。过滤器本身的压差改变到一个恒定值，达到一个新的平衡。

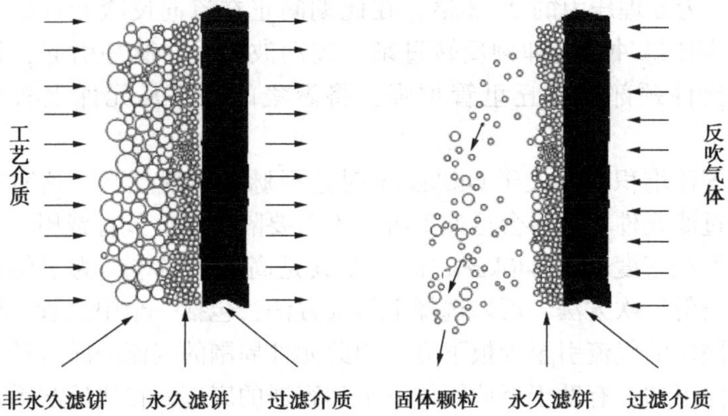

图 9-32　滤饼的组成

☞ 228. 过滤器在线反吹的形式是什么？

过滤器在线反吹有两种方式：反向气流反吹和脉冲喷射反吹。

(1) 反向气流反吹系统：

具备反向气流反吹功能的过滤系统使用一个或多个容器进行连续的处理过程，当达到末期压差时，通过关闭入口和出口阀门隔离一个容器，以便清洁过滤元件。反吹气体反向流动通过过滤元件，持续时间 2~4s，这样可以移去元件上聚集的滤饼，然后这些元件返回到在线过滤过程中，其余容器或分隔室依次顺序反吹继续进行。

固体堆积密度低于 640kg/m^{3}时选择反向气流方法，这些轻的固体依靠重力作用不能快速下沉，需要反向气流帮助，以防止正向气流恢复时被重新带到过滤元件上。

(2) 脉冲喷射反吹系统：

脉冲喷射反吹系统使用一个或多个过滤容器，正向气流一直保持在最大状态，省去了容器的隔离阀门，通过把高压脉冲气体指向每一个元件的颈管，使得元件依次反吹，脉冲持续 0.1～1.0s，为处理压力的 2～3 倍，在此期间正在流向反吹元件的气流被高压脉冲喷射即刻反转过来。震动波由反向脉冲引起，被过滤元件颈部的文丘里管加强，将聚集的滤饼从元件上有效移除。

固体堆积密度大于 640kg/m^{3}时选择脉冲喷射反吹，这时固体从过滤元件移去后会迅速下沉，不需要隔离阀，节省费用。当固体堆积密度小于 640kg/m^{3}时，尤其是高温环境中，为了使用脉冲喷射反吹方法，可以选择下行式方法，包括一个中央管，将含有固体的气流引至管板下方，因此元件周围的气流的净流动方向是向下的，有助于释放固体下沉到容器的底部。在线反吹系统见图 9-33 所示。

☞ 229. 再生反吹触发方式有哪些？

触发反吹有两种方式：定时反吹和压差触发快速反吹。

(1) 定时反吹：定时反吹中设定反吹循环时间，反吹循环时间是 DCS 或 PLC 控制器中一个可调的参数，过滤器正常运行过程中，根据过滤器平衡压差的变化趋势，适当调整，在生产初期，过滤器压差小，循环时间设置长一些，在生产末期，过滤器流通性能变差，循环时间设置短一些。

(2) 压差触发快速反吹：当过滤器末期压差高于压差高报报警值时，触发快速反吹过程，快速反吹的循环时间一般设置为正

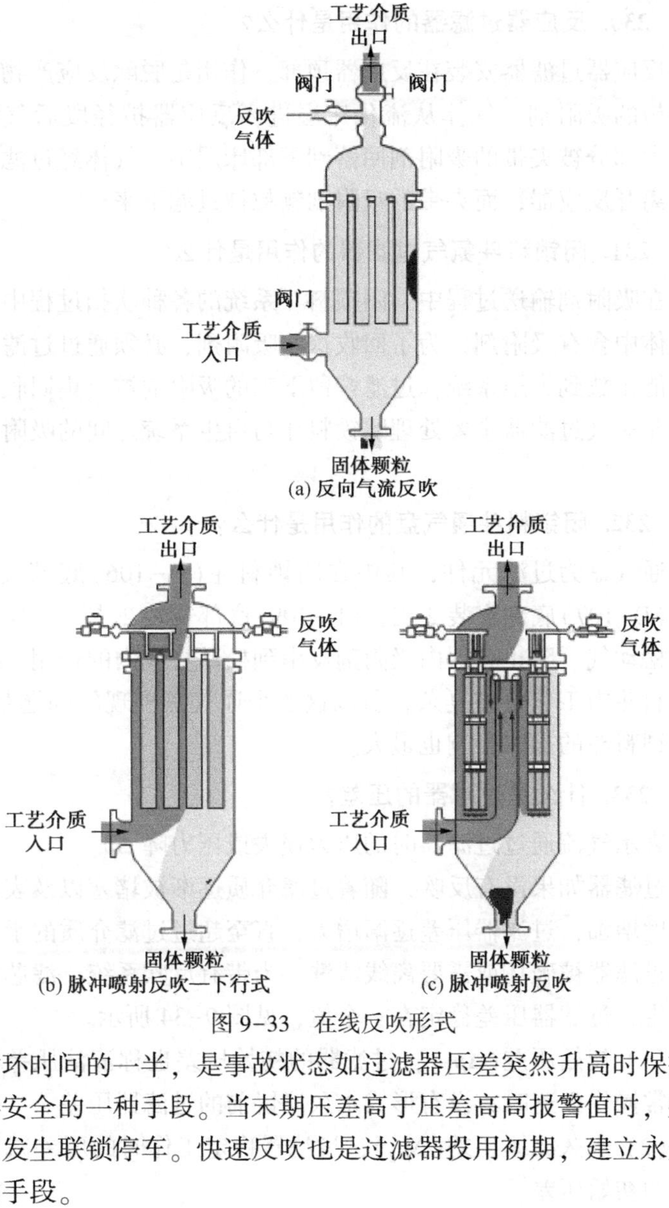

图 9-33　在线反吹形式

常循环时间的一半，是事故状态如过滤器压差突然升高时保护过滤器安全的一种手段。当末期压差高于压差高高报警值时，生产工艺发生联锁停车。快速反吹也是过滤器投用初期，建立永久滤饼的手段。

☞ 230. 反应器过滤器的作用是什么？

反应器过滤器安装在反应器顶部，作用是脱除反应产物气体中夹带的吸附剂。气体从流化床层进入反应器扩径段后气速下降，大部分被夹带的吸附剂回落到下部床层中，气体经过滤器过滤后离开反应器，而夹带的吸附剂颗粒被过滤下来。

☞ 231. 闭锁料斗氮气过滤器的作用是什么？

在吸附剂输送过程中，闭锁料斗系统的各种吹扫过程中，部分气体中含有吸附剂，为了回收这些吸附剂，必须通过过滤器过滤才能排放到火炬系统，过滤截留下来的吸附剂被收集回收。闭锁料斗氮气过滤器主要处理闭锁料斗与再生系统之间的吸附剂及气体。

☞ 232. 闭锁料斗通气盘的作用是什么？

通气盘为过滤元件，其中在闭锁料斗（D-106）底部安装3支，（D-107）底部安装2支，（D-109）底部安装2支。主要起到过滤松动气、防止容器内吸附剂反串到松动管线内的作用，由于闭锁料斗内工作条件复杂，所以这3个通气盘出现的问题最多，对闭锁料斗的操作影响也最大。

☞ 233. 什么是过滤器的压差？

表示气流通过过滤器时的压力损失或压力降 Δp。

过滤器如果没有反吹，随着过滤介质逐渐被堵塞以及表面滤饼厚度增加，过滤器压差逐渐增大，直至超过过滤介质的承受能力，过滤器被破坏或需要离线清洗。当带有反吹系统，滤芯可在线再生，过滤器压差稳定在一个值，见图9-34所示。

（1）初始压差（Δp_1），过滤器的初始压差也称清洁压差，指在正常操作面速时，没有形成永久滤饼前的过滤器压差。

（2）永久滤饼压差（Δp_2），过滤器稳定工作时的压差减去过滤器的初始压差。

(3) 平衡压差(Δp_3)，已形成稳定的永久滤饼，正常操作面速时，过滤器压差相对稳定的平衡值。

(4) 反吹压差(Δp_4)，末期或污染压差，过滤器压差升高触发反吹，系统开始反吹时的过滤器压差。

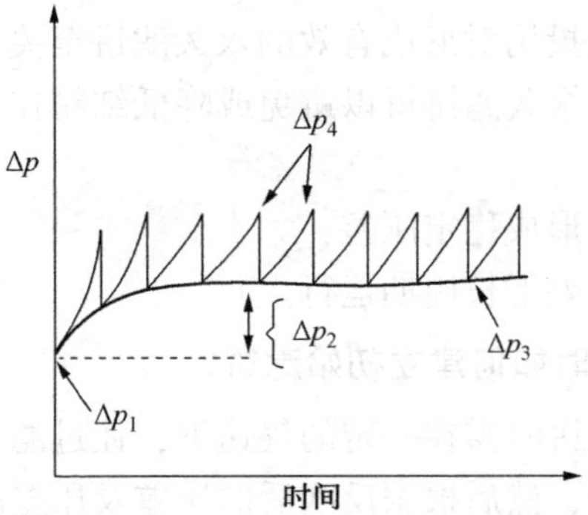

图 9-34　过滤器压差示意图

☞ 234. 烧结金属粉末过滤器的运行经过几个阶段?

烧结金属粉末过滤器的运行一般经过以下几个过程：

(1) 过滤初始阶段。固体颗粒随油气流经烧结金属过滤介质时，一部分固体颗粒进入过滤介质内部，一部分沉积在过滤介质表面，此时滤饼未形成，压差较低。

(2) 滤饼形成阶段。随着过滤介质表面固体颗粒的不断沉积，形成连续的滤饼层。固体颗粒的拦截效率不断提高，压差迅速增加。当压差增加到一定值时，就需要启动反吹系统，将一部分滤饼吹掉。

(3) 过滤稳定阶段。经过反复滤饼形成阶段，过滤介质表面形成一层比较稳定的滤饼(永久滤饼)，此时滤芯的过滤主要依靠这层稳定滤饼的筛分作用，此时进入稳定工作阶段，压差变化不大。

可见，烧结金属粉末介质的过滤作用主要依靠过滤介质表面的永久滤饼层，投用过滤器，形成良好的永久滤饼非常关键，这个过程直接影响过滤器的过滤效率、精度、压差以及寿命。

☞ 235. 什么是初始滤饼？为什么要建立初始滤饼？

过滤器滤饼通常是在系统开始装剂的时候开始建立，建立初始滤饼就是建立过滤器的永久滤饼。建立初始滤饼的重要性：

（1）正确地投用对形成有效的永久滤饼至关重要；

（2）良好的永久滤饼可以避免或降低细粉在过滤元件微孔中的沉积；

（3）过滤器形成稳定压差；

（4）在低压差下长周期运行。

☞ 236. 投用时如何建立初始滤饼？

建立永久滤饼时需在一定的气速下，让过滤器表面先积累一定厚度的吸附剂，然后根据反吹后的压差及压差的恢复情况来确定反吹的时间间隔，直到每次反吹后的过滤器压差和在一定时间（或反吹循环次数）内的压差恢复值均趋于恒定时，便表明永久滤饼建立成功，图 9-35 显示一个建立永久滤饼的过程。

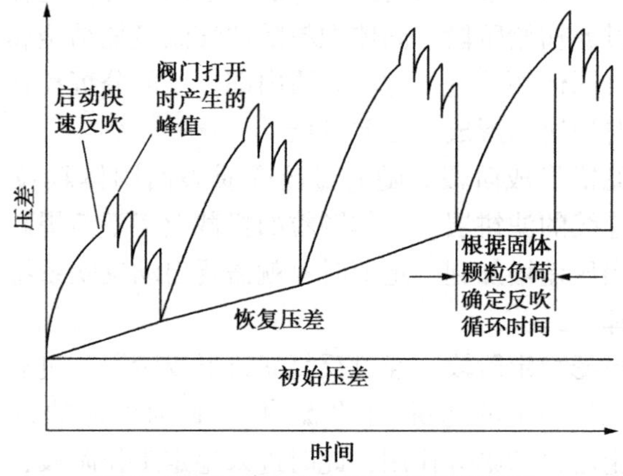

图 9-35　过建立永久滤饼的操作过程

☞ 237. 投用反应器过滤器的原则是什么？

在投用反应器过滤器时要注意如下几项原则：

（1）开始5~10个反吹循环对于形成永久滤饼比较重要，每次反吹压差必须低于4kPa。

（2）过滤器压差是气体流量平方的函数，建立永久滤饼时要考虑流量变化的因素。

（3）确保工艺介质与反吹气体温度高于其露点温度。

（4）注意反吹气体压力，每次反吹阀门动作，反吹气体缓冲罐压力下降不能超过10%，可以通过调整反吹阀门开启时间保证反吹压力。

（5）确保反吹气体压力在下一个阀门动作前恢复到设定压力。

（6）通过启动快速反吹建立永久滤饼。

☞ 238. 反应器过滤器运行影响因素有哪些？

（1）固体颗粒的特征，如颗粒的黏附力、粒度分布、最大的流态化固体颗粒、固体颗粒负荷。

（2）工艺气体的特征，如气体黏度、密度、体积流速。

（3）反应器内反应过程，如发生反应、聚合、升华等过程，这些过程将改变上面提到的特征。

☞ 239. 反应器过滤器压差偏高的原因是什么？

过滤器的压差由过滤介质的压差、永久滤饼的压差和非永久滤饼的压差三部分组成，过滤介质的压差取决于其通透性、面速以及气体的黏度，滤饼的压差（包括永久滤饼和非永久滤饼）则取决于滤饼的厚度。反应器过滤器压差偏高的原因主要有：

（1）过滤器过滤面积偏小；

（2）反应器进料量偏高，线速增加；

（3）反应器内细粉含量增加；

（4）反吹系统发生故障或效率下降；

（5）过滤器初始滤饼建立不理想；

（6）其他工艺条件发生变化。

☞ 240. 吸附剂粒度分布对反应器过滤器有哪些影响?

过滤器负荷指能够到达过滤器过滤表面的吸附剂颗粒数量(过滤器入口进料携带的颗粒数量),这与反应器内吸附剂的夹带量有关。

在反应器内稀相区颗粒运动符合斯托克斯定律:当球的半径(r)越小,球径越小,其速度(u_f)越高,越容易被夹带到容器顶部。

☞ 241. 过滤器对反吹阀门的要求是什么?

反吹系统对反吹阀门要求较高,主要有如下几方面原因:

(1) 反吹气体为高温、高压的氢气,对阀门规格、材料强度要求高。

(2) 为保证反吹压力,要求阀门实现零泄漏。

(3) 要求阀门动作迅速,开关时间<0.5s,一般应达 0.1 ~ 0.2s,执行机构采用增速器。

(4) 阀门动作频繁,在过滤器运行末期,反吹阀门开口频次很高,对阀门及其执行机构要求苛刻。

☞ 242. 反吹阀门内漏有什么现象?

反吹阀门内漏是指由于阀门发生磨损,在阀门关闭时仍有流体通过,或者由于阀门在关闭过程中不能及时关闭,导致大量反吹气体通过。主要现象:

(1) 反吹阀门不能及时关闭时,反吹压力急剧下降,不能迅速恢复,影响下一个反吹阀门的反吹,见图 9-36 所示;

(2) 泄漏严重时,反吹阀门内有介质泄漏的尖锐声响;

(3) 反吹效率下降,过滤器压降缓慢上升。

☞ 243. 什么是面速?

在过滤系统中有两种速度概念:面速和线速。

(1) 面速。滤芯迎面的流速,指通过过滤介质面积的气流速

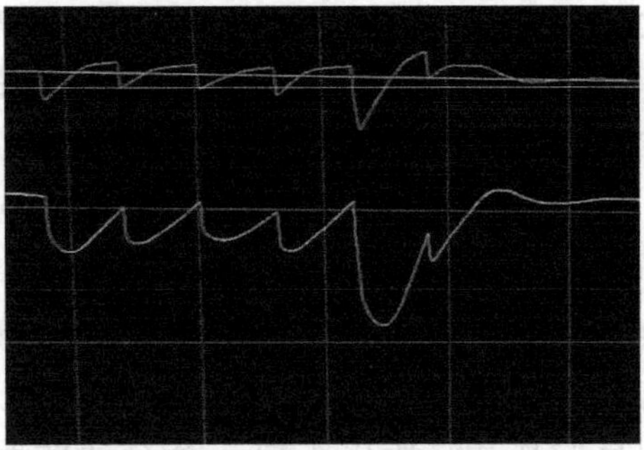

图 9-36　反吹时反吹气压力变化趋势

度，反映过滤介质通过气体的能力，以 $m^3/(m^2 \cdot s)$表示。面速越大，过滤器的安装面积越大。

(2) 线速。指通过过滤器断面上的气流速度(m/s)。

实际的流速是通过过滤介质中有效空隙的流速。但是不同的过滤介质有不同的孔径和不同的空隙率，过滤介质的实际有效面积由于被固体颗粒逐渐堵塞，通过过滤介质的流速变大。流速的增加，也就需要更大的力量来推动，这个推动力就是指过滤器压力降 ΔP。

☞ 244. 什么是反吹脉冲宽度？

脉冲宽度是指反吹阀门开启阀门吹扫到关闭的时间。

随着脉冲宽度的增大，滤芯内正压峰值的变化不明显，而负压峰值略有增大。滤芯内压力迅速增大对反吹非常有帮助，而正压峰值的持续时间(由脉冲宽度决定)对清灰并没有明显作用。同时脉冲宽度的增大使气体耗量增大，并且加大了高温工况下滤芯的冷冲击效应，因此在满足反吹要求的前提下，应尽可能减小脉冲宽度。

☞ 245. 喷嘴直径对反吹效果有何影响？

喷嘴直径指喷嘴喉部直径，它的大小直接影响到气体耗量的大小，喷嘴直径越大气体耗量越大。适当增大喷嘴能提高反吹效果，延长反吹间隔，但气体消耗量也随之增加。喷嘴过大则反吹效果反而下降，反吹间隔缩短，对延长滤芯使用寿命不利，所以需要一个合适的喷嘴直径。

☞ 246. 喷嘴与管板的距离对反吹效果有何影响？

对于脉冲喷射，适当增加喷嘴与管板的距离，一部分周围的气体被卷入滤芯空腔内，有利于提高反吹效率，但是如果这个距离太大，远离了滤芯文丘里管边界，部分反吹气体无法进入滤芯内部，起不到反吹作用，所以需要一个合适的距离，一般为20 ~100mm。

☞ 247. 反吹氢气压力如何确定？

反吹压力是指反吹气储气罐的高压气体在开始反吹时的压力。随着反吹压力的增大，反吹效率提高，反吹压力越高，残余压降上升得越缓慢，反吹效率的波动范围减小。

反吹效率定义：

$$\eta_f = \frac{\Delta p_d - \Delta p_a}{\Delta p_d - \Delta p_0}$$

假设反吹压力刚刚达到反吹要求，随着循环次数的增加，从某一时刻起，滤芯表面某些区域堆积的粉尘会迅速增厚，导致滤芯内外压差增大而使反吹压力达不到此时的反吹要求，造成过滤操作不能连续稳定循环，因此，在过滤器工作时应选择一个恰当的反吹压力，既能保证过滤器的长周期稳定运行，又能节省反吹气体耗量。

☞ 248. 反吹氢气温度太低有什么后果？

反吹压力相同时，反吹气体的温度越高，气体耗量越少。当过滤气体温度较高时，采取对反吹气体进行预热的方式来减轻反吹气体对滤芯的热冲击，延长滤芯的使用寿命，但是反吹温度受反吹阀的耐高温性能的限制。

随着过滤气体温度的升高，滤芯的压降也随之提高，当反吹压降设定值相同时，残余压降上升，温度越高，残余压降升高得越快。残余压降升高速度增加，说明随着温度的升高，反吹难度增加。

☞ 249. 为什么反吹氢气温度不能太高？

提高反吹气体的压力、温度有利于提高反吹效率，降低反吹气体用量，但是提高反吹气体的压力和温度，需要提高反吹气体压缩机、缓冲罐、反吹气体加热器等相关设备的标准，尤其是反吹自控阀门的等级，所以一般选择反吹压力是工艺介质压力的2~3倍，温度尽量接近工艺介质的温度，这样可以减少对滤芯的冲击。但是反吹温度设定值受阀门材料的限制，不能太高，目前反应器过滤器反吹阀门最高使用温度不超过260℃。常用阀门阀座材料使用温度见表9-11。

表9-11　阀座材料

序号	阀座材料	中文名称	使用温度范围/℃
1	PTFE	聚四氟乙烯	−73~204
2	RPTFE	增强型聚四氟乙烯	−73~232
3	C-RPTFE	碳纤维增强聚四氟乙烯	−73~260
4	MPTFE	第二代聚四氟乙烯	−73~232
5	PFA	可溶性聚四氟乙烯	−51~27
6	PEEK	聚醚醚铜	−51~260

☞ 250. 什么是反吹循环等待时间？如何设定？

反吹循环等待时间是指当一轮反吹结束后，要等待多长时间启动下一轮反吹。

一般在过滤器运行稳定后，当过滤器压差趋于稳定时，设定反吹循环等待时间，如果在运行过程中，过滤器压差有上升的趋势，需要适当缩短循环等待时间，反之，适当延长循环等待时间。

☞ 251. 什么是反吹间隔时间？如何设定？

反吹间隔时间是指当启动一轮反吹时，一个反吹阀门关闭后，需要等待多长时间启动下一个反吹阀门。

主要根据反吹压力的恢复情况，当一个反吹阀反吹后，在下一个反吹阀门启动前，反吹压力能够恢复到要求值，则可以将这一时间段设定为反吹间隔时间。

☞ 252. 什么是反吹时间？

反吹气体通过滤芯的时间，在实际设定反吹时间时，反吹时间包括反吹阀门开启、保持以及阀门关闭的时间。

☞ 253. 反应器过滤器运行时检查内容有哪些？

(1) 操作人员应提高操作水平，在现有设备条件、工艺条件和操作条件基础上努力平稳操作，降低操作波动对过滤器的影响。

① 闭锁料斗步序的影响，闭锁料斗的氢气充压与放压，影响循环氢的流量和压力，影响到反应器的压力；

② 闭锁料斗放压过程，影响加热炉的操作，影响到反应器的温度和压力；

③ 反吹系统的频繁反吹，影响到反应器及过滤器的压力和机械振动；

④ 受上游装置加工量的影响；

⑤ 受反应器内吸附剂藏量、细粉含量的影响。

(2) 加强对临氢系统的巡检，重点检查设备本体和静密封点是否泄漏。检查手段主要以听(听是否有异常声响、泄漏声音)，看(是否有异常现象、设备、管线振动、法兰泄漏痕迹)为主，必要时辅助肥皂水检漏、高温部位用测爆仪检测。检查以设备为中心，并覆盖与其相连的管线、仪表等附属系统。

对垫片存在隐患的部位(如反应器过滤器管板法兰)，在正常运行过程以及开工气密过程中曾发生过泄漏的部位重点检查并增加检查频次，定期对法兰螺柱螺母进行检查。

(3) 关注过滤器压差趋势，运行是否平稳，调整好反吹相关参数。

(4) 检查反吹阀门工作是否正常，反吹管线振动情况。

☞ 254. 滤芯发生堵塞的原因是什么？

滤芯堵塞是指固体颗粒过多进入滤芯内部，滤芯流通性变差、压差连续增加，不能保证滤芯正常工作的状态，导致滤芯堵塞有以下几种原因：

(1) 投用过滤器时，建立永久滤饼过程不好，导致大量的固体颗粒进入过滤介质深层；

(2) 在过滤器正常运行过程中，反吹效果不好或间隔太长，导致永久滤饼厚度超过合理范围，滤芯通透性变差；

(3) 由于滤芯或系统故障，滤芯下游存在固体颗粒，由反吹气带入过滤介质深层，影响过滤效果；

(4) 其他突发性故障，导致过滤系统失效，最终堵塞滤芯。

☞ 255. 滤芯发生断裂有什么现象？

如果是主滤芯断裂，故障滤芯可以在短时间内堵塞掉，使该支滤芯自动失效切除，如果断裂部位发生在根部，故障滤芯无法起到保护作用，固体颗粒在短时间内通过断裂的部位进入过滤器的出口侧，在反吹系统的作用下，将污染整台过滤器，主要现象包括：

(1) 过滤器压差急剧上升，并有逐渐上升的趋势；

(2) 反吹阀门磨损，内漏严重，反吹效果下降；

(3) 反吹压力无法恢复到正常值；

(4) 后续流程介质中可发现吸附剂颗粒。

☞ 256. 滤芯发生搭桥的原因是什么？如何避免？

滤芯搭桥是指相邻滤芯之间吸附剂结块或堆积，导致滤芯过滤面积大幅度降低，压差上升的现象。滤芯发生搭桥的主要原因是过滤器负荷偏大，大量吸附剂到达滤芯表面，反吹系统工作不理想，致使滤芯表面非永久滤饼逐渐增厚，过滤能力大幅度降低。主要措施包括：

（1）降低反应器内吸附剂藏量；

（2）降低反应器进料量，降低反应器线速；

（3）及时排出系统内吸附剂细粉；

（4）避免操作波动；

（5）及时调整过滤器反吹系统的参数；

（6）及时修理有故障的反吹阀门。

☞ 257. 滤芯离线再生有哪些方法？

滤芯离线再生一般需要多种方式综合应用，包括加热法、超声波法、化学清洗法等。根据已有的清洗实践，一般包括如下步骤：

（1）滤芯拆卸。由于过滤器滤芯内已进入吸附剂固体颗粒，所以需要将滤芯组从管板组件上拆卸下来，必要时要将滤芯与故障滤芯分开。

（2）滤芯检测。包括外观检查，滤芯有无变形，焊口是否开裂，从滤芯端口通入一定压力仪表风，记录每支滤芯的压差和风量，判断滤芯的堵塞程度、是否有裂纹和明显泄漏，判断滤芯有无清洗价值。

（3）滤芯清洗。滤芯清洗是过滤器修理中的关键环节，主要步骤包括：

① 水洗：包括高压水冲洗、蒸汽冲洗、热水冲洗、空气反吹、干燥和测试；

② 酸洗：包括酸洗、空气反吹、水反吹、热水漂洗、蒸汽冲洗、pH 值检查、干燥和测试；

（4）泡点试验。对经过清洗、测试符合要求的滤芯进行泡点试验，检查滤芯的完整性和通透均匀性，测试完毕后干燥备用。

（5）滤芯复检。滤芯清洗完毕后，在相同仪表风压力下测试滤芯的压差和风量，与同规格新滤芯对比，评估清洗效果。

其中最关键的一步是酸洗，酸溶液可以是柠檬酸也可以是稀硫酸等。

☞ 258. 反应器过滤器安装步骤是什么？

反应器过滤器安装过程相对较复杂，建议按如下步骤安装：

(1) 安装前的准备工作：

① 各种方案的准备。

a. 施工单位的安装、施工方案，包括拆卸方案、安装方案；

b. 使用单位各种验收表格、记录单；

c. 上一周期安装及运行数据记录及表格；

d. 计算正常紧固力矩和最大紧固力矩（通过查表、核算），并根据使用的液压扳手换算液压泵的油压。

② 备件的准备。

a. 螺柱螺母的准备。螺柱螺母原则上不重复使用，若需要利旧，需要确认拆卸下来的螺柱螺母是否可重复使用：

ⓐ 根据安装记录和运行记录检查上一周期螺柱的紧固力和紧固次数；

ⓑ 测绘拆下来的螺柱的长度，检查是否有塑性变形；

ⓒ 对要重复使用的螺柱螺母进行着色检查、光谱分析、硬度检查，符合使用条件的可重复使用；

ⓓ 重复使用的螺柱螺母做好标记和相应记录。

b. 垫片的准备。安装前应储备 2 套密封垫片，检查垫片出厂资料，复核相关数据和质量，检查在运输、存储过程中是否有损伤，有疑问的可申请重新复检；垫片不重复使用。

c. 碟簧的准备，碟簧可以重复使用，确认碟簧是否可以重复使用：

ⓐ 根据安装记录和运行记录检查上一周期螺柱及碟簧的紧固力和紧固次数；

ⓑ 检查碟簧表面质量，有无坑蚀、裂纹等缺陷；测绘碟簧的自由高度，与原始数据以及上一周期自由高度对比；

ⓒ 对碟簧进行硬度检查，符合使用条件的可重复使用；

ⓓ 重复使用的碟簧做好标记和相应记录，安装在同一螺柱位置上。

d. 其他用具的准备。

高温密封胶、螺栓防卡剂，卡尺，直尺等。

(2) 安装前的检查工作：

① 容器内部检查。安装前按相应规范做好过滤器封头、反应器的内部检查，符合安装条件。

② 管板组件检查。安装前按相应规范做好过滤器管板组件的检查，过滤元件完好，符合验收标准。

③ 法兰面的检查。安装前做好四个法兰面(包括过滤器封头、反应器顶法兰、管板上下密封面)的检查、清洁工作。检查标准参见 HG 20624—97《钢制管法兰技术要求》中尺寸公差要求，密封表面粗糙度 *Ra* 要求 3. 2~6. 4。

检查密封面表面是否有腐蚀、裂纹、机械碰伤，是否有贯穿密封宽度的划痕；

检查密封面是否有翘曲、变形，检查密封面的平直度。

检查密封面是否有吸附剂颗粒、焦块等异物，并予以清洁。

(3) 安装过程：

① 垫片的安装过程。

a. 检查反应器法兰面干净光洁，规格尺寸、密封面符合设计要求；

b. 在法兰上与密封垫片石墨板接触位置均匀涂上高温密封胶；

c. 安放管板下侧垫片，检查垫片处于居中位置，必要时用胶带纸固定垫片，垫片外定位环正好和螺柱外圆相接触，在垫片石墨板上侧均匀涂上高温密封胶；

d. 吊装管板组件，吊装和落杆时，管板组件应水平，避免旋转损坏管板下侧垫片；

e. 在管板组件上侧与密封垫片石墨板接触位置均匀涂上高

温密封胶；

f. 安放管板上侧垫片，检查垫片处于居中位置，垫片外定位环正好和螺柱外圆相接触，在垫片石墨板上侧均匀涂上高温密封胶；

g. 吊装过滤器封头，吊装和落杆时，封头应水平，避免旋转损坏管板上侧垫片，在落杆前，可用废旧螺柱穿进去，做好定位工作。

h. 安装时要注意反吹管线法兰口的对中问题。

② 螺柱螺母及碟簧的安装过程。

a. 螺柱与螺母接触部位涂上防高温咬合剂；

b. 将碟簧套入螺柱，凹面朝向法兰，并使碟簧与螺柱同心，然后用手初步拧紧所有螺母，用力要均匀细致；

c. 保证螺柱两侧外露螺纹一致；

d. 在最终把紧后，检测螺柱的长度，并做好记录。

③ 螺柱螺母把紧程序。

以 32 套螺柱为例介绍把紧顺序。螺柱及安装位置编号见图 9-37 所示，螺柱紧固程序见表 9-12。

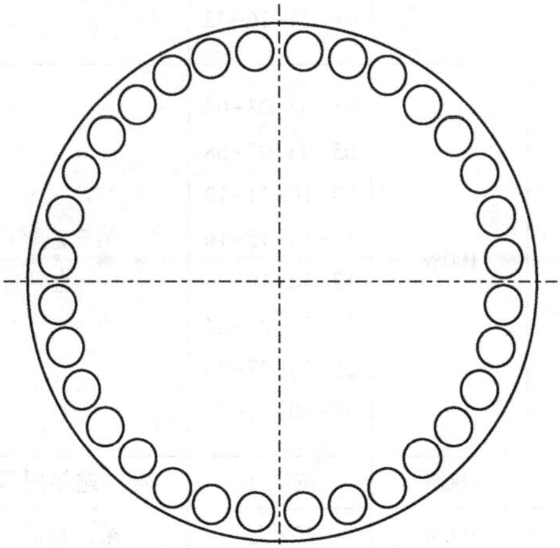

图 9-37　螺柱及安装位置编号

表 9-12　螺柱紧固程序

序号	把紧编数	预紧力 (最终扭矩)	螺栓次序	备　注
1	1a	30%	01-17-09-25	第一遍开始模式 4 套对角把紧
2	1b	70%	05-21-13-29	第一遍开始模式 4 套对角把紧
3	1c	100%	03-19-11-27 07-23-15-31 02-18-10-26 06-22-14-30 04-20-12-28 08-24-16-32	第一遍开始模式其余对角把紧
4	2	100%	01-17-09-25 05-21-13-29 03-19-11-27 07-23-15-31 02-18-10-26 06-22-14-30 04-20-12-28 08-24-16-32	第二遍开始模式对角把紧
5	3	100%	01-02-03-04 05-06-07-08 09-10-11-12 13-14-15-16 17-18-19-20 21-22-23-24 25-26-27-28 29-30-31-32	第三遍顺序模式把紧, 直到螺母不动
6	4	100%	按顺序	第一遍热把紧(250~300℃)
7	5	100%	按顺序	第二遍热把紧(430℃)

说明：

a. 采用可控力矩的液压扳手，液压扳手有合格证及鉴定证书，并由有相应资质操作人员操作。

b. 设定每个螺柱所需施加的紧固力，其值应大于图纸规定的最小紧固力，小于图纸规定的最大紧固力。

c. 紧固过程严格按照表 9-12 中规定紧固力和紧固顺序，第三遍后，若气密不通过，增加紧固遍数，如增加紧固力，需与车间技术人员确认要增加的紧固力。

d. 为防止法兰被把偏，螺柱紧固期间和紧固完毕后，应用卡尺沿圆周方向检查两片法兰之间的间距尺寸，尺寸偏差一般不大于 10μm。

e. 气密以车间气密方案实施，在密封面四周涂肥皂水，无连续性气泡产生为合格。

f. 紧固过程中做好相应记录。

④ 反吹管线的安装。反吹管线及阀门的安装应做到无应力安装。

☞ 259. 闭锁料斗过滤器安装时要注意哪些问题？

闭锁料斗安装时要注意如下问题：

(1) 检查滤芯有无破损、污染，螺纹是否完好；

(2) 检查过滤器法兰清洁、粗糙度符合要求；封头内干净，用仪表风或氮气吹扫干净，丝扣完好；

(3) 检查膨胀节完好；

(4) 保持滤芯外包装完好，将滤芯旋入管板安装孔内，旋入过程应该轻松，发生卡涩说明螺纹有问题，不能强行旋入；

(5) 先安装有固定支架处两侧的滤芯；

(6) 用扳手拧紧滤芯，每支滤芯安装高度应一致，旋入安装孔内丝扣长度一致；

(7) 螺纹处不得涂抹密封胶。

(8) 安装完毕后拆去每支滤芯外的包装纸，保持滤芯清洁。

☞ 260. 金属材料机械性能的含义是什么？

金属及合金的机械性能是指材料的力学性能，即受外力作用时所反映出来的性能，材料抵抗破裂和过度变形的能力。

☞ 261. 金属材料的主要机械性能指标有哪些？

金属材料的主要机械性能有：弹性、塑性、刚度、强度、硬度、冲击韧性、疲劳强度和断裂韧性。

☞ 262. 什么是弹性和韧性？

金属材料受外力作用时产生变形，当外力去掉后恢复原来形状的性能，叫弹性；这种随着外力而消失的变形叫弹性变形，其大小与外力成正比。金属材料在外力作用下，产生永久变形而不致引起破坏的性能，叫塑性。外力消失时留下的这部分不可恢复的变形叫塑性变形，其大小与外力不成正比。

☞ 263. 什么叫应力？什么叫应变？

材料受到拉伸时单位截面上的拉力叫应力，用 σ 表示。材料受到拉伸时单位长度上的伸长量叫应变，用 ε 表示。

☞ 264. 什么叫弹性极限？

材料所能承受的、不产生永久变形的最大应力叫做弹性极限，用 σ_b 表示。

☞ 265. 什么叫屈服极限？

金属材料开始出现明显的塑性变形的应力叫做屈服极限，用 σ_s 示。它反映材料抵抗微量塑性变形的强度指标。对某些材料，在加载试验时，其应力应变图中没有明显的屈服平台，此时就以产生 2%塑性变形时的应力作为该种材料的屈服极限，并用 $\sigma_{0.2}$ 表示。

☞ 266. 什么叫刚度？刚度用什么来衡量？

金属材料在受力时抵抗弹性变形的能力叫刚度。在弹性范围内，应力与应变的比值叫做弹性模数，弹性模数越大，刚度越大。

☞ 267. 什么叫强度？

强度是指金属材料在外力作用下抵抗塑性变形和断裂的能力。

☞ 268. 表示材料强度的指标有哪些？

表示材料强度的指标：

(1) 屈服强度：材料在拉伸过程中，当载荷达到某一值时，载荷不变而试样仍继续伸长的现象，称为屈服。材料开始发生屈服时所对应的应力，称为屈服强度或屈服极限，用 σ_s 表示。

$$\sigma_s = P_s/F_0(\text{Pa})$$

式中 P_s——试样产生屈服现象时所承受的最大外力，N；

F_0——试样原来的截面积，m^2。

(2) 抗拉强度：金属材料在拉断前所承受的最大应力，用 σ_b 表示。

$$\sigma_b = P_b/F_0(\text{Pa})$$

式中 P_b——试样在断裂前的最大拉力，N；

F_0——试样原来的截面积，m^2。

☞ 269. 什么叫硬度？

硬度是指材料抵抗外物压入的能力，或者说是材料抵抗局部塑性变形的能力。材料硬度高时，其耐磨性也好。材料的硬度除了与其化学成分有关外，还与它的热处理状态、金相组织、加工或焊接残余应力等有关。

☞ 270. 衡量材料硬度的指标有哪些？

衡量硬度的指标：布氏硬度(HB)、洛氏硬度(HRA、HRB、HRC)、维氏硬度(HV)。它们均属于压痕硬度，即在规定的静态试验压力下将压头压入材料表面，用压痕深度或压痕表面面积评定其硬度。

☞ 271. 什么是冲击韧性?

金属材料抵抗冲击载荷作用下断裂的能力叫做冲击韧性。

$$\alpha_k = A_k / F$$

式中 α_k——冲击值;

A_k——折断试样所消耗的冲击功，J;

F——试样缺口处的原始截面积，m^2。

☞ 272. 什么是膨胀系数?

热胀冷缩是材料重要的物理性能，材料受到热胀或冷缩，材料在温度每升高 1K 所增加的长度与原来长度的比值，称为线膨胀系数，用 α_l 表示，单位为 K^{-1}。

$$\alpha_1 = \frac{L_2 - L_1}{L_1(t_2 - t_1)} = \frac{\Delta L}{L_1(t_2 - t_1)}$$

式中 α_1——平均线膨胀系数，K^{-1};

L_1——原始长度，mm;

L_2——受热后长度，mm;

$t_2 - t_1$——温度差，K。

☞ 273. 什么是疲劳强度?

疲劳强度是指材料在交变应力的作用下，发生破坏时的最大应力，通常用疲劳持久极限来衡量，即材料在交变应力的作用下，经过无数次(一般规定 $10^6 \sim 10^7$次)的应力循环也不会导致疲劳破坏时的最大应力。它是反映材料抗交变应力破坏的强度指标。

☞ 274. 什么是断裂韧性?

断裂韧性就是用来反映材料抵抗裂纹失稳扩张能力的性能指标，通常用 K_{1c} 表示。

☞ 275. 钢材的分类有哪些?

钢材按化学成分来分类可以分为碳素钢和合金钢。

按照用途来划分可以分为结构钢、工具钢和特殊性能钢。

按照质量来划分可以分为普通钢、优质钢和高级优质钢。

按照钢材的质量要求，钢材中 P(%) ≯ 0.045%，S(%) ≯ 0.055%。

☞ **276. 什么是碳素钢？**

碳素钢的含碳量在2%以下，同时含有少量的Si、Mn、P、S等杂质。钢材中含碳量越高，钢材硬度越大，塑性越低。通常含碳量<0.25%的钢叫做低碳钢，含碳量在0.25%～0.6%之间的叫做中碳钢，含碳量>0.6%的叫做高碳钢。钢材中的杂质对钢材的组织和性能有影响，其中S和P是有害的。

☞ **277. 碳素钢是如何区分的？**

(1) 按用途可以把碳钢分为碳素结构钢、碳素工具钢和易切削结构钢三类，碳素结构钢又分为工程构建钢和机器制造结构钢两种，见表9-13；

(2) 按冶炼方法可分为平炉钢、转炉钢；

(3) 按脱氧方法可分为沸腾钢(F)、镇静钢(Z)、半镇静钢(b)和特殊镇静钢(TZ)；

(4) 按含碳量可以把碳钢分为低碳钢(WC≤0.25%)，中碳钢(WC 0.25%～0.6%)和高碳钢(WC>0.6%)；

(5) 按钢的质量可以把碳素钢分为普通碳素钢(含磷、硫较高)、优质碳素钢(含磷、硫较低)和高级优质钢(含磷、硫更低)和特级优质钢。

表9-13 普通碳素结构钢种类及代号

普通碳素结构钢种类	代号	普通碳素结构钢种类	代号
沸腾钢	F	镇静钢	Z
半镇静钢	b	特殊镇静钢	TZ

一般碳钢中含碳量较高则硬度越大，强度也越高，但塑性较低。

碳素结构钢的牌号由四部分组成，

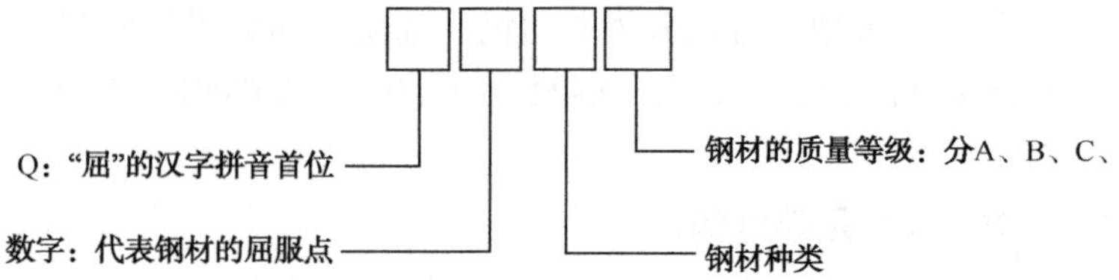

优质碳素钢的钢号用两位数字表示，这两位数字表示钢中平均含碳量的万分之几。例如，15 号钢表示平均含碳量为 0.15%的优质碳素结构钢，但实际钢中含碳量在 0.12%～0.19%的范围内。

碳素工具钢的钢号用“碳”或“T”表示。其后的一位或两位数字表示钢中平均含碳量的千分之几。例如，“T7”表示平均含碳量为 0.7%的碳素工具钢。含锰量较高的碳素工具钢应将锰元素标出。含硫、磷量各小于 0.03%的高级优质碳素工具钢在数字后面加“高”或“A”表示。

☞ 278. 什么是合金钢？

除了硅、锰、磷、硫等长存杂质外，在碳素钢中专门加入某些元素(如铬、钼、钨、钒、钛等)，使其具有一定的特殊性能，这种钢叫做合金钢。如果碳素钢中的含硅量>0.5%，或者含锰量>1.0%，也属于合金钢。

☞ 279. 合金钢材质的命名方法是什么？

合金钢钢号最前面的数字表示平均含碳量的万分之几。如果数字是 0，表示该种钢中的含碳量<0.08%，如果数字是 00，表示该种钢含碳量<0.03%。但合金工具钢的平均含碳量≥1.0%时，含碳量不标出；平均含碳量<1.0%时，以千分之几表示。

钢号中位于化学元素符号后面的数字表示该合金元素平均含量的百分之几。如果合金元素的平均含量<1.5%，在钢号中不标出。

☞ 280. 什么是钢材的热处理？热处理的分类有哪些？

钢的热处理就是将钢在固态下加热到一定的温度，进行必要的保温，并以适当的温度冷却到室温，以改变钢的内部组织结构，从而得到所需性能的工艺方法。

根据加热温度和冷却速度的不同，可将热处理工艺分为退火、正火、淬火、回火和化学热处理五种基本方式。

☞ 281. 钢材的国外牌号的意思是什么？

一些钢材的国内外牌号的比对见表 9-14。

表 9-14　国内外不锈钢牌号对应表

序号	中国	美国
1	0Cr13	410S
2	1Cr13	410
3	00Cr19Ni10	304L
4	0Cr18Ni9	304
5	0Cr25Ni20	310S
6	00Cr17Ni14Mo2	316L
7	0Cr17Ni12Mo2	316
8	0Cr19Ni13Mo3	317
9	0Cr19Ni10Ti	321
10	0Cr18Ni11Nb	347

☞ 282. 压力管道的定义是什么？

工艺装置内的压力管道是指满足下列条件的工业管道：

(1) 最高工作压力大于或等于 0.1MPa(表压)；

(2) 公称直径大于 25mm；

(3) 输送介质为气体、蒸汽、液化气体、最高工作温度高于或等于其标准沸点的液体或可燃、易爆、有毒、有腐蚀性的液体。

☞ 283. 压力管道的分类?

按照管道设计压力、设计温度、介质毒性程度、腐蚀性和火灾危险性划分为GC1、GC2、GC3三个等级。

GC1级：符合下列条件之一的工业管道：

(1) 输送毒性程度为极度危害介质，高度危害气体介质和工作温度高于其标准沸点的高度危害液体介质的管道；

(2) 输送火灾危险性为甲、乙类可燃气体或甲类可燃液体(包括液态烃)的管道，并且设计压力大于或等于4.0MPa的管道；

(3) 输送除前两项介质的流体介质并且设计压力大于或等于10MPa，或设计压力大于或等于4.0MPa，并且设计温度高于或等于400℃的管道。

GC2级：除GC3级规定的管道外，介质毒性程度、火灾危险性(可燃性)、设计压力和设计温度低于GC1级的管道。

GC3级：输送无毒、非可燃液体介质，设计压力小于或等于1.0MPa，并且设计温度高于-20℃但是不高于185℃的管道。

☞ 284. 压力管道的日常维护有哪些?

操作人员必须按照操作规程使用管道，定时巡回检查，检查内容主要包括：

(1) 在用管道有无超温、超压、超负荷或过冷；

(2) 管道有无异常振动，管道内部有无异常声音；

(3) 管道有无发生液击；

(4) 管道安全保护装置运行是否正常；

(5) 绝热层有无破损；

(6) 支吊架有无异常。

☞ 285. 什么是管道的压力等级?

管道的压力等级包括两部分：(1)以公称压力表示的标准管件的公称压力等级；(2)以壁厚等级表示的标准管件的壁厚等

级。通常把管道中由标准管件的公称压力等级和壁厚等级共同确定的能反映管道承压特性的参数叫做管道的压力等级。而习惯上为简化描述，常把管道中管件的公称压力等级叫做管道的压力等级。

管道的设计压力：应不低于正常操作时，由内压(或外压)与温度构成的最苛刻条件下的压力。最苛刻条件是指导致管子及管道组成件最大壁厚或最高公称压力等级的条件。

管道的设计温度：应不低于正常操作时，由内压(或外压)与温度构成的最苛刻条件下的温度。最苛刻条件是指导致管子及管道组成件最大壁厚、最高公称压力等级或最高材料等级的条件。

另外还有一些其他因素影响到管道压力等级的确定，包括应用标准体系、材料、操作介质、介质温度及管系附加力。

影响壁厚等级确定的因素包括材料的许用应力、腐蚀余量、管子及其元件的制造壁厚偏差、焊缝系数以及设计寿命。

☞ 286. 管道常用标准有哪些?

管道标准包括管子系列标准、管件系列标准、法兰及其连接件系列标准、阀门标准等。这些标准通过一定的规则在一个管系中得到应用，它们之间相互衔接、相互配合，从而确定了管道及其元件的基本参数。这些标准中尤其以管子标准和法兰标准最具代表性，它们是其他应用标准的基础。

管子，即钢管外径系列分为国际通用系列(大外径系列)，英制管；国内常用系列(小外径系列)，公制管：

DN 15　20　25　32　40　50　65　80　100　125　150　200　250　300　350　400　450　500　600

ϕ22　27　34　42　48　60　76　89　114　140　168　219　273　324　356　406　457　508　610

ϕ18　25　32　38　45　57　73　89　108　133　159　219　273　325　377　426　480　530　630

法兰，欧式法兰和美式法兰

压力等级：*PN* 0.1　0.25　0.6　1.0　1.6　2.5　4.0　6.3　10.0　16.0　25.0　40.0MPa 欧式法兰（DIN）。

压力等级：*PN* 2.0　5.0　6.8　10.0　15.0　25.0　42.0MPa 美式法兰（ANSI）。

CL 150　300　400　600　900　1500　2500psi。

钢管壁厚表示方法：钢管壁厚表示方法有管子表号、钢管壁厚尺寸和管子重量三种方法。

管子表号用“Sch”表示壁厚，管子表号是管子设计压力与设计温度下材料许用应力的比值乘以1000，并经圆整后的数值。即：$\mathrm{Sch}=P/[\sigma]_t\times1000$

ANSI B36.10 壁厚等级：Sch10、Sch20、Sch30、Sch40、Sch60、Sch80、Sch100、Sch120、Sch140、Sch160 十个等级。

石化行业应用标准体系中的常用标准：

SH3401 管法兰用石棉橡胶板垫片

SH3402 管法兰用聚四氟乙烯包覆垫片

SH3403 管法兰用金属环垫片

SH3404 管法兰用紧固件

SH3405 石油化工企业钢管尺寸系列

SH3406 石油化工钢制管法兰

SH3407 管法兰用缠绕式垫片

SH3408 钢制对焊无缝管件

SH3409 钢板制对焊管件

SH3410 锻钢制承插焊管件

☞ **287. 常见法兰的结构是怎样的？**

常用法兰分类见图 9-38 所示。

☞ **288. 影响法兰密封的因素有哪些？**

法兰密封泄漏主要是密封面间泄漏，由垫片毛细管作用而发

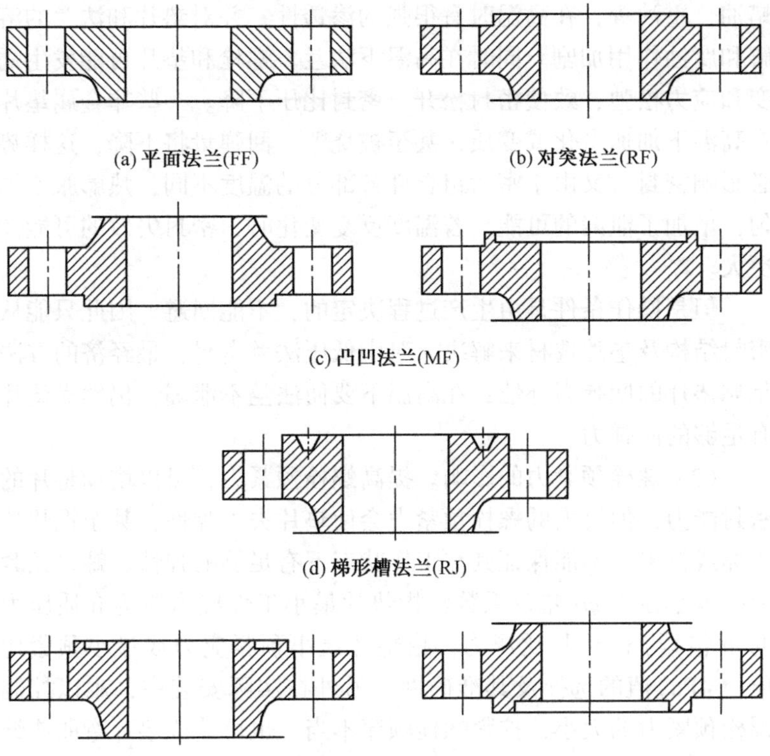

(a) **平面法兰(FF)**　(b) **对突法兰(RF)**

(c) **凸凹法兰(MF)**

(d) **梯形槽法兰(RJ)**

(e) **榫槽式法兰(TG)**

图 9-38　常用法兰形式

生渗漏的可能性很小。当密封面间的垫片靠外力压紧后，垫片本身产生弹性变形与塑性变形，填满密封面上微小的凹凸不平的间隙，使介质通过密封面的阻力大于密封面两侧压差，即达到密封。但受到外界条件影响时，密封受到破坏，从而产生泄漏，影响密封的因素主要有以下几个方面：

(1) 操作条件的影响。操作条件即压力、温度及介质的物化性质。低压法兰中，单纯的压力或介质因素对法兰泄漏的影响并不是最主要的，只有和温度联合作用时，问题才显得严重。在高温下介质黏度小，渗透性强，易促成渗漏。常温下介质黏度大的蜡油、重油等，在高温时有很强的渗透性，并对垫片和法兰的溶解和腐蚀作用加剧。同时在高温下法兰、螺栓和垫片可能发生蠕变和应力松弛，致使密封松开，密封比压下降。一些非金属垫片在高温下加速老化或变质，甚至被烧毁，回弹量将下降，这样势必影响密封。又由于密封组合件各部分的温度不同，热膨胀不均匀，增加了泄漏的可能。若温度反复变化时，密封失效的可能性更大。

但是操作条件是由生产过程决定的，不能回避。因此只能从密封结构及垫片选材来解决。对中低压法兰密封，最经济的方法是靠垫片的回弹力补偿；在高温下要使法兰不泄漏，仍然靠垫片有足够的回弹力。

(2) 螺栓预紧力的影响。提高螺栓预紧力，可以增加垫片的密封能力，但过大的螺栓预紧力会使垫片失去弹性，甚至把垫片压坏或挤出，不能保证其在工作状态下有足够的弹性。螺栓预紧力的大小在于 m(垫片系数，指垫片最小工作应力应为介质压力的 m 倍)与 y(垫片比压力，指垫片最小预紧应力或最小预紧比压，MPa)值的选择及其准确性。另外在实际安装中，难以控制螺栓预紧力的大小，拧紧螺栓顺序不当，也可造成垫片弯曲或缠绕垫解体。当密封所需预紧力一定时，采用减小螺栓直径、增加螺栓个数的方法对法兰密封有利。

(3) 垫片性能的影响。适宜的垫片变形和回弹力是形成密封的必要条件，垫片变形包括弹性变形和塑性变形。垫片材料是影响垫片性能的主要因素，若材料具有良好的弹性和柔软性，能很好地与密封面吻合，不因低温而硬化，也不因高温而软化或塑流，自然密封效果好。

(4) 法兰刚度的影响。法兰刚度不足而产生过大的翘曲变形，往往是导致密封失效的原因之一。刚度大的法兰变形小，并可使螺栓预紧力均匀地传递给垫片，提高法兰密封性能。但法兰刚度与很多因素有关，其中增加法兰厚度，减小螺栓中心圆直径，都能提高法兰抗弯刚度及抗变形能力。

(5) 密封面的影响。法兰密封面的形状和粗糙度应与垫片相配合，一般与金属垫圈接触的密封面，要求尺寸精度高，粗糙度 *Ra* 在6.3 ~3.2μm，而软质垫片的密封面精度可低些，粗糙度 *Ra* 在25 ~12.5μm即可，但密封面必须避免径向机械刻痕、毛刺和其他机械损伤。密封面的平直度和密封面与法兰轴线的垂直度是保证垫片均匀压紧的前提，因此在设计、安装时必须考虑管线热膨胀造成的推力或偏心力的影响。

☞ 289. 垫片选用原则是什么?

由于影响法兰密封的因素较多，因此选用垫片时，必须对各种垫片的密封性能、操作条件以及密封面的型式、结构的繁简、装卸的难易、经济性等因素进行全面分析。其中操作条件(压力、温度、介质)是影响密封的主要因素，是选用密封的主要依据。例如，在真空条件下操作的换热器，不允许使用橡胶石棉垫；临氢装置的换热器，应选用金属垫片、缠绕式垫片或金属包垫。垫片所用金属材料的抗氢和耐腐蚀性能，应等于或高于密封面材料的性能。当设计温度≥450℃时，应采用稳定型不锈钢；低于425℃时，可采用非稳定型不锈钢；在有腐蚀条件下，若选用对法兰材料呈阳性的垫片材料，则垫片受腐蚀；若选用使法兰材料对垫片呈阳性的垫片材料，则法兰受腐蚀。采用哪一种垫片材料要根据使用方法和垫片种类来决定。

☞ 290. 柔性石墨复合金属波齿垫的特点是什么?

柔性石墨复合金属波齿垫是在特殊设计加工的波齿状结构的金属骨架上复合适当厚度的柔性石墨材料构成。金属骨架设计成波齿状，密封表面复合的柔性石墨层较厚，其压缩变形量很大(厚度4.0mm的垫片，其总压缩量可以达到1.5mm)，能很好地补偿法兰的宏观不平度，其回弹量与缠绕垫相当，因而具有很好的压缩回弹特性和密封性能，它克服了缠绕垫片容易压溃失稳和散架的缺陷，目前已经成为大直径管法兰和压力容器尤其是换热器等大直径法兰上普遍使用的垫片，适用于包括高温、高压和工况参数波动等各种场合，见图 9-39 所示。

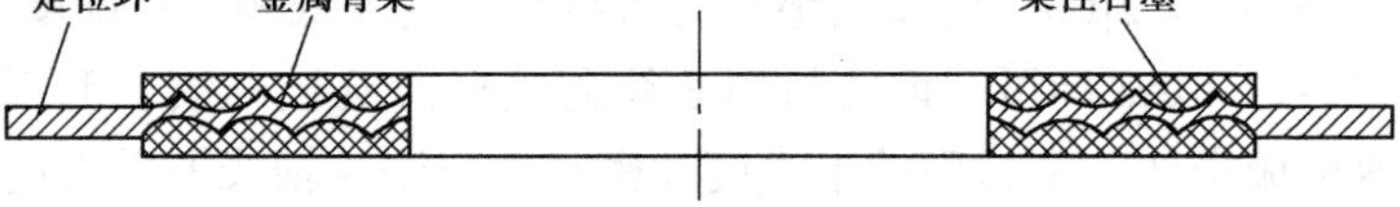

图 9-39　复合金属波齿垫

☞ 291. 柔性石墨复合金属齿形垫的特点是什么？

与复合波齿垫类似，其金属骨架是金属齿形环，其上下两面覆盖的柔性石墨或聚四氟乙烯薄板等非金属平垫片材料，见图 9-40 所示。

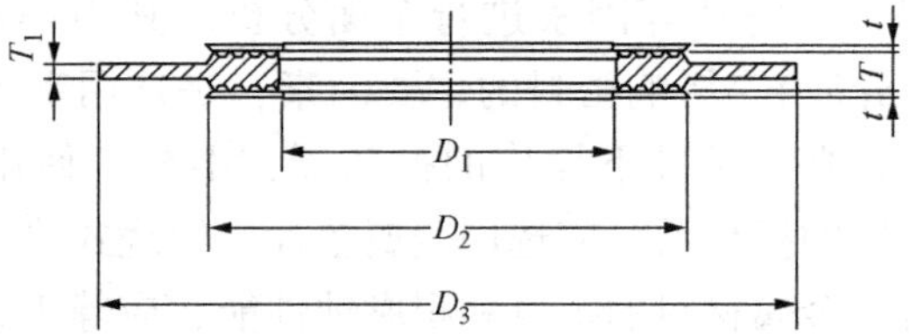

图 9-40　复合金属齿形垫

☞ 292. 新型双金属自密封波齿复合垫片的特点是什么？

双金属自密封波齿复合垫片是由两片金属叠后，在其外圆周上通过熔焊方法将两者融合在一起而成为整体结构的金属骨架。骨架的上下金属的外表面加工有特殊设计的环形圆弧形沟，而且上下表面的沟槽互相错开，使金属骨架整体形状构成波齿状结构。然后在特殊结构骨架的外表面复合上适当密度的柔性石墨材料，最终构成了双金属自密封波齿复合垫片。双金属自密封波齿复合垫片的典型结构见图 9-41 所示。

双金属自密封波齿复合垫片具有压力自密封性能，在操作状态下，进入法兰系统的压力介质同时会渗透到金属骨架的两金属片之间的微观缝隙，并作用于两金属片的内表面，使上下两金属

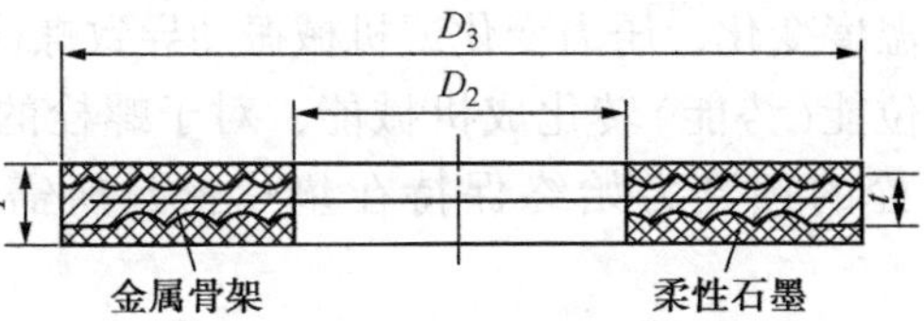

图 9-41　双金属自密封波齿复合垫

片分别受到外压，从而在相应法兰面上形成附加的垫片应力，该附加的垫片应力随介质压力而定，其最大值可以达到被密封介质的压力。也就是说，在相同条件下，双金属自密封波齿复合垫片在操作状态下的应力比按“强制密封”设计的垫片始终多出一种大小相当于介质压力的附加应力，这种附加应力的存在会使原来因各种原因而减少的垫片应力得到了补偿或增加，从而使双金属自密封波齿复合垫片具有比普通波齿复合垫更好的密封性能。

☞ 293. 蝶簧的作用是什么?

法兰连接通常由法兰、螺栓和垫片等部分组成，泄漏是这些连接部位的常见问题。研究表明有 50% ~80%泄漏是由螺栓的预紧力松弛引起的。设备温度、压力的变化以及机械振动均会引起螺栓预紧力松弛，当螺栓预紧力不能满足垫片密封所需要的最小预紧力时即会产生泄漏。设备在工作时，温度、压力的变化以及机械振动是客观存在的，它们对螺栓预紧力的影响难以消除，一般只能是减弱。

法兰、螺栓之间的热胀冷缩速率不同，这直接引起螺栓施加于垫片上的预紧力减少或丧失；不规则的振动可以导致垫片被永久压溃及变形；流体介质的作用降低了螺栓预紧力作用于垫片的效果；垫片自身有限的弹性补偿和固有的蠕变松弛使其难以满足浮动系统中的密封要求。

在浮动预紧系统中的法兰连接中引入了弹簧，这是一种弹性补偿元件，它有效地解决了法兰连接中的螺栓预紧力松弛问题。当螺栓拧紧时，吸收机械能转化成位能(势能)储存在碟簧中，当设备由于温度变化、压力变化或机械振动导致螺栓的预紧力松弛时，释放位能(势能)转化成机械能，对于螺栓的预紧力进行补偿，使螺栓的预紧力始终保持在垫片密封所需要的预紧力范围。

☞ 294. 蝶簧安装时应注意哪些问题?

(1) 选择合适规格的蝶簧，图 9-42 是一种常用的蝶簧。

(2) 检查碟簧表面质量，有无坑蚀、裂纹等缺陷；测绘碟簧的自由高度，必要时抽查蝶簧的硬度。

(3) 安装时要注意蝶簧的方向，凹面要面向法兰一侧。

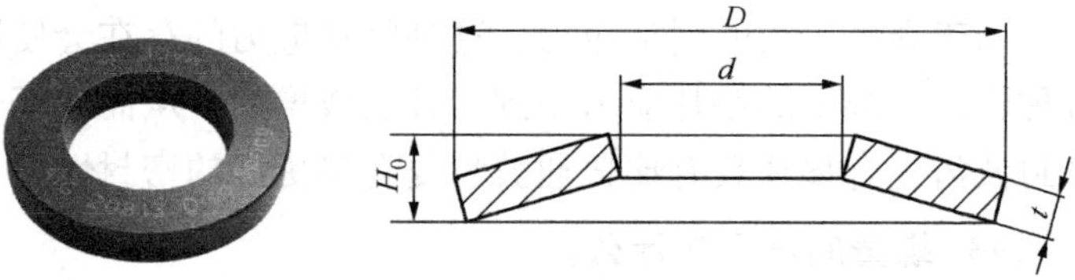

图 9-42　蝶簧

蝶簧的外径 D、内径 d、厚度 t、自由高度 H_0、变形量 f 的尺寸及极限偏差以及粗糙度参见 GB/T 1972 中规定。表 9-15 是 AIGM70 碟簧的数据，表 9-16 是 20813 材质化学成分。

表 9-15　M70 碟簧规格表

编　号	D/mm −1.5%	d/mm +1.5%	t/mm ±5%	H_0/mm ±10%	压平载荷/N ±10%	理论压平载荷/N ±5%
20813F-M70-592529	124.970	70.640	22.07	23.24	592529	1148282

表 9-16　20813F 材质化学成分 ASTM A681　　%

成分	C	Si	Mn	P	S	Cr	Mo	V
含量	0.32~0.45	0.8~1.2	0.2~0.5	≤0.03	≤0.03	4.75~5.5	1.1~1.75	0.8~1.2

碟簧表面不允许有对使用有危害的毛刺、裂纹和伤痕等缺

陷。热处理、强压处理、表面防腐处理、表面强化处理要求见GB/T 1972 中规定。

碟簧的几何尺寸、特性、永久变形、硬度等检验要求见 GB/T 1972 中规定。

☞ 295. 管道支吊架的作用是什么?

合理布置和正确选取合适的支吊架对确保管道安全运行，延长管道的使用寿命有重要意义。支吊架在管道中的主要作用：

(1) 支承管道的重量；

(2) 限制管道在某个或某几个方向的位移；

(3) 平衡介质反力；

(4) 防止管系产生振动。

☞ 296. 什么是刚性支吊架?

刚性吊架是各种吊架中结构最简单、要求最严格的一种吊架。它通常由建筑结构连接件、吊杆、管部以及调节垂直高度的花篮螺栓组成。吊杆既是连接件又是刚性吊架的功能件。但它如同其他各种刚性约束支吊装置一样，必须非常准确的安装，不能超载或脱载，否则会对管道及自身产生不安全的影响。见图 9-43 所示。

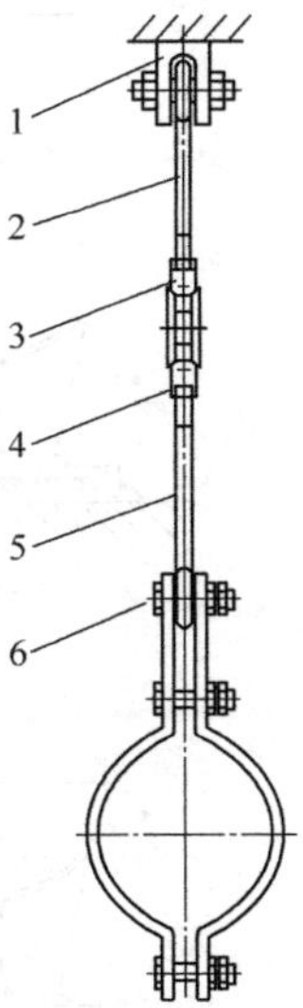

图 9-43 刚性吊架

1—U 形夹；2、5—羊眼螺栓；3—花篮螺栓；4—螺母；6—管夹

支架是从下面支承管道，刚性支架的管部大多紧靠承载结构或与承载结构的距离很小，除采用可调滚筒立柱外，缺少具有调节手段的连接件。因此，对底板型支架，可在底板下面插入垫铁

的方法来调整管道标高。当支承在混凝土结构上时，还可用底板下的校平螺栓和二次灌浆作为调整标高的辅助手段。

刚性支架包括：滑动支架、滚动支架、导向支架和固定支架，见图 9-44 所示。

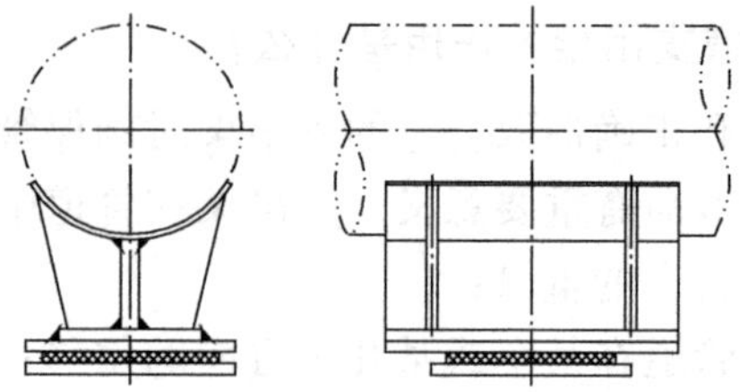

(a) 滑动支架

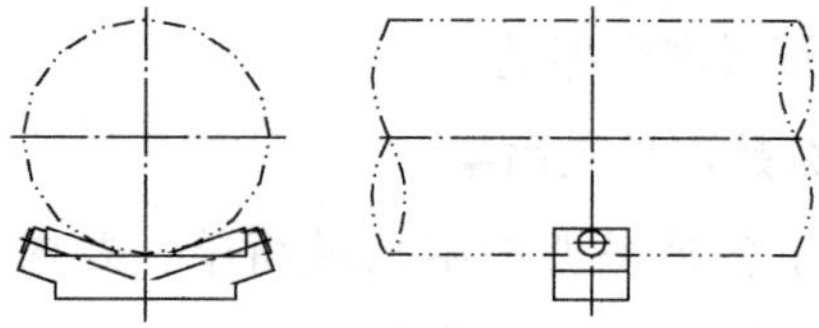

(b) 滚动支架

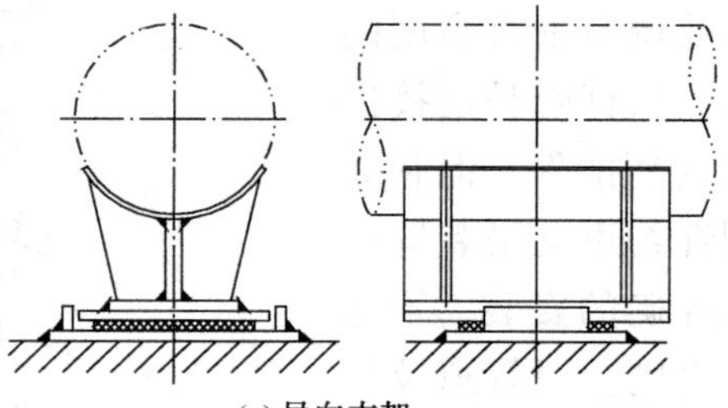

(c) 导向支架

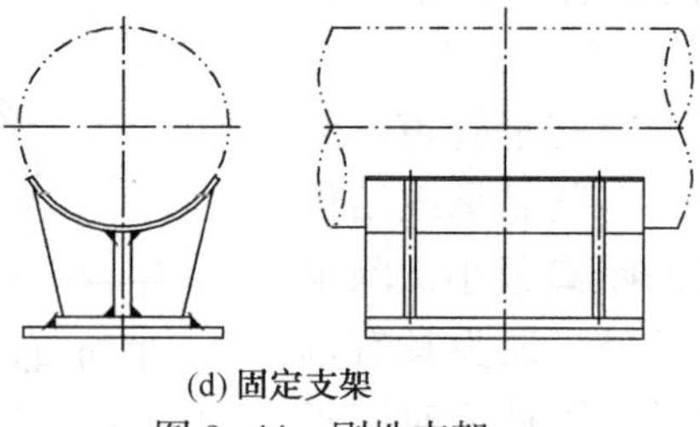

(d) 固定支架

图 9-44　刚性支架

☞ 297. 什么是可变弹簧支吊架？

可变弹簧支吊架适用于支承点有垂直位移，用刚性支承会脱空或造成过大的热胀推力的场合，见图 9-45 所示。

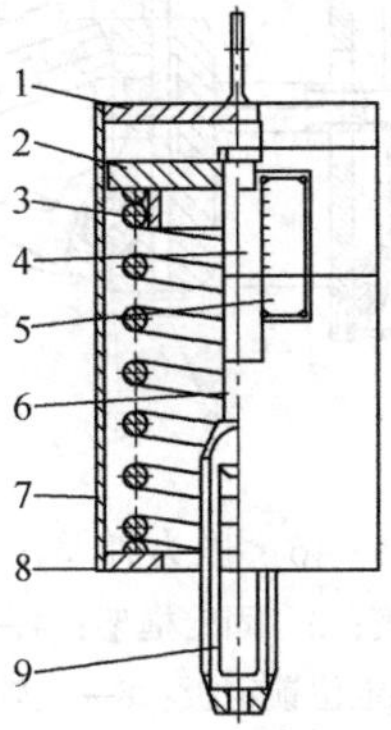

图 9-45　可变弹簧吊架

1—顶板；2—压板；3—弹簧；4—定位块；
5—铭牌；6—载荷螺栓；7—壳体；
8—底板；9—花篮螺栓

☞ 298. 什么是恒力弹簧支吊架？

根据力矩平衡原理，利用杠杆及圆柱螺旋弹簧来平衡外载的支架。这种管架在支撑点产生位移时，支架荷载变化很小，适用于垂直位移量较大或受力要求苛刻的场合，避免冷热态受力变化大，导致设备受力或管系应力超标。恒力弹簧吊架见图 9-46 所示。

☞ 299. 弹簧支吊架安装时应注意什么问题？

（1）确定支吊架规格及型号是否与设计相符，按支吊架组装图或支吊架明细表检查弹簧支吊架的管线代码，吊架编号型号、规格，弹簧整定位置(整定荷载或位移值)、热位移方向和大小是否正确。在刻度板上贴有蓝色箭头“C”指示冷态荷载位置，它应与弹簧压盖上的指示线(箭头)持平；红色箭头“H”指示理论热态位置。

（2）弹簧支吊架运到安装现场时，制造单位按照设计的安装

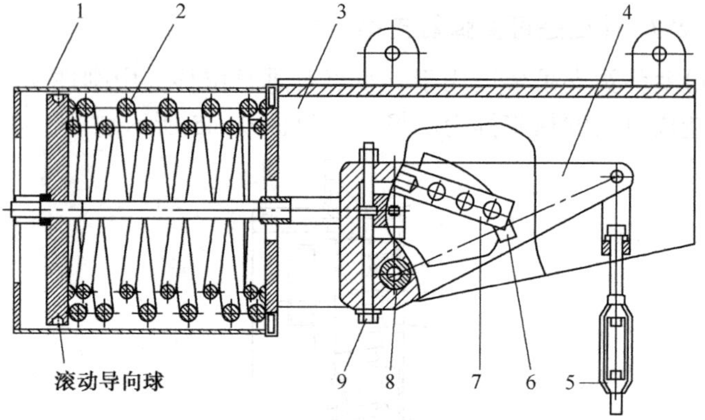

图 9-46　恒力弹簧吊架

1—弹簧罩筒；2—组合弹簧；3—固定框架；4—回转框架；5—花篮螺栓；6—位移指示牌；7—定位锁定板；8—主轴；9—载荷调整螺栓

载荷，用上下两块定位块将弹簧支吊架的指示板固定在与安装载荷相应的位置上，使弹簧支吊架暂处于刚性状态。

（3）按照正确的安装方式安装，固定支架牢固，保持吊杆垂直，在管道投用前，不得取出弹簧支吊架的定位块。

☞ 300. 弹簧支吊架投用时应注意什么问题？

（1）弹簧支吊架安装完毕，验收合格。

（2）管道经清洗、水压试验后，取下上下定位块，方可将管道投入使用。

（3）管道开始运行时要检查定位块是否拆除，检查指示板从安装载荷到工作载荷的位移过程中有无卡阻现象。

（4）管道投入正常运行后，检查弹簧支吊架在工作载荷时的位移是否与设计一致。

（5）管道停运后，检查指示板是否复位到安装载荷的位置。

☞ 301. 弹簧支吊架日常检查的内容是什么？

管道支吊架是管道系统不可分割的组成部分，在日常运行中，坚持对管道支吊架进行检查与维护是保证管道和设备长期安全运行的重要措施之一。

对支吊架检查的一项经常性工作是定期外观检验。要在热态时对每个支吊装置的状态和位置进行测量并记录。停役时间较长时，要进行冷态检查和记录。松弛的支吊架，意味着设计错误，或是安装偏差，或是管道发生了位移。对支吊架外观检验，还包括支吊架零部件及焊缝的检查。检查受力部件是否有断裂、损坏或锈蚀；焊缝是否有裂纹或脱开；活动部件是否卡涩或咬死。

重点检查内容包括：检查支吊架是否脱落、变形、腐蚀损坏或焊接接头开裂；支架与管道接触处有无积水现象；恒力弹簧支吊架转体位移指示是否越限；变力弹簧支吊架是否异常变形、偏斜或失载；刚性支吊架状态是否异常；吊杆及连接配件是否损坏或异常；转导向支架间隙是否合适，有无卡涩现象；承载结构与支撑辅助钢结构是否有明显变形，主要受力焊接接头是否有宏观裂纹。

☞ 302. 什么是膨胀节？膨胀节的作用是什么？

由一个或几个波纹管及结构件组成，用来吸收由于热胀冷缩等原因引起的管道和(或)设备尺寸变化的装置。波纹管是指膨胀节中由一个或多个波纹及端部直边段组成的挠性元件。图 9-47 是 S Zorb 装置常用吸附剂管道上常用的两种膨胀节。

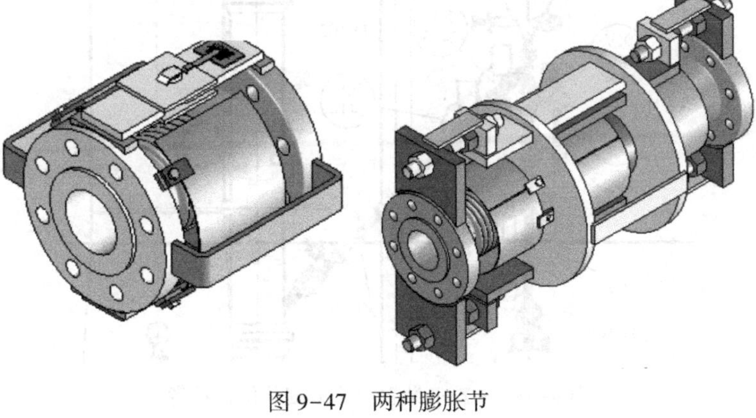

图 9-47　两种膨胀节

☞ 303. 闭锁料斗吸附剂输送管道上安装有膨胀节？

汽油吸附脱硫装置在闭锁料斗吸附剂输送管道上设置膨胀节，见图 9-48 所示，分别位于 D-105 至 D-106 管道上：XJ-001、XJ-

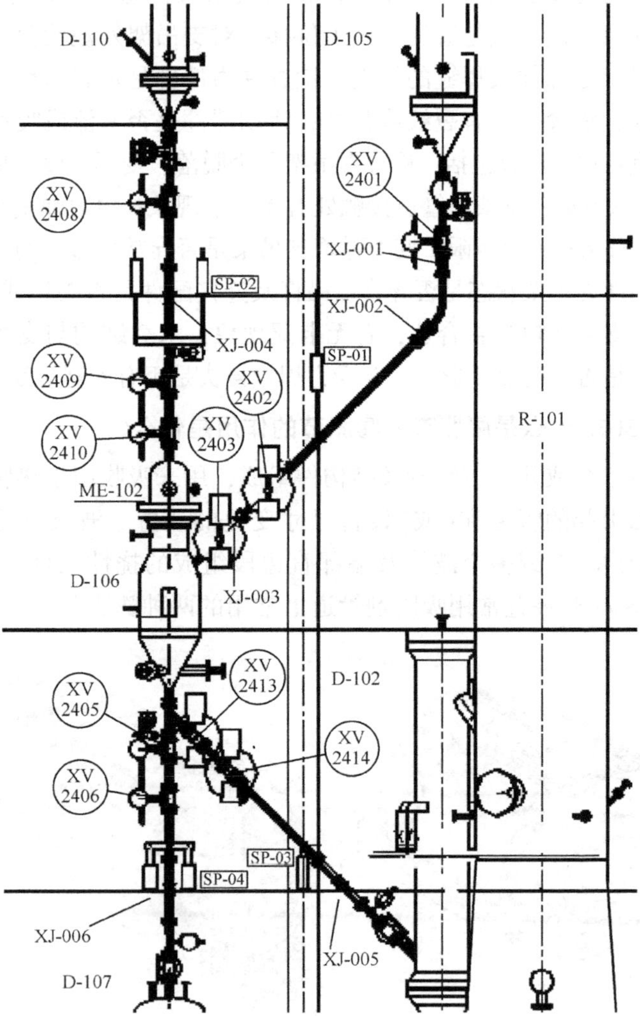

图 9-48　S Zorb 装置膨胀节安装位置示意

002、XJ-003；D-110 至 D-106 管道上：XJ-004、D-106 至 D-102 管道上：XJ-005、D-106 至 D-107 管道上：XJ-006。

☞ 304. 什么是单式铰链型膨胀节？

由一个波纹管及销轴、铰链板和出入口法兰等结构件组成，只能吸收一个平面内的角位移并能承受波纹管压力推力的膨胀节。见图 9-49 所示。

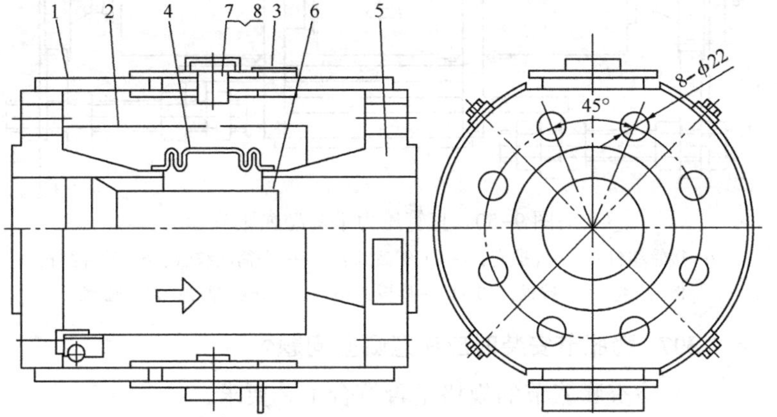

图 9-49　单式铰链式膨胀节

1—铰链组件；2—外护套；3—指针；4—波纹管；5—法兰；6—内衬套；7—销轴；8—盖

☞ 305. 什么是直管压力平衡型膨胀节？

由位于两端的两个工作波纹管和位于中间的一个平衡波纹管及拉杆和进出口法兰等构件组成，主要用于吸收轴向位移并能平衡波纹管压力推力的膨胀节。见图 9-50 所示。

☞ 306. 膨胀节由哪些部件组成？

膨胀节一般包括：波纹管(包括加强环或均衡环、导流筒)、受压筒节(端管、中间管、法兰接管)、受力件(拉杆、铰链板、销轴及其连接附件)。

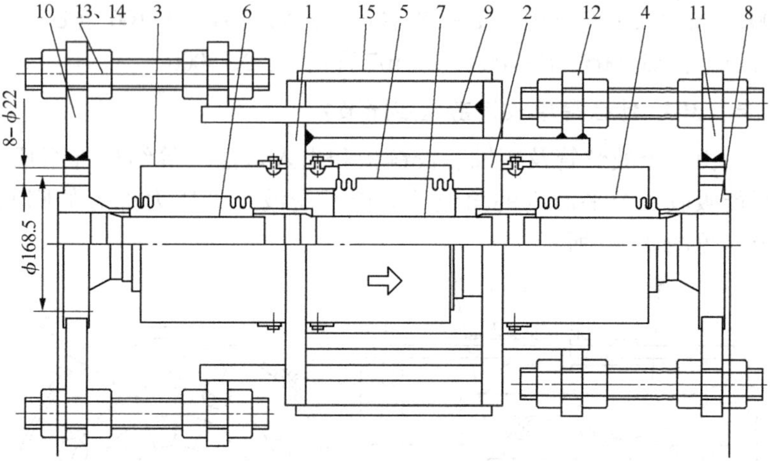

图 9-50　直管压力平衡型膨胀节

1、2—接管组件；3—外护套；4—工作波纹管；5—平衡波纹管；6、7—内衬套；8—法兰；9—拉板；10～12—耳板；13、14—螺柱螺母；15—圆钢

☞ 307. 膨胀节安装时应注意哪些问题？

（1）检查膨胀节的规格是否符合工艺要求；

（2）检查膨胀节外观，波纹管等部位有无划痕；

（3）检查限位杆是否完整牢固；

（4）安装时要注意膨胀节方向，膨胀节的流向正确，导流筒沿介质流向；对于单式铰链式膨胀节，还要注意铰链的方向，保证铰链轴的方向和膨胀角变形的面垂直；

（5）设备或管道投用前，将膨胀节的限位杆或板拆掉。

☞ 308. 膨胀节日常巡检内容包括哪些？

（1）膨胀节在投用前要记录变形的尺寸或刻度；

（2）日常巡检时检查膨胀节的变形位移情况，并做好记录；

（3）检查膨胀节的完好性；

（4）检查膨胀节是否泄漏。

☞ **309. 膨胀节检修时应做哪些检查项目？**

(1) 膨胀节波纹管表面有无划痕、凹凸、腐蚀冲刷穿孔、开裂等现象；

(2) 波纹管波间距是否正常、有无失稳现象；

(3) 铰链型膨胀节的铰链、销轴有无变形、脱落等损坏现象；

(4) 拉杆式膨胀节的栏杆、螺栓、连接支座有无异常现象；

(5) 检查内衬套是否磨损；

(6) 必要时对波纹管焊缝做着色检查。

☞ **310. 吸附剂提升管的结构特点是什么？**

图 9-51 是吸附剂提升管的内部结构，要保证斜插管进入气提管 1/2 处，并保证内表面光滑。

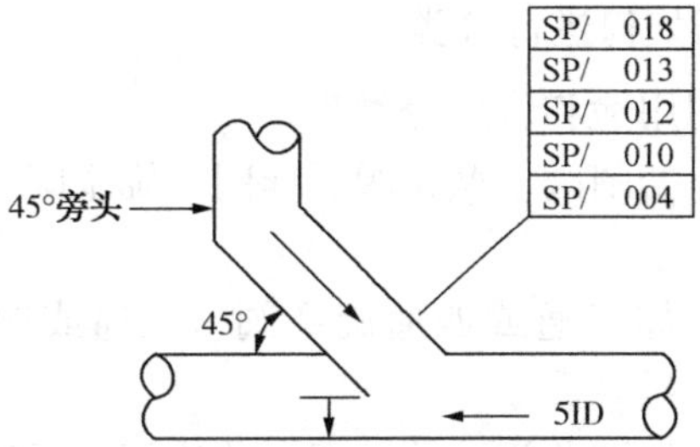

图 9-51　提升管内部结构

☞ **311. 选择阀门原则及步骤是什么？**

(1) 选用阀门应满足以下基本原则：

① 安全可靠性：要求阀门应有高的可靠性，安全系数大，不能因阀门故障造成重大生产和人身事故，满足长周期运行；

② 满足工艺生产要求：适应生产介质、工作压力、工作温度及用途需要；

③ 操作、安装、检维修方便；

④ 经济实用。

（2）选用阀门一般遵循以下步骤：

① 根据阀门在装置或工艺管道中的用途，确定阀门的工作状况；

② 根据工作介质、工作用途及用户要求确定阀门的密封等级；

③ 根据阀门用途确定阀门类型及驱动方式；

④ 选用阀门的公称参数；

⑤ 根据实际工况及阀门公称尺寸确定阀门端面与管道的连接形式；

⑥ 根据阀门的安装位置、安装空间、公称尺寸大小确定阀门类型的结构形式；

⑦ 根据介质特性、工作压力、工作温度，合理选择阀门壳体及内件的材料。

☞ 312. 阀门如何进行分类？

（1）按阀门用途和作用分类：

截断阀类，如闸阀、截止阀、球阀、旋塞阀、蝶阀等；

止回阀；

分流阀类，如三通或四通旋塞阀、三通或四通球阀、分配阀等；

调节阀类，如调节阀、减压阀、节流阀、平衡阀等；

安全阀类，如安全阀、溢流阀等；

特殊专用阀类，如蒸汽疏水阀、放空阀、排渣阀、排污阀、清管阀等。

（2）按动力源分类：

自动阀门，依靠介质本身的能力自行动作的阀门，如安全阀、止回阀、减压阀、疏水阀等；

驱动阀门，借助手动、电力、气力或液力来操作的阀门，如闸阀、截止阀、球阀等。

（3）按壳体材料分为非金属阀门、金属阀门和金属衬里阀门。

(4) 按与管道连接方式分为螺纹连接阀门、法兰连接阀门、焊接连接阀门、对夹连接阀门、卡箍连接阀门、卡套连接阀门。

(5) 按结构特征分为截门形、闸门形、旋塞和球形、旋启形、滑阀形和蝶形。

(6) 按阀门的主要技术参数分类，见表9-17。

表9-17　阀门分类

分类方法	阀门类别	具体标准
按公称压力/MPa	真空阀	工作压力低于标准大气压
	低压阀	$PN \leqslant 1.6$
	中压阀	$1.6 < PN \leqslant 10.0$
	高压阀	$10.0 < PN \leqslant 100.0$
	超高压阀	$PN > 100.0$
按温度/℃	高温阀	$T > 425$
	中温阀	$120 \leqslant T \leqslant 425$
	常温阀	$-29 < T < 120$
	低温阀	$-100 \leqslant T \leqslant -29$
	超低温阀	$T < -100$
按公称尺寸/mm	小口径阀门	$DN \leqslant 40$
	中口径阀门	$50 \leqslant DN \leqslant 300$
	大口径阀门	$350 \leqslant DN \leqslant 1200$
	特大口径阀门	$DN \geqslant 1400$

☞ 313. 闸阀的特点有哪些?

闸阀是指启闭件(闸板)，由阀杆带动，沿阀座(密封面)做直线升降运动的阀门。一般，闸阀不可用来调节流量，只能作为截断装置使用。闸阀具有如下优点：

(1) 流体阻力小；

(2) 结构长度较小

(3) 启闭较省力；

(4) 介质流向不受限制；

(5) 全开时，密封面受工作介质的冲蚀很小；

(6) 形体结构比较简单，制造工艺性较好。

闸阀主要缺点：

(1) 零件较多，结构较复杂，制造和维修都较困难；

(2) 外形尺寸和开启高度都较大，所需安装空间亦较大；

(3) 在启闭过程中，密封面间有相对摩擦，磨损较大；

(3) 一般闸阀都有两个密封副，给加工、研磨和维修增加了一些困难；

(4) 操作行程大，启闭时间长。

☞ 314. 截止阀的特点有哪些？

截止阀是指启闭件(阀瓣)由阀杆带动，沿阀座(密封面)轴线直线升降运动的阀门。

截止阀的优点：

(1) 在开启和关闭过程中，由于阀瓣与阀体密封面间的摩擦力比闸阀小，因而耐磨；

(2) 开启高度一般仅为阀座通道直径的 1/4，结构紧凑，节省安装空间；

(3) 通常阀体和阀瓣上只有一个密封面，因而制造工艺性比较好，便于维修。

截止阀的缺点：

(1) 结构长度较大；

(2) 启闭力矩大，启闭费力；

(3) 流阻系数较大，动力消耗大；

(4) 介质流动方向受限制；

(5) 在阀门关闭时，密封面可能会夹注流体介质中的固体颗粒；

（6）安装不便。

☞ 315. 球阀的特点有哪些？

球阀的启闭件是一个球体，利用球体绕阀杆的轴线旋转90°实现开启和关闭的目的。球阀在管道上主要用于切断、分配和改变介质流动方向，设计成V形开口的球阀还具有良好的流量调节功能。球阀不仅结构简单、密封性能好，而且在一定的公称通径范围内体积小、重量轻、材料耗用少、安装尺寸小并且驱动力矩小，操作简便，可以实现快速启闭。

球阀的优点：

（1）具有最低的流阻(实际上为零)；

（2）在较大的压力和温度范围内，实现完全密封；

（3）可实现快速启闭，某些结构的启闭时间仅为0.05~0.1s，快速启闭阀门时，操作无冲击；

（4）球形关闭件能在边界位置自动定位；

（5）工作介质在双面上密封可靠；

（6）结构紧凑、重量轻；

（7）关闭件能承受关闭时的高压差。

☞ 316. 蝶阀的特点有哪些？

蝶阀是用圆盘式启闭件转动90°左右来开启、关闭和调节流体通道的一种阀门。蝶阀不仅结构简单、体积小、重量轻、材料耗用少、安装尺寸小、驱动力矩小，操作简便、迅速，可同时具有良好的流量调节功能和关闭密封特性。

蝶阀在完全开启时，具有较小的流阻，当开启在15°~70°时，又能进行灵敏的流量控制，因而在大口径的调节领域，蝶阀的应用非常普遍。

☞ 317. 安全阀的特点有哪些？

安全阀是一种自动阀门，他不借助任何外力，而是利用介质本身的力来排出一额定数量的流体，以防止系统内压力超过额定的安全值，当压力恢复正常后，阀门再行关闭并阻止介质继续流出，见图 9-52 所示。

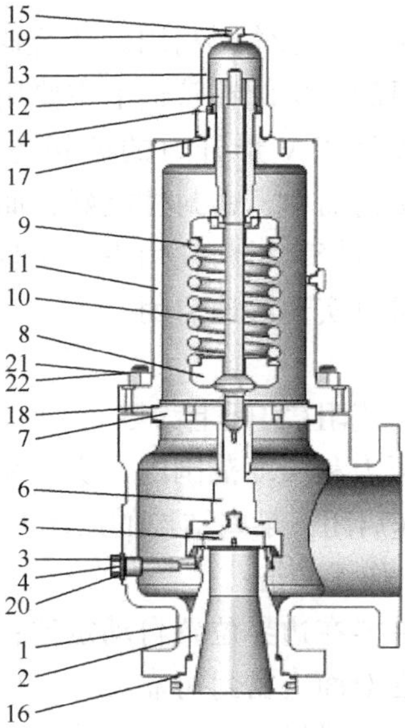

图 9-52　安全阀

1—阀体；2—阀座；3—调节圈；4—定位螺钉；5—阀瓣；6—反冲盘；7—导套；8—弹簧座；9—弹簧；10—阀杆；11—阀盖；12—调整螺钉；13—阀帽；14—锁紧螺母；15—螺塞；16~20—垫片；21—螺栓；22—螺母

安全阀用在受压设备、容器或管路上，作为超压保护装置。当设备、容器或管路内的压力升高超过允许值时，阀门自动开启，继而全量排放，以防止设备、容器或管路内的压力继续升高；当压力降低到规定值时，阀门应自动及时关闭，从而保护设备、容器或管路的安全运行。

安全阀应满足如下几方面条件：

(1) 准确开启；

(2) 适时全开；

(3) 稳定排放；

(4) 及时关闭；

(5) 密封可靠。

☞ 318. 什么是先导式安全阀？

一种依靠从导阀排出介质来驱动或控制的安全阀。该导阀本身应是符合标准要求的直接荷载式安全阀。先导式安全阀由一个主阀和一个先导阀组成。主阀是真正的安全阀，而先导阀的作用是感受压力系统的压力并使主阀开启和关闭。见图 9-53 所示。

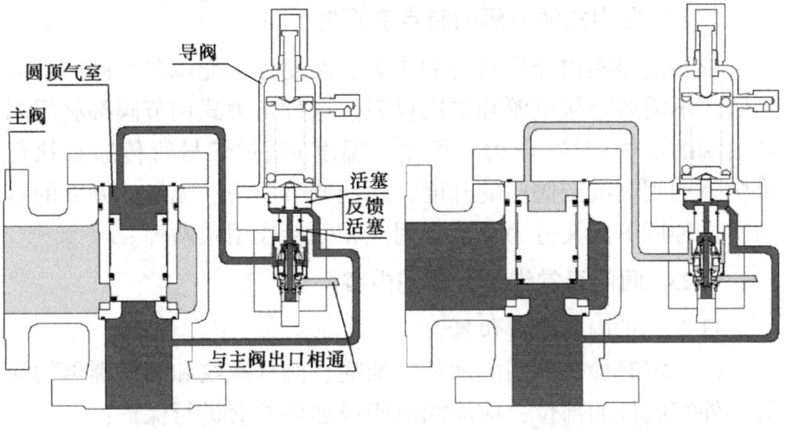

(a) 关闭状态　　(b) 开启状态

图 9-53　先导式安全阀

☞ 319. 安全阀的整定压力是什么？

又称开启压力，安全阀在运行条件下开始开启的预定压力，是在阀门进口处测量的表压力。在该压力下，在规定的运行条件下由介质压力产生的使阀门开启的力同使阀瓣保持在阀座上的力相互平衡。

☞ 320. 止回阀的特点有哪些？

止回阀又称单向阀，依靠管路中介质本身的流动产生的力而自动开启和关闭的，属于一种自动阀门。止回阀用于管路系统，其主要作用是防止介质倒流。

止回阀的工作特点是载荷变化大，启闭频率小，一旦处于关闭或开启状态，使用周期便很长，且不要求运动部件转动，但一旦有切换要求，则必须动作灵活。

☞ 321. 减压阀的特点有哪些？

减压阀是自能源(依靠管路介质的本身能力进行工作)压力调节装置中的一种。通过调节，将进口压力减至某一需要的出口压力，并当负荷及进口压力变动时，能自动地保持出口压力基本不变。

☞ 322. 自力式调节阀的特点有哪些？

依靠流经阀内介质自身的压力、温度作为能源驱动阀门自动工作，不需要外接电源和二次仪表。这种自力式调节阀都利用阀输出端的反馈信号(压力、压差、温度)通过信号管传递到执行机构驱动阀瓣改变阀门的开度，达到调节压力、流量、温度的目的。这种调节阀又分为直接作用式和间接作用式两种。

☞ 323. 阀门日常维护有哪些内容？

日常维护内容主要包括：

(1) 定时检查阀门的油杯、油嘴、阀杆螺纹和阀杆螺母的润滑。外露阀杆的部位，应涂润滑脂或加保护套进行保护；

(2) 定时检查阀门的密封和紧固件，发现泄漏和松动及时处理；

(3) 定期清洗阀门的气动和液动装置；

(4) 定期检查阀门防腐层和保温保冷层，发现损坏及时修理；

(5) 法兰螺栓螺纹应涂防锈剂进行保护；

(6) 阀门零件，如手轮、手柄等损坏或丢失，应尽快配齐，不可用活扳手代替，一面损坏阀杆头部；

(7) 长期停用的水阀、汽阀，应注意排除积水。

☞ 324. 阀门常见故障及其消除方法？

阀门常见故障及处理方法见表9-18。

表 9–18　阀门常见故障及处理方法

故障现象	故障原因	处理方法
阀门启闭失效	填料过紧、压盖偏斜	调整填料函螺栓的松紧，压盖压正
	启闭件脱落	更换阀门
	阀杆弯曲，阀杆螺纹损坏，积垢	校正阀杆，修理阀杆螺纹，并除垢
	闸阀关闭力太大或阀杆受热膨胀	边敲击阀体法兰，边旋转手轮
	支架轴承松脱顶住手轮	重新固定轴承压盖
	寒冷季节冻凝	用蒸汽适当加热阀门
填料泄漏	填料压盖松	压紧填料压盖
	填料不足	增加填料
	填料技术性能不符	更换填料
	阀杆粗糙、弯曲，有轴向沟纹	提高表明光洁度，校直阀杆，修复沟纹
中法兰泄漏	法兰螺栓紧固不均	螺栓扭矩一致
	垫片技术性能不符	更换垫片
	法兰密封面有缺陷	修理密封面
阀门内漏	阀内掉进异物，密封面粘异物	清除异物
	阀杆端部的球面变形或悬空	修理球面
	双闸板闸阀的撑开机构磨损	修理撑开机构
	密封面损坏	研修

☞ 325. 阀门的检查和检验有哪些？

阀门安装前按照相应规范确定的检查数量进行壳体压力试验和密封试验，具有上密封结构的阀门，还要进行上密封试验。

对于壳体压力试验、上密封试验和高压密封试验，试验介质可选用空气、惰性气体、煤油、水或黏度不高于水的非腐蚀性液体，低压密封试验介质可选择空气或惰性气体。

用水做试验介质时，运行添加防锈剂。奥氏体不锈钢阀门试验时，水中 Cl^- 含量不得超过 25mm/L。无特殊规定时，试验介质的温度宜为 5~50℃。

阀门试验前，应除去密封面上的油气或污物，严禁在密封面上涂抹防渗漏的油脂。

☞ 326. 什么是阀杆防吹出结构？

阀杆在介质压力作用下，拆开阀杆密封挡圈或填料压盖等时，阀杆不会被内部介质压力吹出的结构。阀杆若发生破坏，破坏断裂处应在阀门的压力区域外，在介质压力作用下，阀杆不会飞出。

☞ 327. 球阀是如何分类的？

按结构原理分类：浮动球球阀(浮动球固定阀座球阀)、固定球球阀(固定球浮动阀座球阀)；

按密封副材质分类：软密封球阀、硬密封球阀；

按阀体结构形式分类：上装式球阀、侧装式球阀(分为整体式、两段式、三段式)；

按阀门功能分类：二通开关阀、三通和四通换向阀、调节性球阀；

按球阀启闭件球体的形状与大小分类：V 形球阀、半球阀，全通径和缩径球阀。

☞ 328. 硬密封球阀与软密封球阀的区别是什么？

按照密封材料划分，软密封一般指高分子材料 PTFE 及其他聚合物，主要包括聚四氟乙烯(PTFE)、填充 PTFE、金属增强的 PTFE、特种尼龙、旦林(聚甲醛)、聚醚醚酮(PEEK)、聚乙烯 UHMW、聚酰亚胺等。硬密封是指金属作为密封材料，金属密封有如下好处：扩大了温度的使用范围；服务的介质可以带有固体颗粒，气-固或液-固两相流动；适用于腐蚀和磨损工况；扩大了压力等级的使用范围。

☞ 329. 浮动球阀和固定球阀的区别是什么?

浮动球阀的球是浮动的，依靠阀球前后介质压差推动球体紧压在阀座上进行密封的，密封作用反映在出口端；固定球阀的球体不动，靠介质压力推动阀座紧压在球体上进行密封的，密封作用反映在进口端，固定球阀都带有浮动阀座，通常在球体的上下轴上装有轴承。

☞ 330. 单向密封球阀和双向密封球阀的区别是什么?

只能在阀门标示方向上具有密封作用的阀门为单向密封阀门；在两个方向上都具有密封作用的阀门为双向密封阀门，需要说明的是虽然标示为双向密封，但是也有主密封和次密封之分。

☞ 331. 金属密封球阀的特点是什么?

金属密封球阀是指球阀密封副(即阀座密封面与球体密封面)，材料配对为金属对金属的球阀。

☞ 332. S Zorb 装置对耐磨球阀的要求是什么?

S Zorb 工艺介质中含有吸附剂颗粒，其最苛刻条件是高温高压气、固、液三相共存，对管道冲刷磨损严重，同时介质中分别含有 H_2、N_2 的特性，装置中金属硬密封球阀的阀内件材料要求具备耐冲刷磨损、耐腐蚀，与基体材质有较强的结合力，在冲击挤压下不会发生脱落等性能，因此 S Zorb 装置中金属硬密封球阀一般采用超音速喷涂和渗硼处理方法。

☞ 333. 闭锁料斗对程控耐磨球阀的要求是什么?

反应系统属于高温高压临氢系统，再生系统属于高温低压氧气系统，要实现吸附剂在两个系统之间的循环，必须经过闭锁料斗实现两种环境的切换。阀门在此过程中实现隔离、切断、密封的作用，工艺过程决定了阀门的操作条件非常苛刻：

(1) 工作介质是高温吸附剂颗粒(粒度为 1 ~150μm)、氢气和氮气，吸附剂的输送主要靠差压、重力，要求阀门必须耐磨，耐冲蚀；

(2) 吸附剂管线上设置 2 ~3 台阀门，主要是用来隔离氢/氧环境，要求阀门达到Ⅵ级密封，符合安全规定；

(3) 阀门由闭锁料斗程序控制，20 ~30min 内开关一次，温度、压力、前后压差变化较大，部分阀门压差方向也发生变化；

(4) 要求阀门开启、关闭时间在 8s 以内。

☞ 334. 常用密封面硬化技术有哪些？

目前金属密封球阀密封副表面硬化技术主要有堆焊、镀铬、氮化处理、火焰喷涂、等离子喷涂、超音速喷涂、渗硼处理等方法。

☞ 335. 超音速喷涂的特点是什么？

超音速喷涂(HVOF)是利用碳氢系燃气或煤油、酒精等可燃液体与高压氧气，在特制的燃烧室内燃烧产生的高温、高速的燃烧焰流，焰流速度可达 2km/s。同时将粉末状的涂层材料粒子按轴向或侧向送进喷枪中，当粉末状的喷涂材料流出喷枪时，燃烧的气体将其包围起来，并将其均匀加热，由于燃烧气体将高动能传递给粒子，所以涂层材料一般不用被完全熔化。由于火焰焰流速度极高，喷涂粒子被加热至熔化或半熔化状态的同时，飞行速度高达 500m/s 以上。喷涂粒子高速飞行撞击到工件表面，将动能转化为热能，形成与基体结合强度极高的涂层，但对工件表面的热影响较小(一般基体表面温度不超过 150℃)，不影响基体材料的原热处理组织，在粉末粒子沉积过程中，由于冷却速度快，将会产生明显的喷丸效应，使涂层产生压缩残余应力，有效地提高涂层的表观结合强度。超音速喷涂见图 9-54 所示。

☞ 336. 渗硼技术的特点是什么？

渗硼处理是一种在高温下(800～1000℃)下使硼元素渗入金属表面获得硼化合物硬质层的化学热处理技术，渗硼处理可用于

图 9-54 超音速喷涂

Co 基和 Ni 基合金，金属材料经渗硼处理可获得相当于硬质合金硬度的表层，以改善材料耐腐蚀和抗腐蚀性能。这种方法渗层薄，热膨胀系数差异小，可以显著提高表面硬度、耐磨性、耐腐蚀性。见图 9-55 所示。

图 9-55 渗硼技术

☞ 337. 硬化的主要参数是什么？

表征硬化性能的主要参数有硬度、厚度、结合强度以及磨损性能等。

（1）表面硬度。涂层材料要抗磨损，不但要求在常温下有很高的硬度，而且其硬度不应随温度的升高而急剧衰减，这样才能保持其高温下优良的耐磨性能。在常温下Ni基-CrC或Co基-WC喷涂材料经等离子喷涂或超音速喷涂后，表面涂层硬度能达到HRC60以上，但根据喷涂材料的不同，高温下硬度存在差异。

密封副之间接触面需具有一定的硬度差，否则容易发生咬死现象。通常阀球和阀座的硬度差在5~10HRC，该硬度差使球阀能具有较好使用寿命。一般选择球体的硬度高于阀座表面的硬度，但是也有选择硬度一样的。

（2）结合强度。结合强度是指涂层对基体的附着力。采用超音速喷涂方法，其涂层的质量受到喷涂粉料结构、喷涂工艺参数的影响较大，但由于其喷射粒子与基体相撞速度高，涂层的结合强度几乎不受粉末结构等因素的影响。对于Ni基-CrC或Co基-WC喷涂材料，超音速喷涂结合强度达到68MPa。

（3）涂层厚度。涂层厚度与涂层抗脱落性能是一对矛盾，涂层的厚度越厚则耐磨损的时间越长，但涂层本身硬度高，过厚的涂层也将产生较大的应力，由于涂层与基体不是冶金结合，受结合强度影响，过厚的涂层反而容易脱落。超音速喷涂完成后涂层的厚度一般在0.3~0.6mm，经过研磨加工后最终的涂层厚度一般均控制在0.2~0.4mm。

（4）热膨胀系数。热膨胀系数是材料的固有属性，其数值大小是选择基体与硬化材料是否匹配的重要参考因素。超音速喷涂选择基体为410SS、Inconel718与硬化层为Ni基-CrC，Co基-WC的匹配已经为业界认可。

（5）磨损性能。密封副在实际工作中的磨损性能，通过冲蚀磨损实验评价法表征涂层的磨损性能。

☞ 338. MOGAS耐磨球阀的特点有哪些？

MOGAS耐磨球阀阀杆及填料结构见图9-56和图9-57所示。

（1）配套球体和阀座：球体选用410SS材料，表面采用HVOF喷涂碳化铬；球面和密封面配对研磨，阀座两面研磨；球

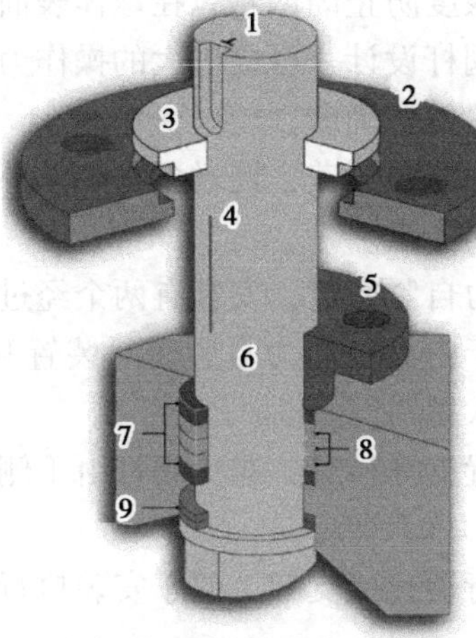

图 9-56　MOGAS 耐磨球阀阀杆及填料结构

1—阀杆“T”标识；2—执行器安装法兰；3—阀杆导向环；4—阀杆刻线；5—填料压盖；6—阀杆；7—填料压环；8—复合填料；9—阀杆密封轴承

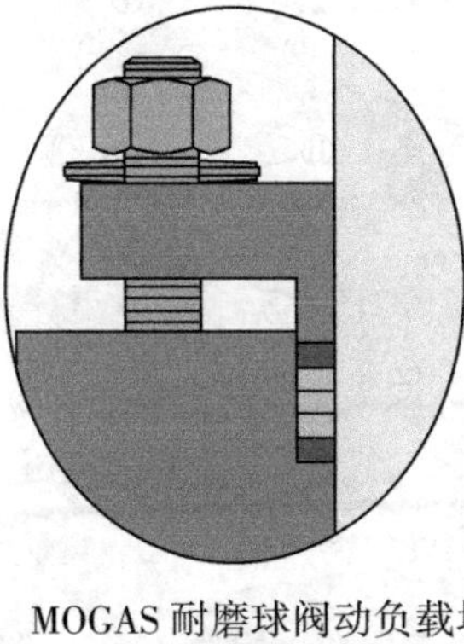

图 9-57　MOGAS 耐磨球阀动负载填料结构

体超大尺寸设计，在整个开关过程中非常轻盈，并可以减少磨损和容纳偏离方向的执行器止动位置；在完全开启时，可防止密封面受到侵蚀。

（2）金属阀座保持尖角锋利，开或关一次，擦拭或刮削球体表面一次，可最大限度防止固体颗粒在球体表面积聚。

（3）超大尺寸阀杆设计，可提供大的操作力矩，并提高阀门使用的安全性和位置的精确度。

（4）采用动负载填料压盖，经过多次热循环后阀杆填料盖动负载可确保填料长期压紧。

（5）内阀杆压力自紧密封，安装有两个经过喷涂和研磨的金属止推轴承，相当于内阀杆压力自紧密封装置和阀杆导向装置，并防止固体颗粒进入填料。

（6）阀杆上设置支撑衬套，避免阀杆由于侧向力，可能引起的填料变形和泄漏；

（7）紧固的执行器连接支架，便于安装执行器。

☞ 339. MOGAS C 系列球阀的结构是什么？

MOGAS C 系列球阀的典型结构见图 9-58 所示，其特点是才

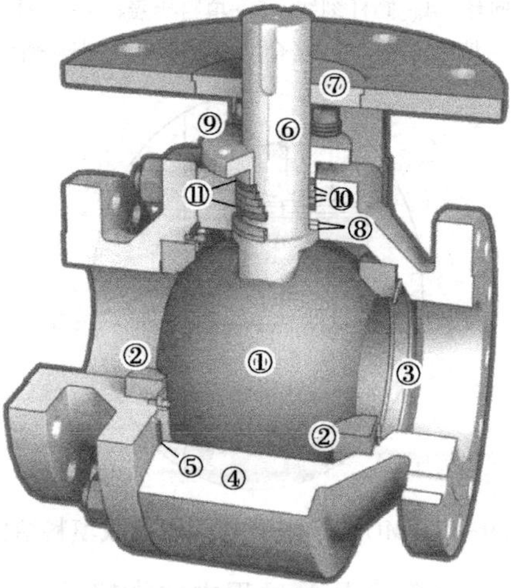

图 9-58　MOGAS C 系列耐磨球阀结构

1—球体；2—阀座；3—蝶簧；4—阀体；5—阀体垫片；
6—阀杆；7—阀杆轴衬；8—阀杆内密封轴承；
9—填料压盖；10—阀杆填料；11—填料压环

采用双阀座浮动球设计，阀体为全锻造阀体，材质有 A182-F316 和 A182-F22 两种，前者耐 815℃高温，后者可承受 593℃的工况，阀球、阀座材料为 410SS，表面采用超音速喷涂工艺。阀球、阀座全部手工配对研磨，保证其密封等级达到 VI 级。此外，采用超大球体设计、可得到较宽密封面，防止很小的刮擦造成的泄漏，并可防止意外超行程转动造成的泄漏。阀座锋利的边缘具有对球体自刮擦和自清洁作用，防止微粒进入密封面而使密封面破坏，造成泄漏。弹簧结构采用蝶形，有效防止固体颗粒堆积。填料由 3 个模压成型的三明治式的组合纯石墨环和 2 个填充有缠绕丝的石墨抗挤压环两部分组成，密封泄漏量小于 500μg/g。阀杆设计有轴肩，为防飞出压力密封阀杆，压力越高密封越紧。

☞ 340. MOGAS 球阀的开关方向如何确认？

MOGAS 阀门开关方向见图 9-59 所示。

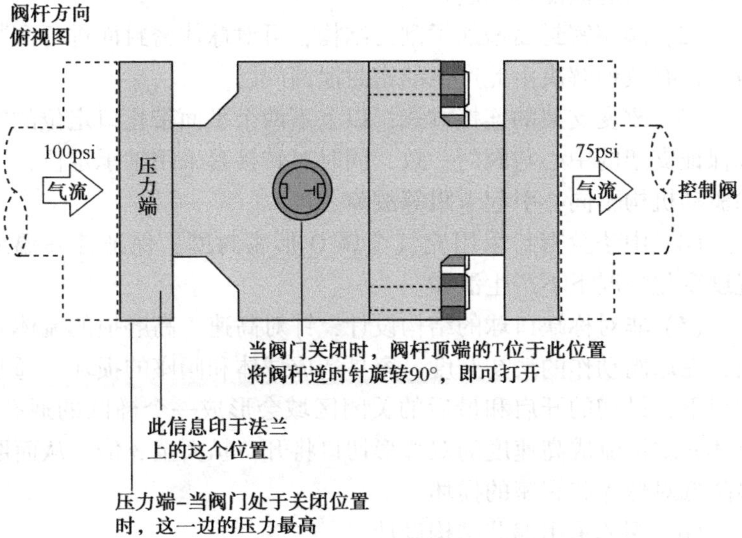

图 9-59　MOGAS 阀门开关方向确认

1psi = 6894. 757Pa

☞ 341. GOSCO 耐磨球阀的特点有哪些?

GOSCO 球阀的阀球和阀座材料为 Inconel718，表面硬化工艺采用渗硼技术，渗硼后不用研磨，硬度达到 97HRC 以上；另一个特点是其进口端阀座的设计，其上设计有导流槽，这样固体颗粒通过导流槽自由进入进口端阀座与阀球之间，当阀门打开时，进去的固体颗粒被带走，避免吸附剂在阀座和阀球之间的堆积。

☞ 342. GOSCO 耐磨球阀的结构是什么?

GOSCO 耐磨球阀结构见图 9-60 所示。

☞ 343. KVC 耐磨球阀的特点有哪些?

KVC 耐磨球阀的特点主要有：

(1) 主密封阀座采用一体式结构，消除了静密封的泄漏点；碟形弹簧侧的副密封阀座采用石墨密封圈的形式，解决了粉尘进入密封面引起泄漏的问题。

(2) 阀座密封面增加了刮刀结构，可对球体密封面进行刮削清洁，有效地解决由此产生的密封泄漏问题。

(3) 改变支架的连接方式，以上下两个平面带止口定位的方式保证支架的中心与阀门一致，同时对转接套采用轴承定位，消除驱动机构不同心引起卡阻等故障。

(4) 中法兰密封采用充气金属 O 形密封圈，保证在高温或温度变化情况下不产生泄漏。

(5) 非对称缺口球的结构设计，针对高速、高磨损的流体介质，在球阀动作的最初开度，容易造成球体和阀座的损坏。通常情况下，最初的开启和最后的关闭区域会形成一个椭圆的通孔，流体介质汇流成高速度的双弧形切口将开口扩大至 3 倍，从而明显降低对球体和阀座的损坏。

(6) 阀体采用偏芯结构设计。

☞ 344. KVC 耐磨球阀的结构是什么?

KVC 耐磨球阀结构见图 9-61 所示。KVC 球阀为浮动球、单

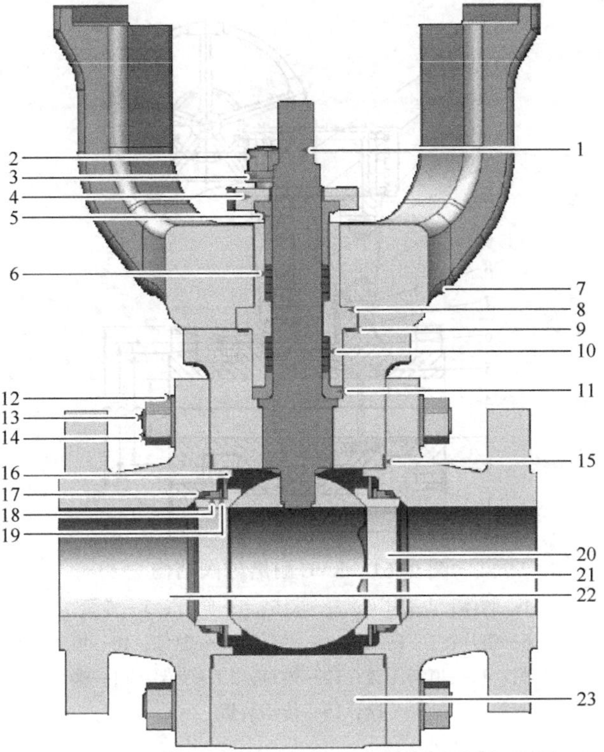

图 9-60　GOSCO 耐磨球阀结构

1—阀杆；2—填料调整螺母；3—蝶簧垫圈；4—填料压盖板；5—阀杆上导环；6—阀杆上填料；7—三角支架；8—压盖衬套；9—压盖衬套垫片；10—阀杆下填料；11—阀杆下导环；12—蝶簧垫圈；13—端盖螺栓；14—端盖螺母；15—阀体垫片；16—圆齿环；17—楔形密封；18—压缩环；19—发作弹簧；20—阀座；21—阀球；22—端盖；23—阀体；注：4、5 项是一体的

向密封结构。阀球和阀座材料选用 316H，表面硬化工艺采用超音速火焰喷涂 CrC，喷涂后硬化表层硬度达到 61HRC。SHK 球阀主密封阀座采用一体式结构，消除了静密封的泄漏点，高压端密封阀座，采用石墨密封圈的形式，避免粉尘进入密封面。

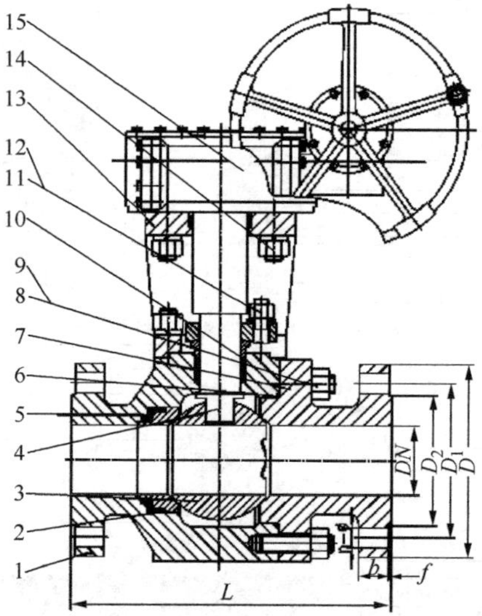

图 9-61　KVC 耐磨球阀结构

1—阀体；2—阀座；3—球体；4—阀杆；5—弹簧；6—垫片；7—副阀体；8—螺柱；9—螺母；10—填料；11—填料压盖；12—螺钉；13—支架；14—螺栓；15—传动装置

☞ 345. 耐磨球阀安装时应注意哪些问题？

耐磨球阀安装时需要考虑如下几方面：

(1) 安装时要注意安装方向，对于双向密封的耐磨球阀可以不考虑，单向密封的耐磨球阀，如 MOGAS C 系列的耐磨球阀，球阀上一般标示“压力端(Pressure End)”或者用箭头标示“主密封”、“次密封”，安装方向与管道内介质流向不一定完全吻合，结合工艺要求以及具体位置确定安装方向，否则起不到隔断的作用。

对于浮动球阀，进口端阀座与阀体之间装有预紧弹簧，使阀球与出口端阀座紧贴在一起，实现密封。当球阀进口与出口为正压差时，压差使密封比压更大，有助于球阀的密封，当出现反向压差，即球阀出口压力高于进口压力时，反向压差克服弹簧的预紧力，密封比压降低，阀门的密封性能变差，当反向压差大于弹簧的预紧力后，阀球与出口端阀座分离，介质从出口端进入进、出口端阀座及阀球之间，此时由于进口端阀座与阀体之间存在间隙，导致阀门内漏。当反向压差进一步增加，使进口端阀座与阀体之间的间隙逐渐减小，直到完全贴合，泄漏通道被堵塞，阀门重新达到密封状态，只是这时的密封是靠进口端阀座密封实现的，见图 9-62 所示。

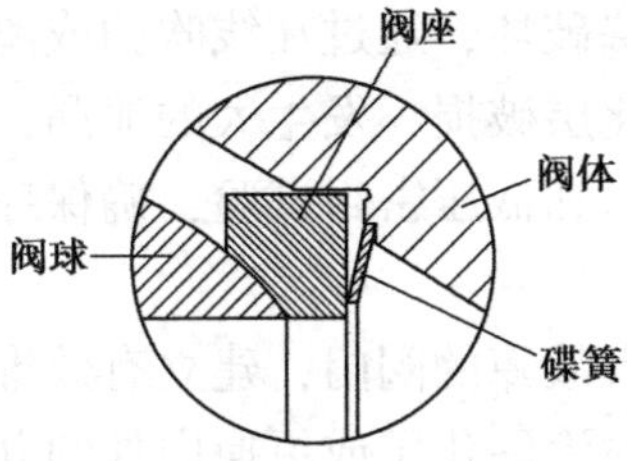

图 9-62　进口端阀座结构示意图(MOGAS)

可见这种形式的双向密封是有条件的，反向密封首先依赖于预紧弹簧的预紧力，其次依靠进口端阀座与阀体之间的密封，而中间状态是不可靠的，如果反向压差正好抵消弹簧的预紧力，而又不足以使进口端阀座与阀体完全密封，则阀门泄漏，况且有些阀门进口端阀座与阀体并没有密封面，不具有密封作用。

(2) 安装时要保证管线及阀门的内洁，从目前 S Zorb 装置开工情况看，做好吸附剂管线及其阀门的内洁至关重要。在管道安装初期，管道吹扫、试压期间，保持管道内清洁，在管道完成吹扫前，不要随意启动球阀，避免造成不必要的划伤和磨损。

☞ 346. 耐磨球阀日常运行时应注意哪些问题？

(1) 做好工艺调整，避免程序中断。工艺过程对球阀的运行影响很大，保证闭锁料斗平稳操作，避免程序中断，程序一旦非正常中断，吸附剂管道温度下降，对球阀运行不利；球阀关闭顺序不能按照正常程序停下，吸附剂堆积在阀门及管道内，加剧阀门的磨损；通过调整管道上不同阀门开关延时设定值，可以改善下方球阀的工作状况；提高操作温度、增加相关管道伴热，尽量避免吸附剂带液，可以改善球阀的工作环境；通过优化闭锁料斗各步序的时间，改善阀门前后压差，有利于球阀的运行。

（2）加强阀门的在线和离线检验。在闭锁料斗投用初期，做好球阀在线密封试验，判断各球阀内漏情况。在运行过程中，通过观察工艺工况的变化，判断各球阀的内漏情况，阀门内漏初期，往往是吸附剂在阀腔内堆积或在阀球、阀座上的堆积造成的，并没有对硬化层破坏，通过在线吹扫或离线清扫，可以消除故障，防止球阀硬化层破损，发生大的泄漏，增加维修成本。离线检验要做高压密封和低压密封试验，确保球阀在各个压差等级下的密封性能。

（3）及时修理有故障的阀门，建立有效维修维护策略。通过清扫、研磨、重新喷涂硬化层或更换内件的办法，及时将替换下来的球阀修复，使其真正达到备用的目的，有的单位定期将怀疑有问题的球阀拆下来清扫修理，也是避免故障扩大化，降低维修难度、降低维修成本的一种策略。

通过和国内有实力的的阀门公司签订维修协议，实现球阀的快速修理，快速备用，降低库存压力，确保装置平稳运行。

（4）做好备用阀门及备件的储备。目前 S Zorb 装置闭锁料斗系统球阀主要有 *DN*80mm 和 *DN*100mm 两种规格，在同一系统内尽量采用相同的球阀，使其具有互换性，每种规格的球阀储备一定数量的备阀或阀内件，这样一旦出现故障，可以及时更换新阀，故障阀门可以线下修理。

（5）提高设计、安装、使用维护水平。金属密封球阀作为 S Zorb 装置关键设备之一，应引起工程设计、施工、使用、维护以及维修各个环节相关人员的足够重视，通过建立符合实际要求的设计规范、安装标准、施工规范、操作规程、维修策略和规程，实现金属密封球阀的全过程科学管理，有利于提高球阀的使用寿命，降低装置生产成本。

(6) 改进金属密封球阀设计制造水平。目前国内金属密封球阀制造水平有了很大提高，设计、研制出符合 S Zorb 装置工艺特点的金属密封球阀(包括结构形式、密封付硬化方案)是提高球阀使用寿命，保证装置长周期运行的必然选择。

☞ 347. 耐磨球阀常见故障是什么？

耐磨球阀主要故障及原因有以下几方面：

(1) 阀门内漏。随着装置运行时间延长，阀门可能发生内漏，泄漏量小时，一般不容易发现，随着泄漏量增加，才能体现在工艺过程中，比如闭锁料斗氢气或氮气过滤器(ME-110AB、ME-111AB)切换频率增加，吸附剂损耗增加，吹烃时间延长等，所以平时应重视闭锁料斗工艺过程的监控，及早发现故障阀门。主要原因：

① 球阀表层硬化质量问题(表现为喷涂层脱落或冲刷)，在阀球、阀座表层硬化过程中，如果控制不好喷涂工艺，表层碳化铬硬化层与阀球、阀座基材结合不好，容易发生脱落。

② 阀球、阀座涂层磨损，球阀频繁启闭，在吸附剂颗粒环境中，阀球与阀座之间吸附剂颗粒刮研不干净，二者之间存在摩擦发热，最终导致阀球或阀座表面硬化层磨损。

③ 阀球上沉积吸附剂焦块，阀球上积聚吸附剂焦块，硬度很高，用通常的办法很难将其从阀球表面清理下来，这些焦块的存在，一方面不能使阀球阀座的密封面很好地接触，导致阀门的内漏，一方面加剧阀球和阀座的磨损。

④ 阀座后吸附剂沉积，进口端阀座与阀体之间存在间隙，吸附剂颗粒进入这个间隙，如果不能及时带走，便积存在里面，导致碟簧失效，最终阀门密封失效泄漏。

⑤ 工艺因素影响，由于闭锁料斗介质、温度、压力由程序控制周期变化，阀门两侧压差大小周期变化，反向压差的存在，导致阀门密封性能下降，在压力波动情况下，反向压差大于碟簧的预紧力而使阀门发生泄漏，长时间导致密封面冲刷而失效。操

作温度低的部位要比温度高的部位球阀磨损严重(如再生器一侧的球阀发生内漏的机会要比反应器一侧的大)。如果吸附剂带液，这种磨损更严重，如 XV2416、XV2417 这些部位的球阀，介质内的吸附剂很少，但是磨损却很严重，与温度低、介质带液有很大关系。

(2) 阀门开关速度降低。闭锁料斗料腿上球阀的阀检设定时间，按要求阀检设定时间小于 8s，当实际开阀或关阀时间超过此设定值时，程序判定阀门未开或未关，程序停运，导致吸附剂输送中断，为此被迫将阀检时间设定值延长，以使程序能够正常运行下去，一方面因阀检时间延长，导致吸附剂循环时间延长，甚至程序中断；另一方面对安全也是不利的。

(3) 电气元件失效。耐磨球阀的执行机构为气动执行机构，包括电磁阀、回讯器等电气元件，随着球阀运行周期的延长，这些部件也经常发生故障，导致球阀不动作或开关缓慢，通过在线判断，及时更换电气元件，可以很好地解决这类故障。

(4) 阀门外漏。阀门外漏主要指球阀的填料泄漏，这类故障相对比较好解决，通过及时压紧填料压盖、更换填料等措施，消除故障。

☞ 348. 滑阀的结构特点是什么？

滑阀是利用阀芯在密封面上滑动，改变流体进出口通道位置以控制流体流向的分流阀。滑阀的通径比较小，如果管道内较脏或吸附剂结块严重，在运行过程中容易堵塞，所以一般在其入口设置过滤器。滑阀结构见图 9-63 所示。

☞ 349. 阀门的驱动装置有哪些？

阀门执行机构是一种利用某种驱动能源在某种信号控制下提供直线或旋转运动的驱动装置。执行机构的动力可能是气体、液体、电力或其他能源，使用气缸、液压马达、电机等进行驱动，最终实现阀门自动驱动。阀门的执行机构主要有以下几种方式：

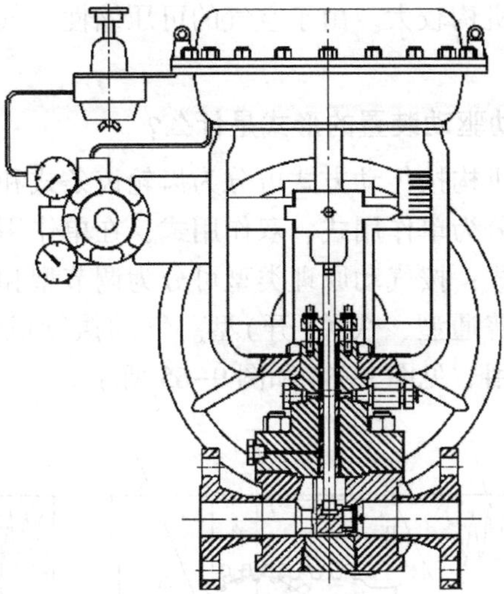

图 9-63 国产滑阀结构

（1）电动单回转式执行结构：它是一种与电动多转式执行结构类似但只能进行 90°即 1/4 转的输出的执行结构；

（2）电动多回转式执行机构：利用单相或三相电动机做驱动，经过齿轮或涡轮蜗杆传递后驱动阀门的转动螺杆，达到最终控制阀门开关或闭合的效果；

（3）气压和液压单回转执行机构：利用气动或液动进行驱动实现机构回转的装置；

（4）气压或液压驱动多回转或直线输出执行机构：利用气压或液压进行驱动的多回转式或直线输出式的执行机构。

☞ 350. 气动驱动装置的特点是什么？

阀门采用气动执行机构的优点是关闭速度较快，当力矩较小时也可以在 0.5s 以内启闭。气动执行机构的工作环境适应性好，在易燃、易爆、强磁和强辐射等恶劣环境中也不受影响。气动执行机构可在断电、断油源、断信号时使阀门复位到一个事先设定的安全位置，使阀门所在的系统得到保护。但是因一般气源压力较低所以执行机构较大。由于空气的可压缩性，气动的动作稳定性稍差。

☞ 351. 气动驱动装置的形式是什么？

气动执行机构按传动方式可分为齿轮齿条式和拨叉式；按气源作用方式可分为单作用式、双作用式，在单作用式中又可分为气开式和气关式；按气动原理类型可分为调节型和开关型，开关型中又可分为普通型、快关(开)型。气动执行机构应根据工况的不同需求选用。见图 9-64 和图 9-65 所示。

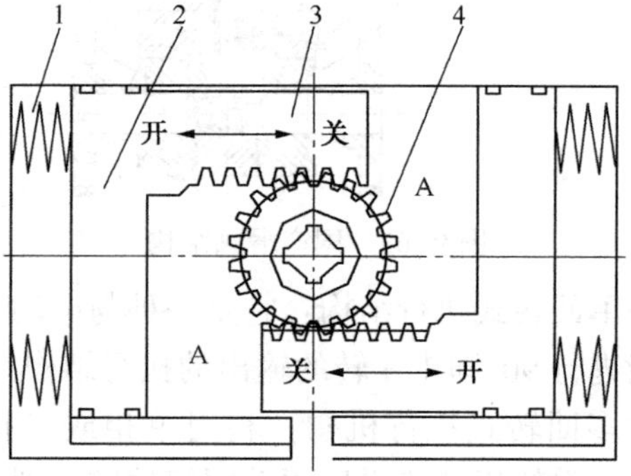

图 9-64　齿轮齿条式单作用气动执行机构

1—弹簧；2—活塞；3—齿条；4—齿轮

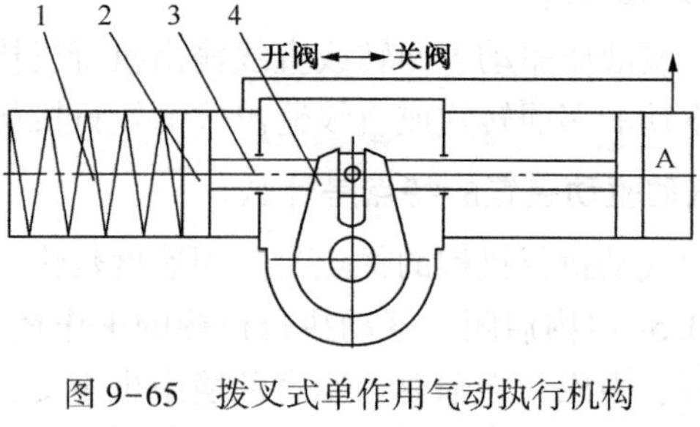

图 9-65　拨叉式单作用气动执行机构

1—弹簧；2—活塞；3—拨叉杆；4—拨叉

☞ 352. 气动驱动装置的组成是什么？

气动驱动装置一般由一个气源处理三联件组件(包括过滤器、减压阀和油雾器)、电磁阀、气控阀以及气缸组成，另外还包括阀位指示器和回讯等。见图 9-66 所示。

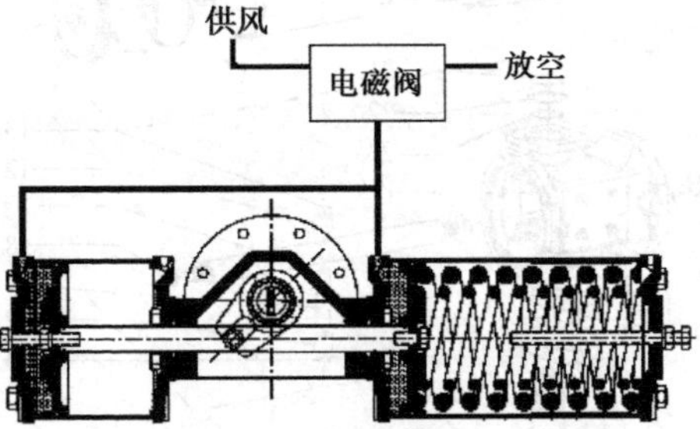

(a) 双气缸单作用气动执行机构

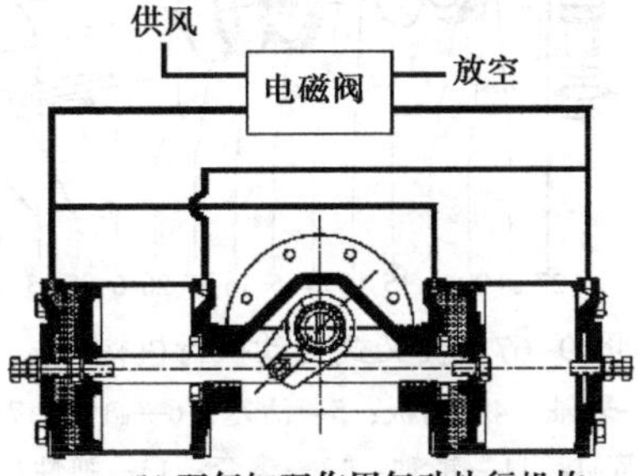

(b) 双气缸双作用气动执行机构

图 9-66　气动执行机构组成

☞ 353. 气缸的结构是怎样的？

拨叉式气动执行机构和齿轮齿条式执行机构见图 9-67、图 9-68所示。

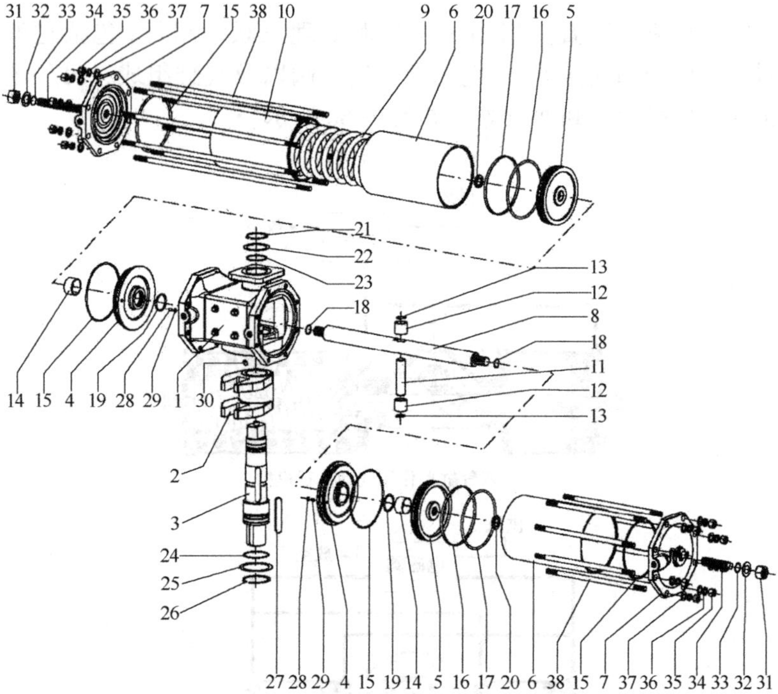

图 9-67　拨叉式气动执行机构

1—箱体；2—拨叉；3—转轴；4—隔板；5—活塞；6—缸体；7—缸盖；8—活塞杆；9—弹簧；10—弹簧缸；11—销轴；12—滚套；13—弹性挡圈；14—无油轴承；15，17，18，19，23，24，28，33—O 形环；16—导向环；20—锁紧螺母；21—弹性挡圈；22—减磨垫圈；25—减磨垫圈；26—弹性挡圈；27—平键；29—定位销；30—紧定螺钉；31—锁紧螺母；32—平垫圈；34—调节螺钉；35—螺母；36—弹性垫圈；37—平垫圈；38—双头螺栓

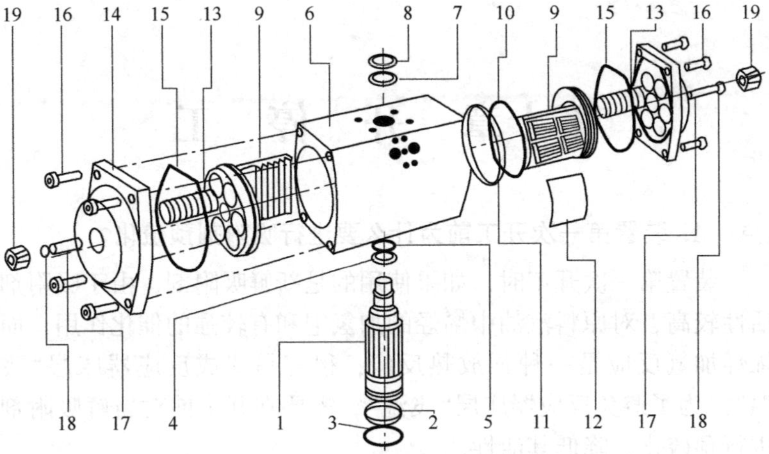

图 9-68　齿轮齿条式执行机构

1—输出轴；2—支承圈；3，5，10，15，18—O 形环；4—支承圈；6—气缸；
7—垫片；8—挡圈；9—活塞臂；11—支承圈；12—导向块；13—弹簧；
14—气缸盖；16—内六角螺钉；17—限位螺钉；19—限位螺母

第十章　开　停　工

☞ 1. 装置第一次开工前为什么要进行吸附剂预硫化？

装置第一次开工时，如果使用的是新鲜吸附剂，由于吸附剂活性较高，对原料汽油中烯烃的加氢饱和有较强的催化作用，而烯烃加氢反应是一种强放热反应，很容易造成反应器床层“飞温”。为了避免反应器床层“飞温”，需要在开工前对新鲜吸附剂进行预硫化，降低其活性。

☞ 2. 硫化剂二甲基二硫有什么危害？如何进行预防？

二甲基二硫(DMDS)是一种呈黄色液体的有机硫化物，它对人体的危害主要表现为：(1)DMDS是一种刺激性物质，重复或长时间接触会刺激皮肤和眼睛，如接触了皮肤和眼睛，应立即用清水冲洗。(2)吸入DMDS蒸气时会有头痛、呕吐等症状。

预防措施：(1)装填时要戴好化学眼镜，戴好防护手套，穿防护服，戴供氧式防毒面具。(2)储存与处理：要存放在一个通风比较好的地方，用后的器具应进行处理，或用水封，或用水冲洗，置换干净不可裸露在空气中。

☞ 3. 什么是三查四定？

三查四定是查设计漏项、查工程质量及隐患、查未完工程量，对检查出来的问题，定任务、定人员、定时间、定措施，限期完成。也有对四定的解释是定人员、定措施、定时间、定资金。

☞ 4. S Zorb 装置进油前的准备工作是什么？

装置在进油前要确认：(1)油运正常；(2)反应系统收剂结束；(3)反应温度控制稍高于设计给的最低温度；(4)检查进油

的流程上盲板全部拆除；(5)仪表显示正常。

☞ 5. S Zorb 装置在开工反应系统气密，按照不同的介质和不同的状态可以分为哪些？

按照介质分为氮气气密和氢气气密，按照温度分为冷态气密和热态气密，按照压力分为低压气密和中压气密。

☞ 6. 装置在开工中要对管线吹扫的要求有哪些？

(1) 吹扫前要将孔板、计量表、喷嘴、调节阀、过滤器、单向阀等管线附件拆下。(2)吹扫过程中要先吹主管、后吹支管，沿管线向下或水平吹扫。(3)吹扫管线尽量分段吹扫，采用憋压和爆破式吹扫。(4)加强安全检查，放空口要有专人监视。

☞ 7. 开工初期在给 ME101 滤芯建立滤饼时要注意哪些事项？

(1) 要根据厂家提供的方案进行操作。(2)在建立滤饼过程中要注意反吹压力和反吹温度的控制。(3)在建立滤饼过程中整体的操作波动要小。(4)控制适宜的进料量及床层线速等。

☞ 8. 开工初期为什么要低流量进料？

在装置开工初期，由于新鲜吸附剂脱硫活性高，对烯烃加氢饱和的催化作用也极强，而烯烃加氢是一种强放热反应，会造成反应器温升过快，失去控制。开工初期低流量进料就是避免大量的放热反应导致反应器飞温。

☞ 9. 开工初期如何防止反应器飞温？

开工初期防止反应器飞温的主要方法有以下几种：

(1) 如果利用催化汽油开工，在开工初期需要低流量进料，并在原料油中注入硫化剂，使硫在吸附剂上快速积累，活性降低，减弱烯烃加氢反应的进行，同时辅以循环氢大流量循环，快速带走反应器内的热量；

(2) 可以利用直馏汽油开工，由于直馏组分不含烯烃，可以避免反应器内的烯烃加氢饱和放热；

（3）可以利用平衡剂开工，由于平衡剂活性低，对烯烃加氢的催化作用弱，也可以大大降低反应器内的烯烃加氢反应。

☞ **10. 装置开工初期吸附剂的装填量有什么要求？**

装置开工初期吸附剂装填量应略低于正常值，防止吸附剂装填过量，一旦循环氢和原料汽油大量引入会造成吸附剂床层过高。当循环氢流量和进料量基本稳定后，如果床层高度不足，可以再适当向反应器内补加吸附剂。

☞ **11. 反应系统停工降量时需要注意哪些事项？**

（1）反应降量前要将进料甩出，以免造成原料罐液位高。（2）降量时要注意反应压力波动不要过大。（3）降量的同时降低加热炉瓦斯用量。（4）当处理量较低时切断进料。

☞ **12. 反应系统停工退油时应注意什么？**

（1）在反应卸剂结束后退净热高分罐和冷高分罐的油。（2）退油时要保证反应系统压力高于稳定塔压力。（3）反应系统其他部位的油是用热氢气带出，所以要控制好反应系统温度。（4）反应系统的循环氢气量要最大。

☞ **13. 停工后反应过滤器需要检查哪些内容？**

（1）检查滤芯是否变形，是否有断裂。（2）检查内部有无吸附剂，如有检查是否出现泄漏。（3）检查滤芯表面是否有伤痕。（4）检查反吹管有无变形。（5）检查滤芯紧固处有无松动。

☞ **14. 新建的加热炉在投用前为什么烘炉？**

（1）新建的炉子因耐火材料内含水很多；（2）为防止因温度突然上升，炉子耐火材料里水分急剧汽化体积膨胀，使耐火衬里和耐火材料产生龟裂、脱落，影响开工周期和正常生产。所以必须要先烘炉，将其水分逐渐蒸发干。另外新建加热炉的烘炉过程，实际上也是对设备、测量仪表、控制系统的一次实战检验过程，如果在烘炉期间发现设备、仪表、控制系统存在问题和缺陷，可以在开工前得到及时的处理，避免装置开工后影响生产。

☞ **15. 加热炉烘炉操作的要点有哪些?**

（1）注意安全，做好检查：做好燃料气系统、蒸汽和其他动火施工设备的隔离。火嘴要检查、炉膛要吹扫。烟道挡板、快开风门、仪表、控制系统全面检查确认。炉管内通好蒸汽或氮气，排放口装好消音器。(2)分暖炉和烘炉两个阶段。(3)按供应商提供的烘炉曲线或设计要求升温烘炉，升温速度控制小于15℃/h。(4)加热炉火嘴要对称均匀，要求4h一次进行轮换。(5)炉管出口温度，碳钢管不大于350%，不锈钢不大于480%。(6)烘炉后应对炉墙进行全面检查，做好记录。如有损坏，按设计规范及时修补。(7)反应加热炉的烘炉与反应系统干燥可以同时进行。(8)注意检查管线有无热膨胀变形。

☞ **16. 加热炉烘炉的步骤是什么?**

（1）临氢系统氮气气密初步合格后，工艺流程经三级检查准确无误，高分压力控制在1.5MPa，启动压缩机全量循环，并启动空冷风机和投用换热器。(2)按炉子操作规程，点火前用蒸汽吹扫炉膛合格。(3)烟道挡板打开至1/3~1/2开度，稍开风门，在炉外点燃点火棒，通过点火孔送入点火棒，至长明灯附近。慢慢地打开长明灯手阀，点燃长明灯，用风门调节好火焰，然后根据需要增点主火嘴。根据火焰燃烧情况调节风门及烟道挡板。在点火嘴过程中，应有专人观察，避免因燃料气管线管网压力不稳，造成回火等情况。(4)加热炉温度控制指标见表10-1。(5)炉膛温度在500℃恒温24h结束后，以10℃/h的降温速度降至150℃后熄火，停运鼓风机，将风道挡板及烟道挡板调至关的位置，焖炉一天。炉膛降温至100℃时，可打开人孔、看火窗及烟道挡板，自然通风至常温。(6)熄火停炉时可停止氮气循环。(7)在降温过程中，应将每个火嘴试点一下，看是否好用。

表 10-1 加热炉温度控制表

范围/℃	升温速度/(℃/h)	恒温时间/h	目的	备注
常温~150	5~6			点长明灯
150		48	脱表面水	
150~320	7			增点火嘴
320		48	脱结晶水	
320~500	7~8			
500		24	烧结	
降温 500~100				降温熄火焖炉
小于 100				自然通风

17. 加热炉烘炉完成后要进行哪些检查和处理？

（1）烘炉结束后应开炉检查，并做好记录，对脱落部位及可能脱落部位进行修补。(2)若衬里表面龟裂缝宽度小于 3mm，且不贯通耐火层的可不予修补。龟裂缝宽度等于或大于 3mm，长度小于 1m 且无脱落可能时，可由施工单位进行修补。(3)衬里表面脱落深度超过 15mm，或耐火层厚度的 1/5 者要进行凿洞修补。(4)陶瓷纤维的检查：外观检查有无破损及松弛部位；检查陶瓷纤维间的结合部分，保温钉的角缝是否符合施工要求。

18. 加热炉的点火操作要注意什么？

（1）烟道挡板必须安装正确，保持一定的开度(1/3)；(2)点火前向炉膛吹汽 10~15min，直到烟囱冒汽为止；(3)用柴油给点火棒点火，点火时人必须站上风，自置一侧，面部勿对准火嘴，防止回火伤人；(4)先点长明灯，再点主火嘴，点火时炉膛要保持有一定的负压；(5)如火熄灭重点时应立即关闭火嘴燃料气阀，向炉膛吹蒸汽 5~10min，再重新点；(6)点火后火嘴燃烧正常方能离开。

☞ 19. 加热炉正常停炉的步骤是什么？

加热炉的正常停炉步骤：(1)根据反应系统、分馏系统的降温要求，逐步降低加热炉的出口温度。(2)当温度降到适当值以后，将自动燃料控制转换成手动控制。(3)熄火时应先关燃料气，然后关风门。(4)主火嘴熄灭后再灭长明灯。(5)熄火后如炉膛温度大于400℃时，可开大烟道挡板开度通风降温。(6)停炉后，关闭燃料气及蒸汽所有阀门，全开烟道挡板。(7)风机停运，然后将快开风门打开，炉子内自然通风。(8)炉子长时间停运，应将所有喷嘴拆下浸泡在煤油中，清除积炭和杂物。

☞ 20. 加热炉熄火后重新点炉需要注意什么？

加热炉熄火后，检查炉内长明灯，如果长明灯正常点燃，可以打开主火嘴瓦斯，用长明灯直接引燃主火嘴；如果长明灯已经熄灭，将主火嘴和长明灯的瓦斯阀门全部关闭，用炉膛吹扫蒸汽对炉膛内进行吹扫，直至烟囱冒蒸汽5min，然后关闭蒸汽，按照正常点炉程序点燃长明灯，再用长明灯引燃主火嘴。

☞ 21. 开工再生器装填吸附剂时，为什么开始要快装，而过一段时间后又要慢装？

开工装吸附剂时，再生器中是空的，当装吸附剂时，旋风分离器的料腿没有料封，所以不能正常工作，使带出再生器的吸附剂量很大。为此要迅速建立料封，使旋风分离器正常工作，以减少吸附剂正常跑损。所以一般开始装吸附剂时速度是很快的。当旋风分离器工作正常以后，此时慢点装吸附剂的原因是防止再生器温度下降较快。与催化裂化相比，汽油吸附脱硫装置再生器需要的吸附剂量较少，很短时间内就能装满，故对再生器装剂速度要求没有催化裂化那么严格。

☞ 22. 再生器卸剂的速度为什么不能过快？

停工卸料时，再生器中吸附剂先循环至D110，然后从D110卸至吸附剂储罐。开始卸料时，吸附剂温度比较高，温度为

400 ~500℃。如果卸料过快，会使吸附剂卸料管线和储罐超温，且有可能使吸附剂中的碳自燃，所以一般以控制卸料管线温度不大于 316℃为宜。

☞ 23. 在停工卸剂时，采用什么方法彻底卸尽反应器底部残留吸附剂？

停工卸剂时，闭锁料斗切换至停工卸剂模式，反应器内的吸附剂首先经过转剂线排至提升至反应器接收器，然后依次经过闭锁料斗、再生器进料罐、再生器、再生器接收器，然后从再生器接受器直接排放至新鲜剂罐。

当反应器底部的吸附剂排放不到反应器接受器时，将转剂线转接到反应器接收器至闭锁料斗吸附剂输送管线上，继续卸剂。

最后仍有部分吸附剂不能从反应器卸出，可请专业技术公司人员用专业技术设备将最后部分吸附剂从反应器内抽出。

☞ 24. 闭锁料斗开工模式与卸剂模式有何不同？

闭锁料斗开工装剂模式和停工卸剂模式都只是正常循环模式的一部分。开工装剂模式时吸附剂输送路线是再生器接收器、闭锁料斗、还原器，作用是把再生系统内的吸附剂经过闭锁料斗输送至反应系统，包括正常循环模式的。停工卸剂模式时吸附剂输送路线是反应器接收器、闭锁料斗、再生器进料罐，作用是把反应系统内的吸附剂经过闭锁料斗输送至再生系统。

☞ 25. 稳定塔在投热源时引蒸汽要注意什么？

引蒸汽前要先将管线内的存水排净，向装置内引蒸汽要缓慢，蒸汽进来后也要排水，当管线已经热了就可以开大蒸汽手阀。还要注意蒸汽进换热器时油运要正常。

第十一章　操作异常处理与事故预案

☞ 1. 汽油吸附脱硫装置事故处理总原则是什么？

汽油吸附脱硫装置如果出现事故时，处理适时得当，可能没有损失或损失不大；处理不果断则可能造成重大损失。班长统一指挥协调各岗位动作，既分秒必争，又忙而不乱，坚决按以下原则处理：

（1）不发生人身危险；

（2）不着火爆炸；

（3）不损坏设备；

（4）不使吸附剂系统进液；

（5）不超温超压；

（6）不造成有毒气体泄漏使人员中毒；

（7）不使高压串低压；

（8）不使加热炉结焦；

（9）不使压缩机串油；

（10）保护吸附剂，保证反应器中催化剂床层有气体流动；

（11）先降温后降量；

（12）不使吸附剂泄漏对人身造成伤害。

☞ 2. 产品汽油中硫含量高的原因及处理方法是什么？

（1）原因：

① 吸附剂失活。

② 再生器出口气体氧含量过高，导致吸附剂上形成硫酸盐。

③ 反应器压力太低。

④ 循环氢纯度低。

⑤ 装置进料量大。

⑥ 氢油比低。

⑦ 反应器温度不够。

（2）处理方法：

1）① 提高吸附剂的再生程度。增加再生器空气量，但是出口过剩氧量控制不大于0.2%，或提高再生器温度；② 若再生系统停车，必须迅速解决和修复再生器的问题。若不能很快解决和修复，必须决定是否继续反应系统进料（此情况下需要送产品去不合格油罐）或装置停工；③ 吸附剂还原不充分。增加还原器温度或增加还原气体流速，④ 对进料的硫含量加样分析，若过量要求上游装置进行操作做调整。⑤ 检查原料换热器是否发生泄漏，如果泄漏，及时切出进行处理。

2）降低再生烟气中氧含量。

3）增加反应器压力。

4）分析循环氢中的氢含量，D121 废氢部分外排高压瓦斯，并适当补充新氢，联系生产管理部门。

5）降低装置提量速度或降低进料量。

6）增大循环氢流量，补充新氢，联系生产管理部门使用PSA 氢或化肥氢。

7）提高反应器温度，但床层最高温度不超过430℃。

☞ 3. 反应器超温的原因及处理方法是什么？

（1）原因：

1）吸附剂活性太高。

2）氢油比太高。

3）反应压力太高。

4）进料汽油中有过量的烯烃。

5）仪表失灵。

（2）处理方法：

1）① 当新吸附剂含量高时按以下顺序执行：a. 减少汽油进

料量；b. 通过减少(或停止)进入装置的补充氢来降低系统的压力，同时确保系统压力不低于循环氢压缩机的最低入口压力；c. 如果必要可以通过减少加热炉加热量来降低其出口温度，同时要确保加热炉不熄灭；d. 增大循环气流速，加大从反应器带走热量的速度；e. 停止吸附剂循环；f. 停止汽油进料；g. 如果以上步骤还不能控制温度的波动，开始启动泄压安全系统；② 再生后的吸附剂持硫率太低，需降低吸附剂的再生程度。

2）降低循环氢流量，减少新氢补入量。

3）适当降低反应压力。

4）联系职能处室，优化原料结构。

5）联系仪表处理。

☞ 4. 循环氢中氢含量低的原因及处理方法是什么？

（1）原因：

1）新氢氢含量偏低。

2）反应生成的轻烃馏分产生过多。

3）吸附剂活性太高。

4）汽油进料中轻馏分过多。

5）冷产物分离器废气排放量小。

（2）处理方法：

1）联系生产管理部门使用 PSA 氢或化肥氢。

2）降低反应器的入口温度。

3）降低主风量。

4）联系生产管理部门和生产处，对上游装置调整操作。

5）增大排放量，排除轻烃馏分来提高氢气纯度。

☞ 5. 还原器温度超高的原因及处理方法是什么？

（1）原因：

1）还原气中烯烃含量偏高。

2）对流室出口温度偏高。

3）EH101 加热功率较高。

4）还原器温度仪表失灵。

（2）处理方法：

1）增加循环氢纯度，降低还原气中的烯烃含量，降低还原氢流量。

2）开大还原氢温控阀。

3）停 EH101。

4）联系仪控部处理。

6. 再生器温度超高的原因及处理方法是什么？

（1）原因：

1）待生吸附剂上载有过多的硫和焦炭。

2）吸附剂再生程度偏大。

3）再生器加热器 EH102 设定值太高。

4）再生气量过剩。

5）再生器中吸附剂料位低。

6）取热水循环流量偏低。

7）含氢或含烃气体进入再生器。

（2）处理方法：

1）① 减少吸附剂的硫吸附量，降低反应强度；② 降低再生器入口空气温度；③ 降低再生空气量，但应保持一定的气体流速以保证良好的流态化；④ 降低进料流量；⑤ 应分析汽油进料中硫含量是否异常高，如有需要要求上游调整操作。

2）降低吸附剂的再生速度，使吸附剂循环速率减慢，降低再生空气流量。

3）相应降低再生器加热器的设定值。

4）检查再生空气流量表和氧分析仪，降低空气流量，适当补入氮气。

5）提高再生器料位高度，并可适当补充新鲜吸附剂。

6）关小 P105 出口返回阀，开大盘管入口阀。

7）检查闭锁料斗分析仪的当前状态。

☞ 7. 再生吸附剂载硫量高的原因及处理方法是什么？

（1）原因：

1）再生器温度低。

2）待生吸附剂载硫含量高。

3）汽油进料中的硫含量高。

（2）处理方法：

1）提高再生空气加热器温度、降低补充冷氮气量或增加再生空气流量。

2）降低汽油进料量。

3）对进料的硫含量加样分析，若过量，要求上游装置进行操作做调整。

☞ 8. 产生过量吸附剂粉末的原因及处理方法是什么？

（1）原因：

1）氮气注入量的影响。

2）吸附剂与自由水接触。

3）滑阀压降高。

（2）处理方法：

1）合理控制再生系统氮气用量，尤其是松动点、提升氮、流化氮气等，降低吸附剂输送速度。① 检查到所有容器的所有氮气源，关闭不应打开的阀门；② 检查氮气限流孔板（若已安装），采用合适的孔板尺寸。

2）查找并脱除吸附剂系统中的所有自由水源。检查吸附剂储罐内是否为正压、检查空气运行情况干燥器。

3）调节再生器进料罐和再生器接收器压力，降低滑阀压降。

☞ 9. 吸附剂损耗大的原因及处理方法是什么？

（1）原因：

1）旋风分离系统出现问题。

2）再生器气速偏高。

3）提升管线速率过高。

4）使用新的吸附剂。

（2）处理方法：

1）检查带出的吸附剂及其粉末的粒径分布，若需要时应停车检修，较高吸附剂平均粒径表明旋风分离器携带过量，或旋风分离器局部磨损。

2）降低空气流量。

3）降低提升氮气量。

4）在操作的最初几天中光滑的边缘会被磨蚀，装置开车过程中，该吸附剂的消耗是允许的。

10. 稳定塔塔顶压力变化的原因及处理方法是什么？

（1）原因：

1）进塔流量变化。

2）进塔温度波动。

3）进料性质不稳。

4）塔顶温度突然变化。

5）进料或回流带水。

6）塔底温度波动。

7）回流量和回流罐液位变化。

8）控制仪表失灵。

（2）处理方法：

1）控制好冷、热高分罐液面，稳定进塔流量。

2）控制好反应温度及反应进料量，调整 E104 冷却水量、调整 A101 运行台数。

3）反应系统控制好操作参数，包括温度、压力、氢油比等。

4）当压力温度下降时可以减少回流量。

5）加强冷高分罐、顶回流罐脱水。

6）调整塔底重沸器 E203 的操作。

7）调整塔底加热和塔顶压力稳住回流量和回流罐位。

8）查明原因，联系仪表工处理。

☞ 11. 稳定塔顶温度变化的原因及处理方法是什么？

（1）原因：

1）进塔流量变化。

2）进塔温度波动。

3）进料性质不稳。

4）回流量不稳。

5）回流温度波动。

6）塔压变化。

7）塔底温度波动。

8）进料或回流带水。

（2）处理方法：

1）控制好冷、热高分罐液面，稳定进塔流量。

2）控制好反应温度及反应进料量，调整 E104 冷却水量、调整 A101 运行台数。

3）反应系统控制好操作参数，包括温度、压力、氢油比等。

4）检查回流泵运行状况。

5）调节 A201 和 E202 保证塔顶气相冷后温度。

6）查明原因稳定塔压。

7）调整塔底重沸器 E203 的操作。

8）加强冷高分罐、顶回流罐脱水。

☞ 12. 稳定汽油蒸气压高的原因及处理方法是什么？

（1）原因：

1）塔底温度过低。

2）塔顶回流量过大。

3）塔的操作压力过高。

4）进料轻组分较多，初馏点较低。

5）热进料位置变化。

（2）处理方法：

1）提高塔底温度。

2）降低塔顶回流量。

3）适当降低塔的操作压力。

4）重新采样分析，如果原料分析异常，联系上游装置调整操作。

5）在其他条件不变的情况下，热进料口从下改至上，则蒸气压下降。

☞ 13. 稳定汽油辛烷值损失较大的原因及处理方法是什么？

（1）原因：

1）原料烯烃含量较高。

2）反应深度太大。

3）再生吸附剂再生程度过高。

（2）处理方法：

1）对原料烯烃含量进行分析，联系上游装置调整操作。

2）降低反应压力，提高质量空速、降低氢油比。

3）降低吸附剂的再生速度，使吸附剂循环速率减慢，降低再生空气流量。

☞ 14. 稳定塔顶不凝气中带大量 C_5 组分的原因及处理方法是什么？

（1）原因：

稳定塔顶温度正常情况下是通过调节塔顶回流量的大小来控制的，但稳定塔顶温度还不完全取决于回流量大小，与回流的组成有很大的关系。若液态烃带汽油，含有大量 C_5 以上的组分，作为回流打入塔顶，它们并不汽化，吸收的只是显热，并不像液态烃（主要是 C_3、C_4 组成）作为回流打入塔顶后最后能全部汽化，吸收大量的热量。显然液态烃带汽油会使回流质量变差，同样的塔顶回流流量，取走塔顶热量就少，塔顶温度就越高，不凝气中C_5含量将会明显增大。

（2）处理方法：

1）首先将塔底温度降下来，从而使塔顶温度逐渐地降下来。

2）为保证稳定汽油蒸气压，适当提高稳定塔操作压力，有利于降低塔顶负荷和精馏效果，也可以通过降低进料来降低塔顶温度。

3）然后再将降下来的塔底温度逐渐提起来，恢复正常，确保稳定汽油蒸气压控制在指标范围内，同时适当地提塔顶回流量，控制好适宜的塔顶温度。

☞ 15. 稳定塔底重沸器形成气阻的原因分析及处理是什么？

（1）原因：

E203属于热虹吸式重沸器，管程走的蒸汽是热源，壳程汽油被加热后部分气化，从而在出口管形成气液混合物，密度比入口管减小，由于整个管路中充满油品，从而产生静压差而具有推动力，温差越大，推动力也越大，循环量就越大，返塔温度就越高，但是当壳程油品中含较多轻组分时，被加热时会产生大量气体，当超过允许承受的汽化率时，就会在出口管线形成气阻，使循环中断，造成温度下降，引起较大操作波动。

（2）处理方法：

1）检查塔底液面是否正常，并适当提高塔底液面。

2）若重沸器产生气阻已经完全停止循环，可将蒸汽热源撤出，让液体油品充满整个出口管线，然后采用缓慢引蒸汽投用重沸器。

☞ 16. 装置停电事故预案是什么？

装置停电分为瞬间晃电和长时间停电两种情况，瞬间晃电发生今后，部分停运小功率设备可立即恢复运行，而长时间停电则会造成全装置失去动力，在这类事故中，所有电力驱动的转动设备都会停机，这将会导致装置停车。没有动力将使循环氢和进料中断、电加热器停运，闭锁料斗的控制将回到安全位置，阀门会处于锁定的位置。

（1）装置瞬间晃电：

1）现象。

① 照明熄灭后立即恢复。

② 小功率电机停运后又立即恢复。

③ 大功率机组停运，DCS 画面报警。

2）处理方法。

① 检查机泵停运情况及联锁动作情况，停止闭锁料斗循环。

② 瞬间停电对再生系统影响较小。首先检查再生器温度情况，降低再生空气量，适当开大 FV3103，增加再生冷氮补充量，酌情调节 EH102 负荷，若 P105 自停，则备泵自启，外操需迅速打开 P105 出口阀，防止再生器超温；其次检查 EH103 运行情况，若 EH103 停运，则立即启动，防止反吹氮气温度过低；最后检查再生烟气出装置温度。

③ 反应系统立即检查循环氢、反应进料低流量联锁是否动作，加热炉是否由于低流量联锁而熄灭火嘴，如果循环氢低流量联锁动作，说明 K101 停运，此时需密切注意反应器温度床层温度，如果床层温度超过 455℃，则立即启动紧急泄压联锁。

④ 如果 K101 运行正常，P101 停运，并引起 F101 火嘴熄灭，则此时需检查 K102 运行情况，如果停运，在化肥氢能够正常供应的前提下，优先使用化肥氢，否则立即开启 K102，确保反吹氢流程畅通、ME101 能够正常反吹。及时联系生产管理部门、储运部，催化汽油原料停进装置，精制汽油改污油线或产品罐单罐储存。待反应系统氢气循环、各部操作稳定后，再按操作步骤启动 K103、加热炉点火、反应进油。

⑤ 产品合格后，联系生产管理部门、储运部，精制汽油改进低硫汽油成品罐。

（2）装置长时间停电：

1）现象。

① 照明熄灭。

② 所有运行机泵停运，DCS 画面报警。

2）处理方法。

① 启动装置紧急泄压开关，联锁动作，打开 UV1103，反应系统紧急泄压。

② 确认加热炉主燃料气已经切断，火嘴熄灭，长明灯是否保留依据事故情况而定，当 F101 火嘴及长明灯均熄灭时，则停空气预热器，打开烟道档板及快开门，炉膛给蒸汽。

③ 确认 P101，K101、K102、K103 停运。

④ 及时联系生产管理部门、储运部，催化汽油原料停进装置，精制汽油改污油线或产品罐单罐储存。

⑤ 确认反应器、还原器紧急氢流化阀打开，确保反应器内气体的正向流动。

⑥ 根据 D104、D121 液位，关闭至 C201 的进料阀。

⑦ 关闭 E203 的加热蒸汽阀和凝结水阀。

⑧ 启动再生系统停车开关。

⑨ 确认再生空气阀已经关闭，再生氮气打开，停止吸附剂再生，并保持再生器的正常流化，若再生器温度仍较高，增加补充流化氮气量。

⑩ 再生取热系统停运。

⑪ 当烟气中 O_2 含量大于 2%，联系硫黄装置，确认已将再生烟气切换到火炬。

⑫ 当供电恢复后，再按操作法步骤依次进行氢气循环、加热炉点火、反应进油、吸附剂再生等操作。

☞ **17. 循环氢中断事故预案是什么？**

（1）循环氢中断将发生循环氢低流量联锁，停进料泵，停进料加热炉，关闭反应器的反吹氢，并将引入反应器紧急氢，防止整个床层堆积。操作员应尽快使循环氢压缩机重新开启，如果循环氢压缩机不能重新启动，则要确认汽油进料已经停止。

(2) 循环氢中断后需密切注意反应器温度床层温度，如果床层温度超过455℃，则立即启动紧急泄压联锁。

(3) 若短时间内循环氢中断，则再生系统降低再生器温度，仍维持运行，稳定系统保持正常操作条件，液位高时产品改轻污油线。如果循环氢中断时间较长，再生器的正常操作已经不能维持300℃，停吸附剂循环，启动再生停车联锁。

☞ 18. 新氢中断事故预案是什么？

装置的新氢主要由系统新氢管网提供，造成新氢中断的原因系统新氢中断、新氢机K103停运。由于装置氢耗较低，新氢中断后尽量维持生产，以利于生产恢复调整。新氢中断不会直接引起装置联锁动作但是会造成反应系统压力降低、混氢流量降低、反应器入口温度升高等现象，若操作不当会间接引起联锁动作。

1) 联系生产管理部门了解预计恢复时间。

2) 降低F101出口温度，防止反应器超温，并减少反应耗氢。

3) 关闭D121压控、流控，系统保压。

4) 若K103故障，应立即联系生产管理部门，联系钳工抢修K103。

5) 若新氢短时间中断，系统改大循环线，适当降低P101出口流量，但不得低于P101出口低流量联锁值；维持吸附剂循环正常运行，降低再生空气量，增大流化氮气量，降低吸附剂再生程度，防止再生熄火或吸附剂过度再生的现象发生。

6) 若新氢长时间中断，系统改大循环线，停吸附剂循环，启动再生停车联锁。

☞ 19. 循环水中断事故预案是什么？

循环水完全中断时，必须立即查清原因，并联系生产管理部门，确定恢复时间，由于缺少必要的冷却，会引起压缩机润滑油、气缸超温，运行泵轴承及端面超温，若不采取措施将会使机泵受损。短时间内循环水中断，需密切注意运行机组润滑油温和气缸温度、运行泵轴承和端面温度，以及精制汽油出装置温度；循环水长时间中断，则迫使运行机泵停运，装置按停工处理。

☞ 20. 仪表风中断事故预案是什么？

在此种事故中，仪表用风中断包括安全仪表系统的失效，UV1103 备有事故紧急风罐，装置按紧急停工处理。

☞ 21. 氮气中断事故预案是什么？

生产过程中的氮气用在闭锁料斗的出入口隔离阀间，产生隔离氮封压力。氮气的中断将使闭锁料斗处在停止状态，但是装置的汽油进料仍能继续。

如果氮气长时间得不到恢复，闭锁料斗停运时间较长，反应器内吸附剂得不到再生，会造成汽油产品脱硫不足，装置改大循环，再生系统降温，防止吸附剂过度再生。

☞ 22. 爆炸、起火、管线破损或严重泄露事故预案是什么？

（1）迅速切断事故部位流程，关闭手阀，不使泄漏或起火事故进一步扩大。

（2）如果事故部位位于稳定系统，则反应系统停汽油进料，循环氢继续循环；关闭 D121 和 D104 至稳定系统的阀门；停运闭锁料斗，吸附剂停止循环；稳定系统事故部位手阀隔离并泄压处理。

（3）如果事故部位位于反应临氢系统，则反应系统停汽油进料，开紧急泄压阀 UV1103，对临氢系统紧急快速泄压，UV1103 打开后，装置相应自保启动；现场用手阀将事故部位隔断；停运闭锁料斗，吸附剂停止循环。

（4）如果事故部位位于吸附剂再生系统，则停止闭锁料斗循环，将反应与再生系统彻底隔离；反应系统逐步降量，如果再生系统故障不能尽快恢复，反应停汽油进料，循环氢正常循环；稳定塔关汽油出装置阀门，自身循环；注意 D121 和 D104 液位保持正常，防止高压串低压。

（5）若火情较大，直接依照紧急停工方案处理。

☞ 23. 反应器超温事故预案是什么？

反应器最大设计温度 470℃，在操作过程中，如果出现温度的波动，且接近反应器的安全操作温度 455℃ 限制时，必须采取以下优先措施：

（1）减少汽油进料量。

（2）通过减少或停止进入装置的补充氢来降低系统的压力。

（3）通过减少加热炉加热量来降低其出口温度，但不得低于 316℃，同时要确保加热炉不熄灭。

（4）增大循环氢流速，加大从反应器带走热量的速度，必要时两台循环机同时运行。

（5）停止吸附剂循环。

（6）停止汽油进料。

（7）如果以上步骤还不能控制温度的波动，开始启动反应泄压安全系统，再生降至温度 300℃ 以下，防止吸附剂过度再生。

☞ 24. 再生器超温事故预案是什么？

再生器最大设计温度 555℃，在操作过程中，不能超过 540℃。如果操作时出现温度波动，再生器温度接近 540℃ 时，可按优先顺序实施以下操作步骤：

（1）降低 EH102 功率，增加再生风走 E111 旁路量。

（2）减少再生空气量，增加再生风中的氮气量，氮气通入量视再生器温度确定，直至全关 FIC3101，注意混合气体流速需满足再生器内吸附剂正常流化最小流速，流量不低于 600Nm^3/h。

（3）增大再生器取热盘管的热水循环量。

（4）停止闭锁料斗循环。

（5）以上四种方法可以同时进行。

（6）如果再生器料位远低于正常操作料位，向再生器内补充新鲜吸附剂，至正常操作料位。

☞ 25. 停蒸汽的事故预案是什么？

装置1.0MPa蒸汽主要用作为蒸汽伴热、冷凝水罐D123补压蒸汽、稳定塔底再沸器E203热源、服务台消耗、炉膛吹扫用汽等。蒸汽中断后会引起伴热线停用，部分仪表指示失灵，引起D123压力波动，引起稳定塔底温度下降，塔压波动等现象。

（1）联系生产管理部门询问停蒸汽原因，了解蒸汽恢复正常时间，若1.0MPa蒸汽停供装置时间较长，则联系Ⅱ、Ⅲ催化及生产管理部门停止稳定汽油供装置。

（2）冬季装置内伴热线投用，短时间内影响不大，但是需要注意各仪表指示，杜绝仪表指示长时间走直线的现象。

（3）当D123压力不能维持0.40MPa时，关闭D123补压蒸汽控制阀，联系精制和CO锅炉装置，0.35MPa蒸汽停止外送装置，打开低压蒸汽放空阀，关闭低压蒸汽边界阀，D123压力由再生取热自发蒸汽维持。

（4）当停汽时间较长时，关闭进料控制阀，投用开工循环线控制阀，装置改大循环，停闭锁料斗循环，反应系统维持操作，再生系统注意控制再生温度，避免吸附剂过度再生或再生熄火的现象发生。

（5）稳定塔底温度降低后，减小塔顶回流量，控制稳定塔压力不低于0.7MPa，当压力不足时，关闭稳定塔压控阀PV5101，缓慢降低原料缓冲罐压力，同时向回流罐补入氮气，保持油运循环正常进行。注意，一旦向回流罐中补入氮气，需关闭PV5101副线阀及上下游阀，避免氮气进入高压瓦斯系统。

（6）待蒸汽恢复正常时，E203引蒸汽，稳定塔升温，停止装置大循环，联系调度引催化汽油反应进料。

☞ 26. 瓦斯中断事故预案是什么？

当外来瓦斯中断或由于仪表、控制阀失灵，引起加热炉瓦斯量大幅下降时，可能会引起加热炉瓦斯中断、熄火的事故发生。

(1) 当发现高压瓦斯分液罐 D203 压力明显大幅下降，流量指示迅速减小时，全开 D203 压控阀及副线阀仍不能控制高瓦压力及流量下降趋势，说明供装置瓦斯可能中断，联系生产管理部门说明原因，同时将回流罐顶不凝气及冷高分 D121 尾气部分改至 D203，维持加热炉正常燃烧。

(2) 当由于仪表、控制阀失灵造成进炉前瓦斯中断、加热炉熄火时，需要立即启动加热炉停车开关，关闭瓦斯切断阀 UV1601 和 UV1602，切断装置进料，加热炉炉膛通入蒸汽进行吹扫。

(3) 停闭锁料斗循环。

(4) 联系生产管理部门和Ⅰ、Ⅱ催化停止稳定汽油供装置，稳定塔底汽油改轻污油线。

(5) 反应系统保持氢气循环，再生系统注意控制再生温度，避免吸附剂过度再生或再生熄火的现象发生。

(6) 待问题处理完毕后，重新按加热炉点火程序，点燃加热炉，当反应器床层温度达到 380℃左右时，联系生产管理部门引催化汽油反应进料。

☞ 27. 原料带水的事故怎样处理？

当原料带水后会严重影响装置正常操作，并且会进一步影响到装置吸附剂性能，严重时会破坏吸附剂结构、引起吸附剂结块，导致吸附剂失活。原料大量带水时，原料缓冲罐界控快速上升；加热炉辐射室顶温及炉出口温度大幅降低，并引起反应器床层温度大幅波动；原料汽油外观混浊，甚至明显油水分层。

(1) 立刻联系催化装置及生产管理部门停止稳定汽油供装置。

(2) 关闭进料控制阀，投用开工循环线控制阀，装置改大循环，停闭锁料斗循环，反应系统维持操作，再生系统注意控制再生温度，避免吸附剂过度再生或再生熄火的现象发生。

（3）当问题查清后再逐渐减小装置油循环量，缓慢引催化汽油进装置，对进装置原料管线进行置换，同时加强原料缓冲罐脱水，当原料外观完全正常后，停装置大循环，全引催化汽油反应进料。

☞ 28. DCS 死机事故预案是什么？

（1）操作站死机处理：

1）操作站死机。

① 画面停顿，显示数据和画面均不变化，不能进行操作；

② 黑屏，无画面显示，不能操作；

③ 现场阀不动作。

2）操作站死机处理。

装置 DCS 系统包括操作站和工程师站（控制站），其中的控制站放置在现场机柜间。若操作站中一台或两台发生死机，而控制站正常，可以用其他操作站进行操作调整，然后通知仪表人员重启操作站即可。若三台操作站同时死机，则通过内操通过 PI 系统查看生产工况，指挥外操进行现场手动操作，同时通知仪表立即启动操作站，外操着重检查 D101、D104、D121 液位，压缩机运行工况，加热炉燃烧情况等。

（2）控制站死机处理：

1）控制站死机。

操作站不能进行正常操作，现场控制阀门误动作，控制失灵。

2）控制站死机处理。

控制站是整个 DCS 控制的核心，当控制站死机时，所有操作站失去控制，现场控制阀门失控。此时必须立即通知仪表、运行部值班及生产管理部门，同时按紧急停工处理，步骤如下：

① 请示生产管理部门，装置紧急停工，通知重油催化、Ⅱ催化装置停送原料，

② 内操在 DCS 操作台上将紧急泄压开关和再生系统停车开

关掰至启动位置，装置自保联锁启动；

③ 外操到加热炉区检查确认加热炉熄火，并关闭各火嘴手阀(包括长明灯)；

④ 外操到现场检查各自保启动后，现场实际状态；

⑤ 外操用手阀根据现场 D121 和 D104 现场液位计控制实际液位在 40%~60%，防止高压串低压，现场观察 D121 和 D104 压力，防止超压；

⑥ 现场检查，保证不损坏设备、不冒罐、不超温超压；

⑦ 现场观察反应系统压力，确保不超压；

⑧ 如果是冬季，需要做好防冻凝措施。

S Zorb 装置孙同根操作法

目　　录

1 前言

孙同根同志是中国石化股份公司金陵分公司技能操作资深首席技师，在装置开工与生产运行管理过程中，通过仔细研究反应机理，对关键操作参数的不断优化调整，突破了一些既有工艺理念，创造性地提出操作改进措施，使装置运行能耗、物耗远低于设计值、液体收率、RON 损失均保持先进水平。经过半年多实际运行考验，证明措施可行，效果良好，具备在系统内 S Zorb 装置推广条件。为鼓励这种创新精神，特将有关操作优化措施编制成操作法，并以孙同根同志名字命名，在全系统推广。

本操作法适用于中国石油化工股份有限公司 S Zorb 装置的正常生产运行，指导日常生产操作优化。各有关单位可根据本操作法，具体结合原料和产品特点，进一步调整优化本单位 S Zorb 装置操作规程和岗位操作法，以提高全系统 S Zorb 装置生产运行水平。

2 引用文件

S Zorb 装置工艺包。

S Zorb 装置工艺技术规程暨岗位操作法。

中国石化股份公司炼油工艺技术管理规定。

3 装置概况

某公司 1. 5Mt/a S Zorb 装置自 2012 年 10 月 15 日满负荷生产以来，经过对操作参数的不断调整，各项指标逐步完善，并在 2012 年 11 月 6 日至 9 日对装置进行了满负荷标定。2013 年 5 月 29 日至 6 月 1 日进行了吸附剂性能标定，各项指标达到或者优于设计指标。

某公司 S Zorb 装置通过对操作参数的不断优化调整，在 RON 损失、能耗和加热炉效率三项指标处于股份公司同类装置领先水平。

4　装置优化调整操作法

RON 损失、能耗、加工损失、加热炉效率、脱硫率和长周期运行天数是表征装置运行状态的关键指标。为提高上述各项指标，对装置的反应系统、再生系统、稳定系统和加热炉进行了相应的优化调整。

4.1　反应系统的操作

4.1.1　氢油比的控制

氢油比表征了 S Zorb 装置脱硫反应和烯烃加氢饱和反应的推动力。氢油比过大，烯烃加氢反应速率也随之增大，辛烷值损失和氢耗增加。某公司装置人员经过大量比较操作验证，将反应氢油比从初始的 0.29 逐步调整至目前的 0.18。

在调整氢油比的同时，要注意循环氢纯度，若循环氢纯度降低需要适当提高氢油比，保证反应(脱硫反应、加氢反应及加氢异构化反应)所需要的氢气量，如果循环氢纯度过低，将导致反应器内异构化反应不足，精制汽油 RON 损失增大；同时注意防止因循环氢纯度过低造成反应器底部泡罩结焦。

设 H 代表氢油比，P 代表循环氢纯度(%)，则实际氢油比控制值 $H=0.18\times0.90/P$。

注：0.18 与 90%为经验值，通过生产操作发现在循环氢纯度 90%，氢油比控制 0.18 时，反应器脱硫效果及 RON 损失均较为理想。

降低反应氢油比后，装置新氢耗量由初始值 4660Nm^3/h 降至 3228Nm^3/h，吸附剂炭含量由 1.54%逐步上升至 3.20%。随着新氢消耗的减少，待生吸附剂炭含量上升，反应器内烯烃加氢反应减少，辛烷值损失降低。工况 5 由于循环氢纯度大幅降低造成辛烷值损失增大。

通过降低反应氢油比，烯烃加氢反应减少，反应器温升呈对应变化。反应器中部温升低于 4℃表征反应器内氢气量不足；反应器中部温升大于 5℃表征反应器内氢气量富余。

4.1.2 吸附剂硫含量的控制

在保证精制汽油硫含量合格的前提下，吸附剂上的硫含量越少，其活性越高，烯烃加氢反应程度也越大，产品汽油辛烷值的损失增加。因此为降低精制汽油辛烷值损失，应提高吸附剂硫含量。

硫差=硫脱除量(kg/h)/吸附剂循环速率(kg/h)

在硫脱除量一定的前提下，提高吸附剂的循环速率(即“小硫差”)可以达到提高吸附剂硫含量的目的。因此，在正常操作中应采取大循环速率、“小硫差”的操作方法。

在控制吸附剂循环速率不变的情况下，提高待生吸附剂硫含量后辛烷值损失降低。反应器底部温升控制范围一般在12~15℃，反应器温升超过15℃表征反应器内烯烃反应加剧；低于12℃表征反应器内吸附剂脱硫能力变差，精制汽油硫含量超标。

4.1.3 开工喷油操作法

新鲜剂开工过程中，通常采用以下方法来控制反应器温度，防止反应器飞温：

(1) 系统注入DMDS，抑制反应器内吸附剂活性。

(2) 采用低烯烃含量的重整油或者加氢汽油开工。

(3) 利用小旁路FIC1104控制喷油速率。

除了以上方法外，喷油过程中要严格关注T_4温度点，如图1所示。当进料汽油穿过反应床层进入E101管程入口时，T_4温度会大幅上升，T_4升高后使换热后的进料温度T_2快速上升，若加热炉调节不及时，T_3温度会上升，最终导致反应器飞温。为避免反应器飞温情况的发生，开工喷油过程中做以下调整：

(1) 当T_4温度上升后，开E101跨线，减缓T_2上升速率，为调节加热炉保证T_3的稳定争取时间。

(2) 当T_4温度上升后，及时降低燃料气用量或熄灭两个燃烧器，控制T_3温度稳定。

① 当T_4温度上升后，开E101跨线，减缓T_2上升速率，为

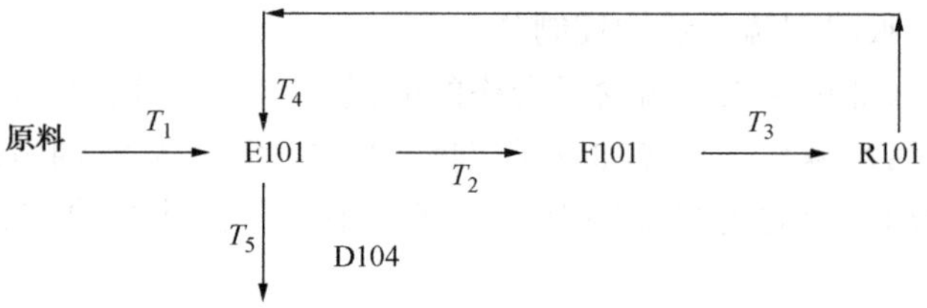

图 1　开工喷油关键温度点

调节加热炉保证 T_3 的稳定争取时间。

② 当 T_4 温度上升后，及时降低燃料气用量，控制 T_3 温度稳定。

每次提高进料量的周期一般控制在 15min，避免反应器出现飞温。

4.1.4　延长装置运行周期

制约 S Zorb 装置长周期稳定运行的主要因素是反应过滤器 ME101 差压高。随着反应负荷的提高和运行时间的增长反应器内细粉增多，过滤器 ME101 差压呈不断增高的趋势。为控制反应器过滤器 ME101 差压升高速率，同时保证吸附剂脱硫效果，金陵分公司 S Zorb 装置主要从控制反应器内吸附剂 *TDH*(自由沉降高度，下同)及强化吸附剂的管理两方面着手。

(1) 反应器吸附剂 *TDH* 的控制：

ME101 差压的上升速率受到反应器吸附剂 *TDH* 的影响：若 *TDH* 过小，ME101 滤芯处吸附剂细粉浓度高，ME101 差压上升速率快装置运行周期短；若 *TDH* 过大反应器内吸附剂料位低于横管，造成反应器接收器 D105 收剂困难，影响装置的正常运行。

反应器内吸附剂 *TDH* 控制的原则：在保证反应器接收器 D105 正常收料的前提下尽量增大该值。

具体做法：控制 D105 底部与反应器稀相压差，当压差大于 40kPa，表征横管开始收料；当压差大于 60kPa，*TDH* 高度不能满足要求。

（2）吸附剂的管理：

某公司 S Zorb 装置在吸附剂管理方面做到“细水长流”，即按照吸附剂年度消耗计划平均值定期向系统内加入适量的新鲜吸附剂。为维持整个系统内吸附剂藏量的稳定，要定期自吸附剂粉尘罐 D109 卸细粉，必要时卸出部分平衡剂至吸附剂储罐。以上操作可以保证反应系统内吸附剂性质稳定，既可以防止因长期不加剂反应器内吸附剂细粉增多、吸附剂活性降低等影响产品质量，又可以防止加剂后反应器内吸附剂活性太高造成产品 RON 损失过大。

综上所述，在保证反应器总温升不大于 20℃，即可保证精制汽油 RON 损失保持较低的水平。

4.2 再生系统操作

4.2.1 再生风量的控制——系统硫平衡

整个系统硫平衡的计算公式为：原料量×原料硫含量-产品量×产品硫含量=再生烟气中的硫含量+系统内吸附剂上含硫量的变化量。

由公式可以看出，在已知原料量、原料硫含量、产品量及产品硫含量的前提下，只要控制好再生器内吸附剂的再生量（即再生烟气中的硫含量），即可保证系统吸附剂硫含量的稳定。再生器内吸附剂的再生量是通过调节再生风量来实现的，因此控制好再生风量对系统硫平衡有至关重要的作用。

通过摸索再生风量的控制与吸附剂硫含量的变化关系，某公司装置人员总结出以下控制再生风量的方法：

（原料量×原料硫含量-产品量×产品硫含量）kg/11kg×100Nm^3/h=再生风量（Nm^3/h），即 100 Nm^3/h 的风可以烧掉 11kg 硫为操作基点。此公式适用的条件：

① 再生器温度 TIC2607 控制在 500~520℃；

② 再生器线速控制在 0.4~0.5m/s；

③ 待生剂硫含量在 10%以上。

控制烟气内氧含量在0.6%~1.0%，可防止再生器内氧含量过剩生成过氧硫酸锌。

4.2.2 再生器温度控制

开工后为防止再生空气预热器E111内漏使管程内的0.35MPa蒸汽随再生空气进入再生器内造成吸附剂结块，E111处于停用状态。因此再生器温度通过调节再生器取热水量来控制。通过调节再生器料位及再生风量(或者冷氮气量)对再生器内氧含量及吸附剂的再生效果影响较大，不利于再生器运行状态的稳定。

通常将再生器温度TIC2607控制在500~520℃。

4.3 稳定系统操作

4.3.1 稳定塔底温度控制

稳定塔底温度控制在135~145℃(设计值为143℃)，为维持稳定塔底温度需要消耗5.0~6.0t/h蒸汽(设计值为4.11t/h)，蒸汽单耗较高。因此在保证产品蒸气压合格的前提下将稳定塔底温度控制在115~125℃，减少蒸汽用量，降低装置能耗。

稳定塔底设计蒸汽用量为4.11t/h，优化后蒸汽平均用量为2.1t/h。按照装置处理量为190t/h计算，则蒸汽用量的减少可节省能耗：(4.11-2.10)t/h ÷ 190t/h×76=0.80kgEO/t。

4.3.2 稳定塔回流温度控制

稳定塔回流温度设计值为40℃，稳定塔顶干气量初始值为1516Nm^3/h，但回流温度高使得回流罐内的液态烃气化率高，塔顶干气量大。因此，为减少塔顶干气量(目的是减少精制汽油中轻组分的损失，提高精制汽油收率)，金陵分公司装置人员尽可能地降低稳定塔回流温度。

4.3.3 稳定塔冷进料温度控制

稳定塔冷进料中主要为C_4、C_5等组分，降低稳定塔冷进料温度可以减少稳定塔顶气相中C_4、C_5组分，使得C_4、C_5等组分置于稳定塔底达到提高精制汽油收率的目的。因此将稳定塔冷进料初始温度由 80~85℃降低至 60~65℃。图 2 和图 3 为稳定塔顶气中 C_5 含量和 H_2 含量变化趋势图。

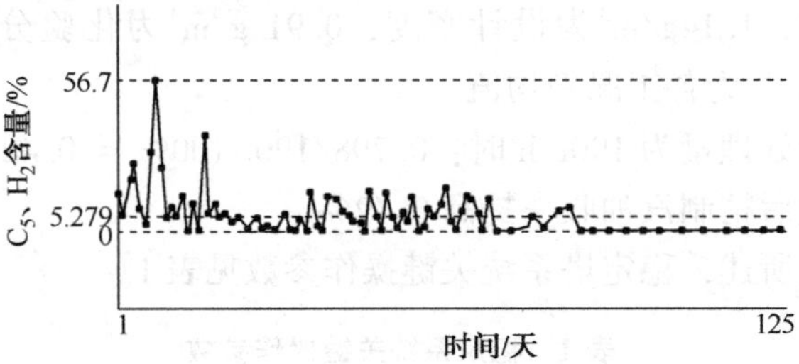

图 2　冷进料温度调整前后稳定塔顶气中 C_5 含量

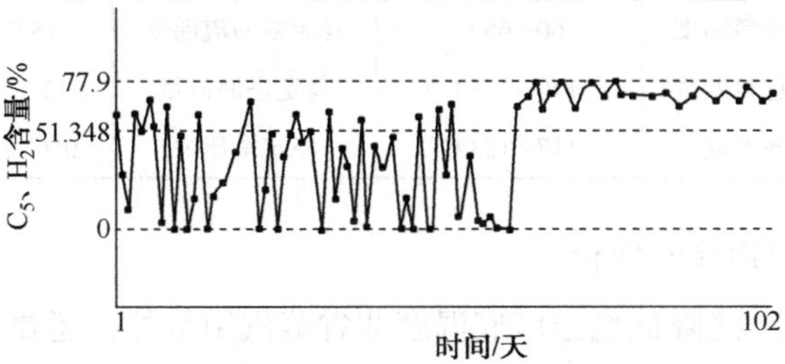

图 3　冷进料温度调整前后稳定塔顶气中 H_2 含量

从图 2 可以看出，降低稳定塔冷进料温度后稳定塔顶气中 C_5 含量由先前的 9.2%（平均值）将至调整后的 0.6%（平均值），且调整后塔顶气中 C_5 含量较先前趋于稳定。

如图 3 所示，降低稳定塔冷进料温度后稳定塔顶气中 H_2 含量由先前的 31%（平均值）提高至调整后的 77%（平均值），且调整后塔顶气中 C_5 含量较先前趋于稳定。

优化后稳定塔顶气量在 1022Nm^3/h（平均值）。分析图 2 和图 3 可以看出，优化操作后稳定塔顶气中 C_4、C_5 含量明显降低，主要成分为 H_2。因此优化操作后稳定塔顶气量明显降低的同时，稳定塔顶气密度也大幅降低。

所以优化操作后稳定塔底精制汽油收率上升：

$1516Nm^3/h \times 1.14g/m^3 - 1022Nm^3/h \times 0.91kg/m^3 = 798kg/h = 0.798t/h$

式中，$1.14g/m^3$ 为设计密度，$0.91\ g/m^3$ 为化验分析密度，$1022\ Nm^3/h$ 为各工况平均值。

装置处理量为190t/h时：$0.798/190 \times 100\% = 0.42\%$

优化后精制汽油收率提高0.42%。

综上所述，稳定塔系统关键操作参数见表1。

表1　稳定系统关键操作参数

项　　目	控制值	项目	控制值
稳定塔冷进料温度	60~65℃	稳定塔回流温度	尽可能降低
稳定塔热进料温度	110~115℃	稳定塔回流量	2.5~3.0t/h
稳定塔底温度	117~123℃	稳定塔压力	0.68~0.70MPa

4.4　装置用能的优化

除了上述降低稳定塔底温度节省蒸汽用量外，还要对装置的电耗、瓦斯消耗及低温热利用方面进行优化。

4.4.1　装置用电的优化

（1）停用稳定塔底泵：

S Zorb装置稳定塔压力控制0.7MPa，因此停运稳定塔底泵P203，开泵出入口跨线，利用稳定塔压力将精制汽油自压至罐区，节省装置电耗。

稳定塔底泵P203功率为80kW，满负荷运行状态下停P203可节约装置能耗：$80kW \cdot h \div 190t/h \times 0.23 = 0.097kgEO/t$。

（2）优化氢气电加热器EH101操作：

某公司S Zorb装置还原器D102所用流化氢气均走EH101跨线，EH101只用于加热D105与D106用氢。

通过表3可以看出D102流化氢气量为$1200Nm^3/h$，占还原氢总量的50%左右。EH101功率为95kW，因此D102流化氢气走EH101跨线后可节约装置能耗：95kW · h×0.5÷190t/h×0.23=0.06kgEO/t。

4.4.2 瓦斯用量的优化

某公司S Zorb装置瓦斯能耗占设计能耗的53%，因此降低装置瓦斯用量对降低装置能耗至关重要。降低瓦斯用量可以通过提高加热炉效率、提高原料换热器E101出口温度。

由图1知，装置瓦斯用于将原料温度由T_2加热到T_3，若能提高T_2温度将在很大程度上降低装置能耗。

为提高E101换热效果，某公司S Zorb装置在以下几个方面加强工作：

（1）开工过程中E101管壳程管线进行爆破吹扫，防止机械杂质进入E101内部造成换热器后期结焦，降低E101换热效果。

（2）加强原料管理，保证原料直供，同时密切监控原料过滤器ME104差压情况，防止汽油中重组分进入E101内造成换热器结焦，降低换热效果。

（3）维持S Zorb装置高负荷生产，换热器E101内管壳程介质线速较高，因此换热效果较好，换热后T_2温度高，装置瓦斯用量低，见表2。

表2　E101各关键温度点

项　目	控制值	项　目	控制值
T_1温度/℃	50	T_2温度/℃	384
T_3温度/℃	410	T_4温度/℃	430
T_5温度/℃	110		

另外可以通过提高加热炉炉效的方法来为降低瓦斯用量。某公司S Zorb装置加热炉炉效设计值为93%，排除设计因素外，炉效高低主要取决于加热炉氧含量和排烟温度两方面的因素，并且在一定范围内，氧含量低、排烟温度低，炉效越高。

在正常操作中某公司对加热炉操作参数做了以下规定，见表3。

表3　加热炉关键控制参数

项目	控制值	项目	控制值
氧含量 AIC6001	1.5%~2.5%	负压 PI6008	-70~-40Pa
排烟温度 TI6010	≯115℃（尽量低）		
1）加强加热炉巡检，确认炉膛燃烧情况，及鼓引风机运行情况			
2）加强吹灰器的维护工作，确保预热回收系统的换热效果			

4.4.3　装置低温热联合

正常生产过程中稳定塔底温度一般控制在117~123℃，该温度可以作为低温热输出。

例如，某公司将塔底精制汽油改至正丁烷装置脱丙烷塔（塔底温度为103℃左右）和脱异丁烷塔（塔底温度在63℃左右）。为充分利用稳定塔底精制汽油热量增加了S Zorb装置与正丁烷装置热联合流程，流程示意图见图4所示。

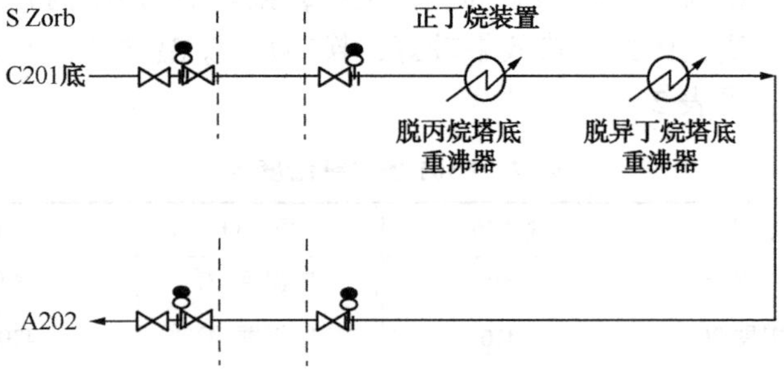

图4　S Zorb装置与正丁烷装置热联合示意图

表4为某公司规定的热联合流程系数。稳定塔底精制汽油温度一般为120℃，至正丁烷取热后温度一般为80℃，温差在40℃左右，因此选热联合系数为-1.044。

表 4　热联合系数表

项　目	0~9℃温差	10~19℃温差	20~29℃温差	30~39℃温差	40~49℃温差	50~59℃温差	60~69℃温差	70~79℃温差
热联合	0	0.348	0.696	1.044	1.392	1.74	2.11	2.43

若按照精制汽油收率为 99.20%来计算，则投用该热联合流程后可降低装置能耗：

$$F\times 99.20\%\div F\times 1.044 = 1.04(\mathrm{kgEO/t})$$

注：F 为处理原料量。

因此投用该热联合流程后可降低装置能耗 1.04kgEO/t。

5　效果

通过对反应系统、加热炉、再生系统及稳定系统关键参数的优化调整，某公司 S Zorb 装置在 RON 损失、加热炉效率和能耗、加工损失等项经济技术指标方面有了大幅提升。

总结出的操作法找准了反应器底部、中部温升与氢气量是否过剩的关系，得到再生风量与脱硫量的计算式，可用于指导装置的优化操作。

某公司装置的优化操作说明，本操作法对关键参数优化调整指导性强，对加热炉、闭锁料斗、压缩机、反应器过滤器等关键设备运行无不利影响，可用于指导 S Zorb 装置日常生产操作。